W0370892

MATHEMATIK

OBERSTUFE

Cornelsen

Herausgegeben von Karl Josef Klauer,

erarbeitet von Heribert Gathen, Gertrud Gonsior, Rolf Kirsch, Marita Sommer, Franz B. Wember.

✶ Aufgaben mit erhöhter Schwierigkeit

o Aufgaben zur Wiederholung

Bildnachweis

Toni Angermayer, Holzkirchen: S. 5
Hilko Caspers, Norden: S. 224
Center Parcs, Köln: S. 10
Daimler-Benz AG, Stuttgart: S. 28, 29
Franz Daub und Söhne, Hamburg: S. 58
Dethleffs GmbH, Isny: S. 29
Deutsche Bahn AG, Bahnhof Freiburg: S. 213
Deutsche Bahn AG, Mainz: S. 29
Deutsche Presseagentur GmbH, Frankfurt: S. 28, 194, 206
Düsseldorfer EC: S. 42
Europäisches Parlament, Bonn: S. 194
Fraunhofer-Gesellschaft, ISE Freiburg: S. 224
Martin Frech, Tübingen/Berlin: S. 280 bis 287
Greiner und Meyer GbR, Braunschweig: S. 266
Hafen Hamburg: S. 185
Interfoto, München: S. 228
Jugendherbergswerk, Mainz: S. 62
Jürgens Photo, Berlin: S. 172
Peter Jäckl, Köln: S. 200
KDH Agrartechnik GmbH, Köln: S. 28, 29
Kommunalverband Ruhrgebiet, Essen: S. 267
Ingo Kugenbuch, Wernigerode: S. 50, 51
Lichtbildstelle der Deutschen Bahn AG Köln, R. Wylezalek: S. 182, 210
Mairs Geographischer Verlag, Ostfildern: S. 262, 263
MAN Nutzfahrzeuge GmbH, München: S. 28
Horst Müller, Düsseldorf, S. 37
Michael Ricks, Kempen: S. 173
Stadtsparkasse Mönchengladbach, Uwe Pietzner: S. 165, 186, 189
Stadtwerbung und Touristik Münster, Bernd Corsmeier: S. 168
Verkehrsamt Stadt Königswinter: S. 267
Alle übrigen Fotos: Jens Schacht, Düsseldorf

Illustrationen: Sabine Büttner, Braunschweig
Satz: Posterprints DTP Fotosatz Rademacher, Mülheim an der Ruhr

1. Auflage ✔ Druck 7 6 Jahr 2000 99 98

Alle Drucke dieser Auflage können im Unterricht nebeneinander verwendet werden.

© 1993 Cornelsen Verlag, Berlin
Das Werk und seine Teile sind urheberrechtlich geschützt.
Jede Verwendung in anderen als den gesetzlich zugelassenen Fällen bedarf deshalb der vorherigen schriftlichen Einwilligung des Verlages.

Druck: Cornelsen Druck, Berlin

ISBN 3-464-58103-9

Bestellnummer 581039

gedruckt auf säurefreiem Papier, umweltschonend hergestellt aus chlorfrei gebleichten Faserstoffen

Inhalt

Inhalt

Ein Bienenvolk hat im Frühjahr 10000 und mehr Arbeitsbienen.
Diese versorgen eine Königin und einige hundert Drohnen.

Große Zahlen

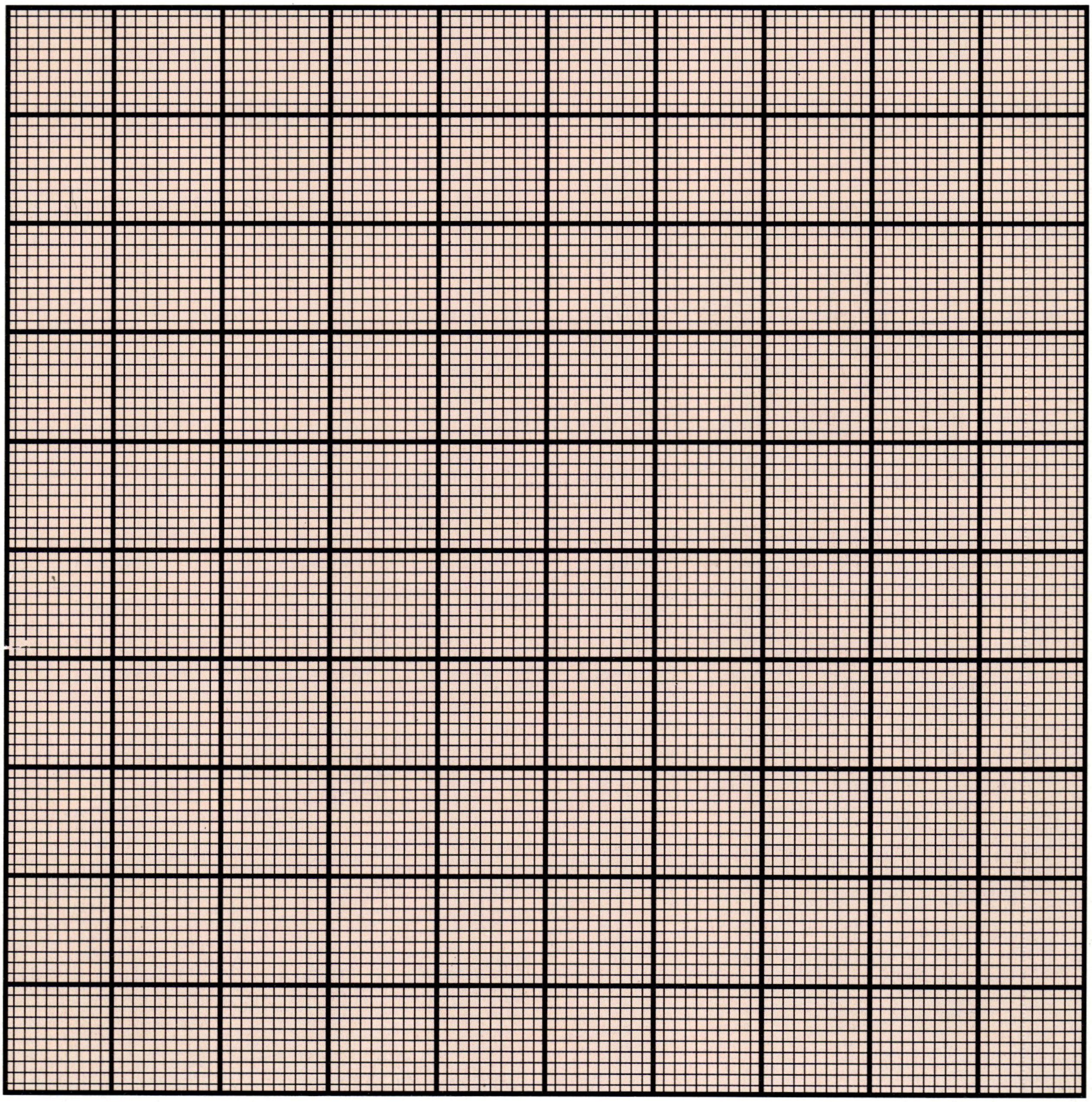

1 Zeige mit einem Abdeckblatt:

1000	2000	4000	
	6000	9000	7000
5000	8000	3000	

2 Zeige mit zwei Abdeckblättern:

	1500	1800	3400
3600	500	4200	
	800	6700	8900

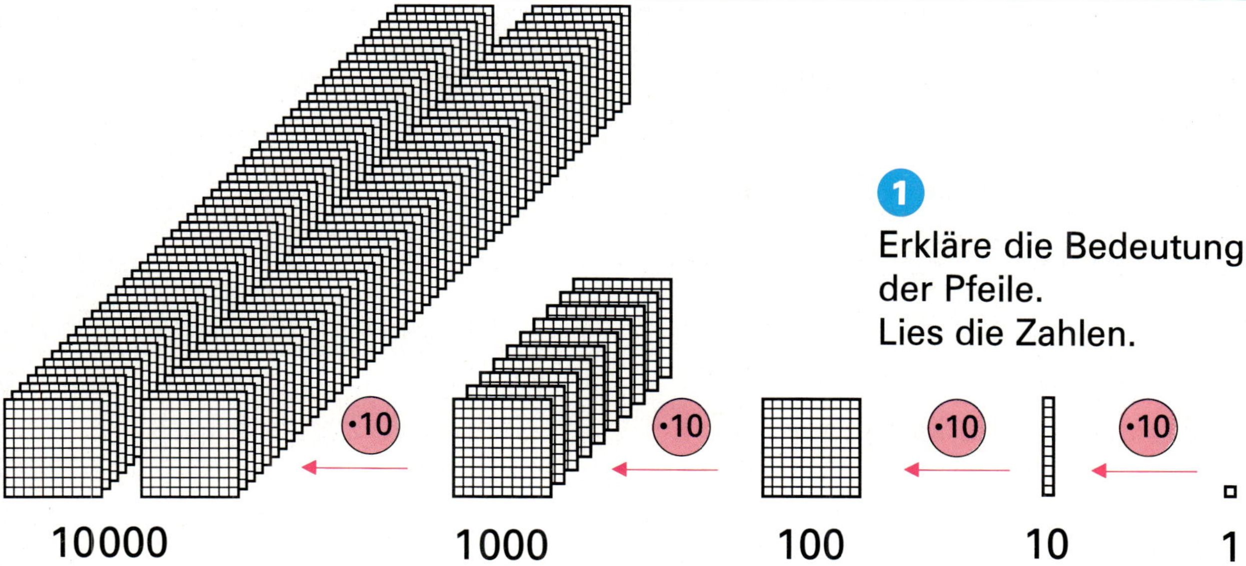

1 Erkläre die Bedeutung der Pfeile.
Lies die Zahlen.

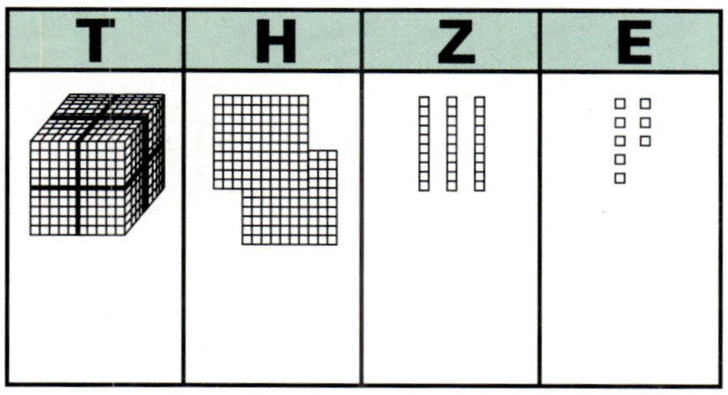

1 T + 2 H + 3 Z + 8 E = 1238

2

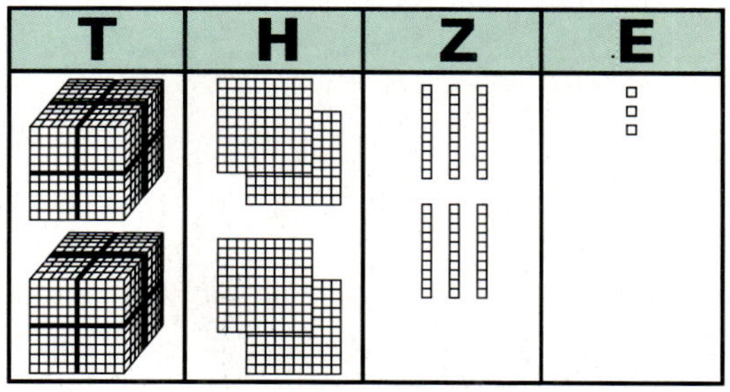

3 Bestimme die Zahl.

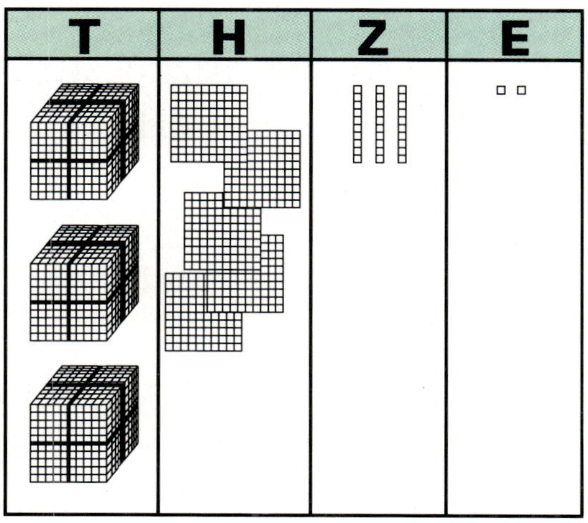

4 Bestimme die Zahl.

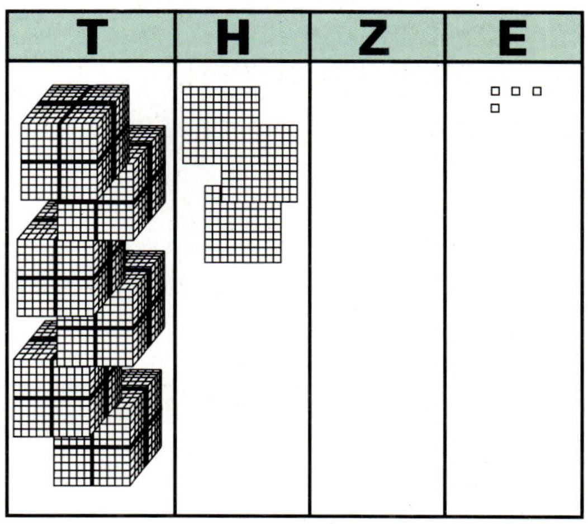

An der Regattabahn

1 Erkläre die Markierungen.

2 Nenne die Zahlenfolgen.

3 Zeige die Zahlen: 1600, 4800, 6200, 2500, 7100, 3700, 5300, 8400, 9200.

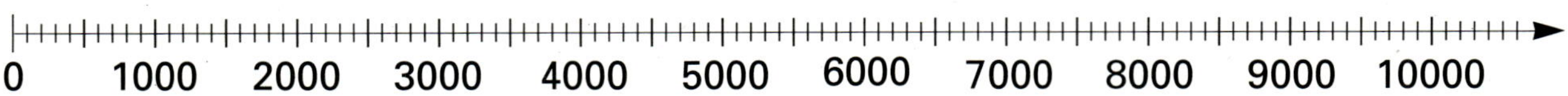

4 Schreibe die markierten Zahlen auf, die Striche sind die Hunderter.

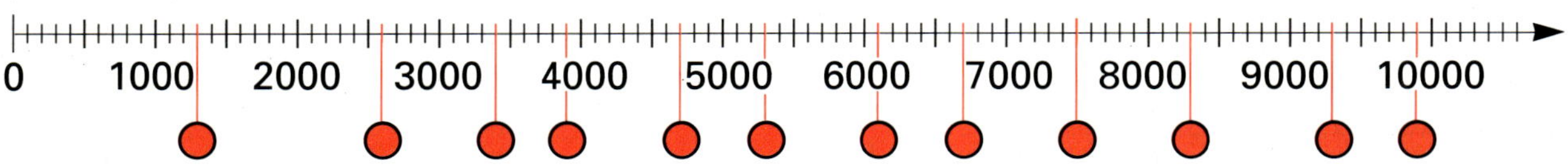

5

Ein Boot befindet sich bei 1800 m,
ein anderes bei 1600 m.
Welches Boot liegt in Führung?

6

Ein Boot hat 1500 m erreicht.
Ein anderes Boot erreicht 1700 m.
Welches Boot liegt zurück?

7 Ordne die Markierungstafeln nach Größe. Beginne mit der kleinsten Zahl.

1000 < 1500

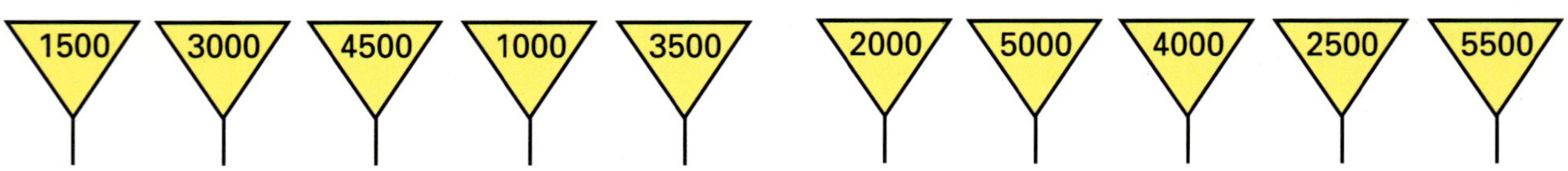

1 Schreibe weiter bis 6200.

4500 | 4600 | 4700 →

Schreibe weiter bis 10000.

1000 | 2000 | 3000 →

2 Schreibe weiter bis 2700.

3800 | 3700 | 3600 →

Schreibe weiter bis 1000.

7000 | 6000 | 5000 →

3 Nenne die Zahl dazwischen.

1209	■	1211
6399	■	6401
2999	■	3001
8000	■	8002

4 Nenne die Zahl davor und danach.

■	2350	■
■	5001	■
■	6800	■
■	2645	■

4325 =

T	H	Z	E
4	3	2	5

6038 =

T	H	Z	E
6	0	3	8

2005 =

T	H	Z	E
2	0	0	5

Zeichne eine Stellentafel in dein Heft. Trage die Zahlen ein.

5 2815, 300, 5640, 35, 209

6 7520, 3008, 607, 4075, 905

Nachbar – Einer	*5344*		*5346*	*Nachbar – Einer*
Nachbar – Zehner	*5340*	*5345*	*5350*	*Nachbar – Zehner*
Nachbar – Hunderter	*5300*		*5400*	*Nachbar – Hunderter*
Nachbar – Tausender	*5000*		*6000*	*Nachbar – Tausender*

7 Schreibe die Nachbarn auf von:
2413, 4682, 7526, 3747, 5171

8 Schreibe die Nachbarn auf von:
1236, 5788, 9874, 2623, 3365

Im Freizeitpark

1
Im Juli besuchten 2748 Kinder das Erlebnisbad. Runde auf Zehner, Hunderter und Tausender.

So rundest du:

> Bis 4 wird abgerundet,
> ab 5 wird aufgerundet.

zum Zehner	$2748 \approx 2750$
zum Hunderter	$2748 \approx 2700$
zum Tausender	$2748 \approx 3000$

3 Runde zum Zehner
3413, 2017, 9609, 4878, 6701

4 Runde zum Hunderter
5615, 7298, 1927, 8070, 1289

5 Runde zum Tausender
4360, 3090, 1625, 5490, 9874

2
Den Abenteuerspielplatz suchten im Juli 1734 Kinder auf. Im August waren es 3106 Kinder. Wie viele Kinder waren das in den zwei Monaten? Rechne mit Überschlag.

> Rechnen mit Überschlag heißt,
> mit gerundeten Zahlen rechnen.

Aufgabe	$3106 + 1734 = ■$
1. Schritt	Runden $3106 \approx 3000$, $1734 \approx 2000$
2. Schritt	Rechnen mit Überschlag $3000 + 2000 = 5000$
3. Schritt	Genaue Rechnung $3106 + 1734 = 4840$
Antwort	Es waren 4840 Kinder.

1

Im August kamen 5620 Kinder und 2195 Erwachsene in den Freizeitpark. Berechne die Besucherzahl. Rechne zuerst mit Überschlag.

2

Am Spielfest nahmen 2896 Kinder teil und 1205 Erwachsene. Wie viele Teilnehmer waren das? Rechne mit Überschlag.

3

Zum Sommerfest wurden 3176 Eintrittskarten für Kinder und 2415 für Erwachsene verkauft. Eine Schule erhielt 150 Freikarten. Wie viele Besucher waren es? Rechne mit Überschlag.

4

Der Veranstalter verteilte 700 rote, 400 blaue, 375 gelbe und 550 weiße Luftballons. Wie viele Luftballons wurden insgesamt verteilt? Rechne mit Überschlag.

5

3000 + 2000
5000 + 3000
4000 + 4000
7000 + 3000

6

4000 + 2500
3000 + 1600
5000 + 3900
6000 + 2700

7

2675 + 4000
4304 + 2000
6510 + 3000
8289 + 1000

8

3400 + 3300
6200 + 2500
4100 + 4700
5300 + 3400

9

5324	4736	7305
+ 2453	+ 2052	+ 674

10 *

4638	2736	3051
+ 3945	+ 2408	+ 894

11

2324	4032	3215
3133	453	4502
+ 522	+ 3511	+ 2162

12 *

2453	4208	3425
3216	795	1057
+ 1225	+ 623	+ 248

9879 7979 5979
7777 6788 7996 8046

6290 5144 3945 5626
6894 4730 8583

Papierverbrauch

1

Für den Kopierer einer Schule wurden 5000 Blatt Papier gekauft. Jetzt sind noch 2000 Blatt übrig. Wie viel Papier wurde verbraucht?

2

Zu Schuljahrsbeginn wurden 4000 Blatt rotes Papier gekauft. Nach 8 Wochen sind 1500 Blatt verbraucht. Wie viel Blatt sind noch übrig?

3

Eine Schule kauft 7500 Blatt Umweltpapier für ihren Kopierer. Am Schuljahresende sind davon noch 1500 Blatt vorrätig. Wie viel Blatt Umweltpapier wurden verbraucht?

4

Aus 8000 kg Holz werden vier Tonnen Papier hergestellt. Durch die Verwendung von Altpapier kann man 4000 kg Holz sparen. Wie viel Holz wird noch benötigt?

5

7000 – 4000
5000 – 3000
8000 – 5000
6000 – 3000
10000 – 2000

6

4000 – 3000
9000 – 5000
3000 – 1000
7000 – 3000
10000 – 7000

7

6300 – 2000
8600 – 4000
5200 – 3000
9500 – 6000
7400 – 5000

8

4240 – 2000
7690 – 3000
3425 – 1000
8573 – 4000
6346 – 3000

Aufgabe	*Überschlag*	*Rechnung*
6547	6500	6547
− 683	− 700	− 683
	1	11
	5800	5864

1

4358 − 784	2146 − 953	5204 − 876
3470 − 694	1567 − 792	7462 − 947

1193 3574 1286 2776
775 4328 6515

2

5246 − 869	1436 − 678	2043 − 575
6305 − 927	8021 − 746	9204 − 658

758 8546 7275
1468 1662 5378 4377

3

3000 − 500
6000 − 700
2000 − 300
10000 − 400

4

2750 − 300
5490 − 200
7920 − 600
8840 − 700

5

4840 − 540
6970 − 630
1690 − 270
5580 − 360

6

5675 − 60
9483 − 50
4296 − 70
7278 − 40

7

7492 − 4961	8367 − 5643	4274 − 2752
5687 − 2954	6256 − 2524	9407 − 5202

2724 1522 1627 2733
4205 2531 3732

8

2422 − 95	1346 − 79	3201 − 98
4200 − 537	7053 − 2742	5734 − 2493

4311 4611 3241
2327 3663 1267 3103

Küchenmöbel

Hängeschrank	372 DM
Unterschrank mit Türen	534 DM
Unterschrank mit Schubladen	624 DM
Tisch mit 4 Stühlen	768 DM

1

Wie viel DM kosten die 8 Hängeschränke? Rechne mit Überschlag.

Aufgabe 372 · 8 = ■

Überschlag 400 · 8 = 3200

Rechnung

372 · 8
2976

Antwort

Die Hängeschränke kosten 2976 DM.

2

Frau Reimann möchte vier Unterschränke mit Türen kaufen. Wie viel DM kosten diese Unterschränke? Rechne mit Überschlag.

3

Herr Antonelli möchte vier Unterschränke mit Schubladen kaufen. Wie viel DM kosten diese Schränke? Rechne mit Überschlag.

4

Wie viel DM kosten 3 Tische mit je 4 Stühlen?
Rechne mit Überschlag.

5

Ein Hochschrank kostet 1950 DM. Wie viel kosten 3 Hochschränke? Rechne mit Überschlag.

6

275 · 7	634 · 6	536 · 4
426 · 5	387 · 3	278 · 9
542 · 4	156 · 7	319 · 8

1092	1925	1161	3804	3624
2144	2552	2502	2168	2130

7

706 · 5	493 · 8	543 · 6
504 · 6	917 · 9	386 · 7
803 · 4	362 · 3	207 · 4

1096	1086	3944	8253	3212
3024	3530	828	2702	3258

1

Für die Schulküche werden 3 Elektroherde für 2625 DM geliefert. Wie viel kostet ein Herd? Rechne mit Überschlag.

Aufgabe 2625 : 3 = ■

Überschlag 3000 : 3 = 1000

Rechnung
```
2625 : 3 = 875
24
 22
 21
  15
  15
   0
```

Probe 875 · 3
2 1 2625

Antwort Ein Herd kostet 875 DM.

2

Für 4 Besenschränke werden 3356 DM berechnet. Wie viel DM kostet 1 Besenschrank? Rechne mit Überschlag.

3

Drei Spülen mit Unterschrank kosten 1038 DM. Rechne aus, wie viel DM 1 Spüle mit Unterschrank kostet. Rechne mit Überschlag.

4

Vier Schränke mit Arbeitsplatte kosten 5416 DM. Wie viel DM kostet ein Schrank? Rechne mit Überschlag.

5 Teile durch 6: 5352, 2514, 4206, 1452, 3834, 6318, 2646, 7164.

Aufgabe 2435 : 4 = ■

Überschlag 2000 : 4 = 500

Rechnung
```
2435 : 4 = 608 Rest 3
24
 03
  0
  35
  32
   3
```

Antwort
2435 : 4 = 608 Rest 3

6
1827 : 6
2015 : 4

7
1302 : 5
6547 : 7

8
3690 : 8
5230 : 3

9
4600 : 9
7500 : 8

Für schnelle Rechner

Für die Multiplikation mit 10 und mit 100 gibt es eine Kurzform.

$$\begin{array}{r} 32 \cdot 10 \\ \hline 32 \\ 00 \\ \hline 320 \end{array} \qquad \begin{array}{r} 32 \cdot 100 \\ \hline 32 \\ 00 \\ 00 \\ \hline 3200 \end{array}$$

Kurzform $\begin{array}{r} 32 \cdot 10 \\ \hline 320 \end{array}$ Kurzform $\begin{array}{r} 32 \cdot 100 \\ \hline 3200 \end{array}$

Beim Multiplizieren mit 10 hängt man **eine** Null an.

Beim Multiplizieren mit 100 hängt man **zwei** Nullen an.

1

5 · 10	15 · 10	23 · 10
5 · 100	15 · 100	23 · 100

2

37 · 10	42 · 10	60 · 10
37 · 100	42 · 100	60 · 100

3

10 · 50	10 · 75	10 · 80
100 · 50	100 · 75	100 · 80

4

10 · 16	10 · 90	10 · 83
100 · 16	100 · 90	100 · 83

5

2 · 13	3 · 14	4 · 15
20 · 13	30 · 14	40 · 15

6

3 · 21	6 · 32	7 · 11
30 · 21	60 · 32	70 · 11

7

5 · 9	8 · 6	6 · 4
500 · 9	800 · 6	600 · 4

8

7 · 3	4 · 8	6 · 5
700 · 3	400 · 8	600 · 5

9

2 · 17	3 · 25	4 · 16
200 · 17	300 · 25	400 · 16

3 · 6 = 18
30 · 6 = 180
300 · 6 = 1800

10

5 · 22	4 · 18	2 · 45
500 · 22	400 · 18	200 · 45

11 *

4 · 3	7 · 8	4 · 4
40 · 3	70 · 8	40 · 4
400 · 3	700 · 8	400 · 4

Auch für die Division durch 10 und 100 gibt es eine Kurzform.

```
1500 : 10 = 150          1500 : 100 = 15
10                       100
 50                       500
 50                       500
  0                         0
```

Kurzform

1500 : 10 = 150

Kurzform

1500 : 100 = 15

Beim Dividieren durch 10 fällt **eine** Null weg.

Beim Dividieren durch 100 fallen **zwei** Nullen weg.

1

6600 : 10 2300 : 10
6600 : 100 2300 : 100

2

4900 : 10 7800 : 10
4900 : 100 7800 : 100

3

1000 : 10 10000 : 10
1000 : 100 10000 : 100

4

8200 : 10 5700 : 10
8200 : 100 5700 : 100

5

270 : 10 410 : 10
2700 : 10 4100 : 10

6

650 : 10 100 : 10
6500 : 10 1000 : 10

7

590 : 10 340 : 10
5920 : 10 3470 : 10

8

860 : 10 730 : 10
8640 : 10 7350 : 10

9

400 : 100 900 : 100
4000 : 100 9000 : 100

10

700 : 100 500 : 100
7000 : 100 5000 : 100

1800 : 6 = 300
1800 : 60 = 30
1800 : 600 = 3

11 *

2100 : 3 3500 : 7
2100 : 30 3500 : 70
2100 : 300 3500 : 700

Einnahmen und Ausgaben beim Zirkus

1

32 Kinder einer Schule besuchen die Nachmittagsvorstellung. Wie viel DM kosten die Eintrittskarten?

Aufgabe 1 Karte kostet 8 DM
32 Karten kosten 32 · 8 DM

Überschlag 30 · 10 = 300

Rechnung 32 · 8
256

Antwort
Die Eintrittskarten kosten 256 DM.

2

Für 17 Kinder werden Karten gekauft. Wie viel DM kosten die Karten?

3

Für Erwachsene werden an einem Abend 428 Karten verkauft. Wie viel DM werden eingenommen?

4

Aus einer Firma gehen 26 Erwachsene in den Zirkus. Wie viel DM werden für die Karten bezahlt?

5

Für eine Vorstellung wurden 230 Karten für Kinder verkauft. Wie viel DM Einnahmen waren das?

6

Bei der ersten Abendvorstellung wurden 486 Karten für Erwachsene verkauft. Berechne die Einnahme.

7

Ein Programmheft kostet 2 DM. An einem Tag wurden 409 Hefte verkauft. Wie hoch war der eingenommene Betrag?

8

Für die Galavorstellung kosten die Karten 30 DM. Im Vorverkauf werden 317 Karten verkauft. Wie viel DM beträgt die Einnahme?

1

Der Zirkus gastiert 4 Tage in Neudorf. Die Platzmiete beträgt pro Tag 570 DM. Wie viel DM Platzmiete müssen bezahlt werden?

2

In Oberberg kostet die Platzmiete 720 DM pro Tag. Wie viel DM Platzmiete müssen bei 7 Tagen bezahlt werden?

3

An jedem Ort werden 12 Säcke Sägemehl für die Manege gebraucht. Jeder Sack kostet 7 DM. Wie hoch sind die Kosten für die Säcke?

4

Für den Strom müssen pro Veranstaltungstag 500 DM gerechnet werden. Wie groß sind die Stromkosten bei 3 Tagen?

5

In den Logen müssen 8 Polsterstühle erneuert werden. Ein Stuhl kostet 230 DM. Berechne die Kosten.

6

40 Bänke müssen ersetzt werden. Eine Bank kostet 123 DM. Berechne die Kosten für die Bänke.

7

Die Ponys brauchen Federbüsche. Ein Federbusch kostet 58 DM. Wie viel DM kosten 16 Federbüsche?

8

Für 4 Ponys werden neue Geschirre benötigt. Ein Geschirr kostet 579 DM. Wie viel DM kosten 4 Geschirre?

9

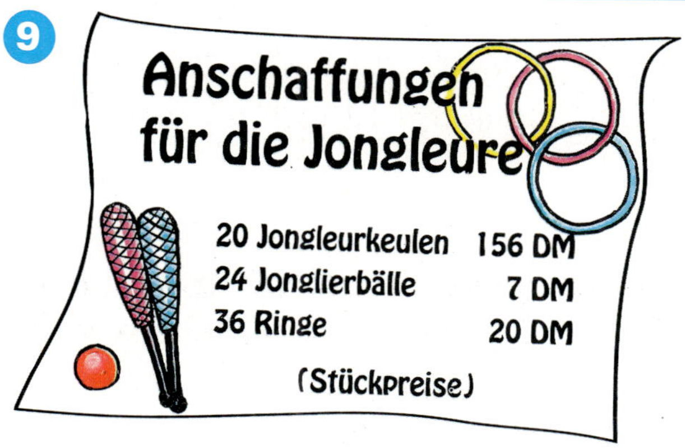

10

Im Jugendclub

1 Rechne aus, wie viel DM die Fahrt für einen Teilnehmer kostet:

Aufgabe Fahrtkosten
9 Teilnehmer 756 DM
1 Teilnehmer 756 DM : 9

Überschlag 800 : 10 = 80

Rechnung

```
7 5 6 : 9 = 8 4
7 2
  3 6
  3 6
    0
```

Antwort Die Fahrt kostet für einen Teilnehmer 84 DM.

2
Sieben Jungen machen eine Kleingruppenfahrt für 259 DM. Wie viel DM muss jeder zahlen?

3
5 Frauen machen eine Bootstour für 385 DM. Wie viel DM zahlt jede?

4
6 Clubmitglieder machen eine Radwanderung. Die Gesamtkosten betragen 336 DM. Wie viel DM beträgt der Anteil für jeden?

5
Für eine Schiffstour besorgt Ina eine Gruppenkarte für 8 Personen. Der Gruppenpreis beträgt 112 DM. Wie hoch ist der Anteil für jeden?

6
Vier Jugendliche machen eine Wochenendfahrt. Die Unkosten betragen insgesamt 128 DM. Wie viel DM muss jeder Einzelne bezahlen?

7
Ein Radwanderweg von 78 km Länge wird in 3 gleich langen Teilstrecken zurückgelegt. Wie viel Kilometer beträgt eine Teilstrecke?

1

Die Foto-AG will 175 Fotos ausstellen. Auf einen Plakatkarton passen immer 7 Fotos.
Wie viele Kartons werden benötigt?

2

256 Dias sollen gerahmt werden. 8 Jungen teilen die Arbeit unter sich gleichmäßig auf.
Wie viele Dias rahmt jeder?

3

Eine Packung mit 6 Filmen kostet im Angebot 48 DM.
3 Mädchen teilen sich die Kosten.
Wie viel DM muss jede bezahlen?

4

Eine Packung mit 10 Farbfilmen kostet 60 DM.
Vier Jungen teilen sich den Betrag.
Wie viel DM übernimmt jeder Junge?

5

Drei Väter stiften der Foto-AG eine neue Kamera für 477 DM.
Wie viel DM zahlt jeder Vater bei gleichem Anteil?

6

Die neue Videokamera für 1314 DM wird von 9 Eltern zusammen bezahlt. Wie hoch ist der Anteil in DM bei gleicher Beteiligung?

7

In der Fußgängerzone

1. Schritt

$\cdot 4$ (3 Waffeln kosten 2 DM
12 Waffeln kosten ■ DM

2. Schritt

$\cdot 4$ (3 Waffeln kosten 2 DM) $\cdot 4$
12 Waffeln kosten 2 DM · 4

Beim Bäcker kauft Frau Bach 12 Waffeln.
Wie viel DM muss Frau Bach bezahlen?

Aufgabe 12 Waffeln kosten ■ DM?

Rechnung $\cdot 4$ (3 Waffeln kosten 2 DM) $\cdot 4$
12 Waffeln kosten 2 DM · 4 = 8 DM

Antwort Frau Bach muss 8 DM bezahlen.

1

Alexander möchte gern 15 Waffeln kaufen. Rechne aus, wie viel DM er dafür zahlen muss.

2

Nina kauft für sich 6 Waffeln. Wie viel DM muss Nina für die sechs Waffeln bezahlen?

3

2 kg Apfelsinen kosten 5 DM.
Patrick kauft 8 kg Apfelsinen.
Wie viel DM muss er dafür bezahlen?

4

200 g Butterkekse kosten 4 DM.
Anna kauft davon 400 g.
Wie viel DM muss sie bezahlen?

5 *

100 g	200 g	300 g	400 g	500 g
3 DM	■ DM	■ DM	■ DM	■ DM

6 *

Eiskugeln	3	6	9	12
DM	1,20	■	■	■

1. Schritt

:2 (10 Tulpen kosten 8 DM
5 Tulpen kosten ■ DM

2. Schritt

:2 (10 Tulpen kosten 8 DM) :2
5 Tulpen kosten 8 DM : 2

Claudia hat im Blumenladen 10 Tulpen gekauft. Sie gibt Anke 5 Tulpen ab. Wie viel DM muss Anke bezahlen?

Aufgabe 5 Tulpen kosten ■ DM?

Rechnung :2 (10 Tulpen kosten 8 DM) :2
5 Tulpen kosten 8 DM : 2 = 4 DM

Antwort Anke muss 4 DM bezahlen.

1
Frau Pohl und Frau Koch teilen sich eine Kiste mit Stiefmütterchen. Wie viel muss jede bezahlen?

2
4 Geschwister teilen sich den Preis für eine Kiste Stiefmütterchen. Wie viel DM muss jeder bezahlen?

3
18 Begonien kosten 24 DM. Drei Nachbarinnen teilen sich die Pflanzen. Wie hoch ist ihr Anteil in DM?

4
Herr Krüger kauft 60 Astern zu 18 DM. Er gibt die Hälfte seinem Freund. Wie viel DM muss der Freund bezahlen?

5 *

Nelken	30	10	6	5	3
DM	45	■	■	■	■

6 *

Geranien	24	12	6	4	3
DM	36	■	■	■	■

Entfernungen

1 km = 1000 m

1000 m = 1 km

1

5 km = ■ m

2

1000 m = ■ km

3

2 km = ■ m

4

2000 m = ■ km

5 Gib in Meter an.

7 km	10 km
5 km	3 km
8 km	9 km
4 km	1 km

6 Gib in Kilometer an.

3000 m	4000 m
5000 m	7000 m
2000 m	9000 m
10000 m	8000 m

1200 m = 1 km 200 m

1 km 500 m = 1500 m

1

1500 m = ■ km ■ m

2

2 km 300 m = ■ m

3

2600 m = ■ km ■ m

4

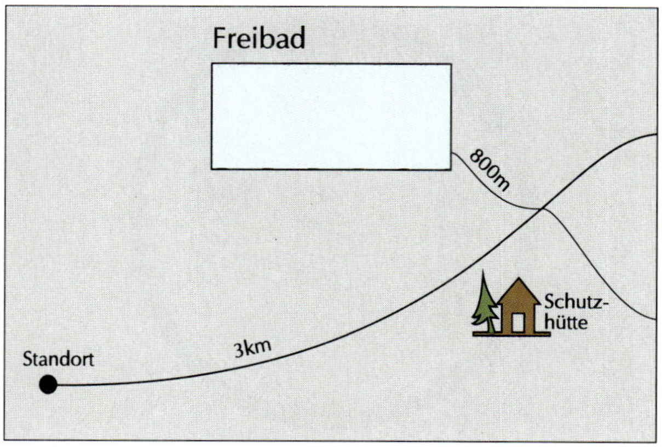

3 km 800 m = ■ m

5* Gib in Kilometer an.

8600 m	3060 m
9200 m	8403 m
1700 m	2008 m
7300 m	5600 m

6* Gib in Meter an.

2 km 300 m	4 km 90 m
3 km 600 m	7 km 230 m
1 km 900 m	6 km 7 m
5 km 400 m	3 km 15 m

Päckchen und Pakete

1 kg = 1000 g	1000 g = 1 kg

1

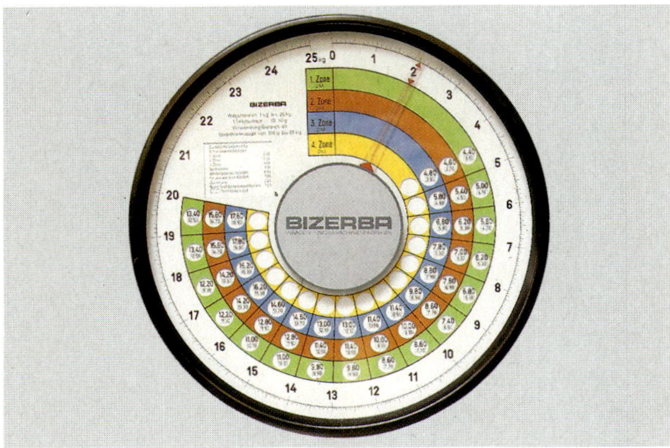

2 kg = ■ g

2

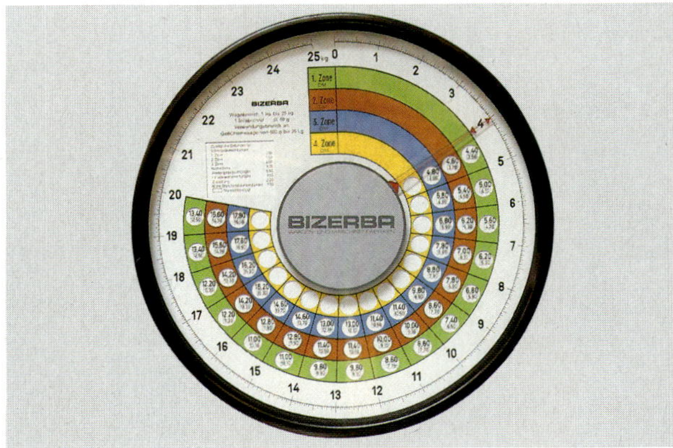

4000 g = ■ kg

3

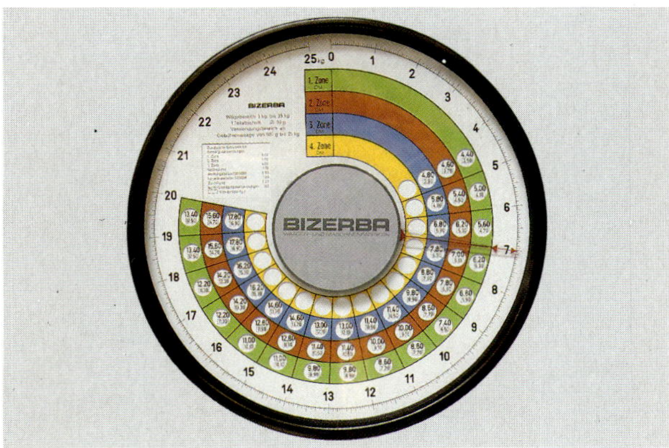

7 kg = ■ g

4

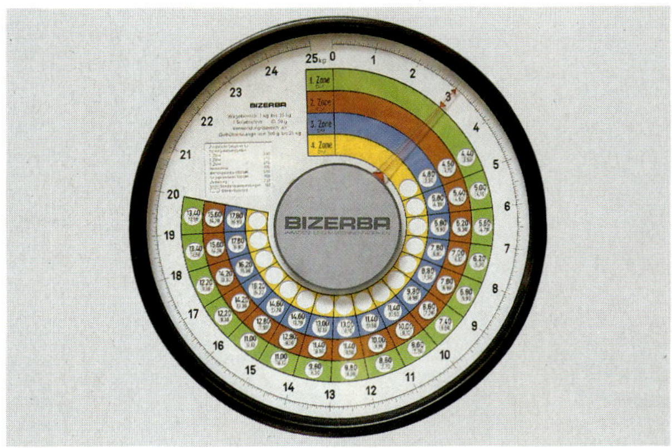

3000 g = ■ kg

5 Gib in g an.

3 kg	4 kg
5 kg	6 kg
1 kg	9 kg
10 kg	8 kg

6 Gib in kg an.

2000 g	10000 g
6000 g	5000 g
9000 g	8000 g
4000 g	7000 g

1800 g = 1 kg 800 g	2 kg 400 g = 2400 g

1

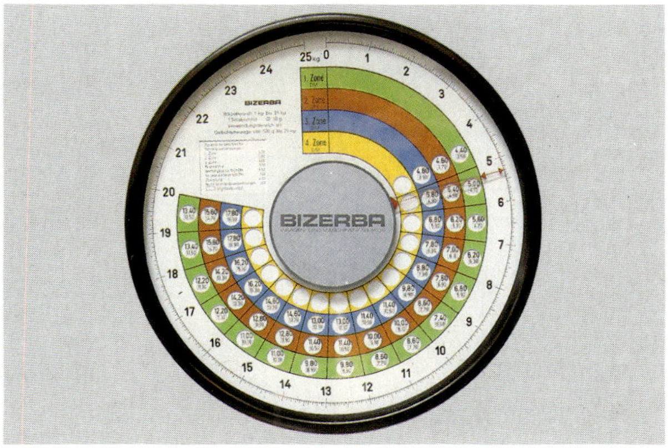

5300 g = ■ kg ■ g

2

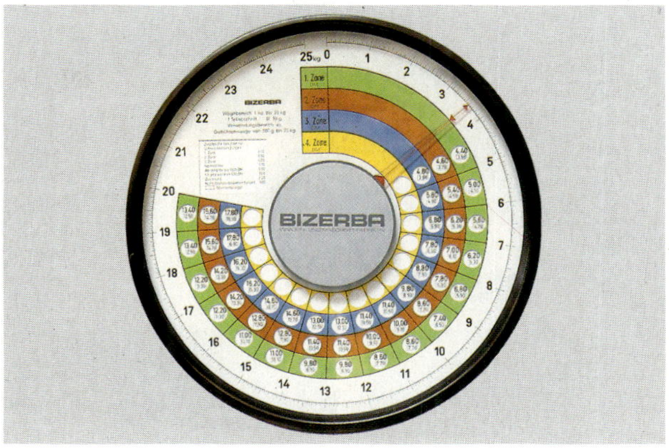

3 kg 600 g = ■ g

3

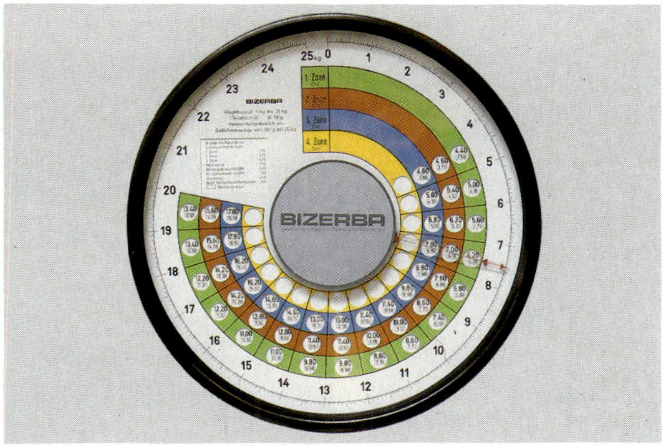

7500 g = ■ kg ■ g

4

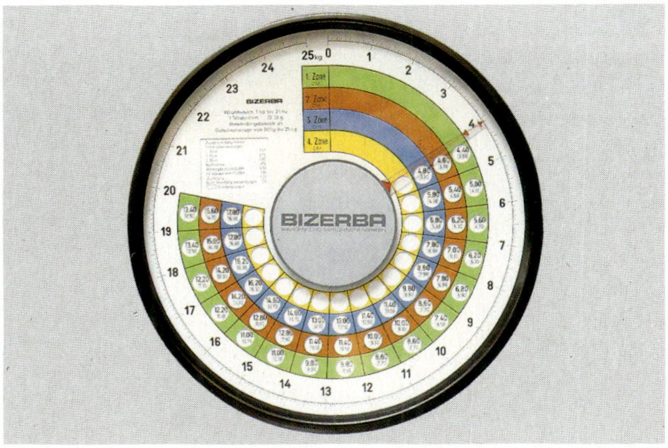

4 kg 100 g = ■ g

5* Gib in kg an.

2400 g	5040 g
1900 g	7005 g
4200 g	9208 g
6500 g	4375 g

6* Gib in g an.

6 kg 200 g	2 kg 50 g
3 kg 700 g	7 kg 108 g
8 kg 300 g	3 kg 7 g
4 kg 500 g	1 kg 95 g

Schwere Fahrzeuge

1 t = 1000 kg

1000 kg = 1 t

1

Leergewicht 3 t = ■ kg
Zuladung 3 t = ■ kg

2

Leergewicht 2000 kg = ■ t
Zuladung 3000 kg = ■ t

3

Gesamtgewicht 5 t = ■ kg

4

Gewicht 4000 kg = ■ t

5 Gib in kg an.

5 t	6 t
8 t	9 t
4 t	1 t

6 Gib in t an.

7000 kg	6000 kg
4000 kg	10000 kg
9000 kg	5000 kg

1750 kg = 1 t 750 kg

1 t 370 kg = 1370 kg

1

Leergewicht 4250 kg = ■ t ■ kg
Nutzlast 3710 kg = ■ t ■ kg

2

Leergewicht 2 t 350 kg = ■ kg
Nutzlast 1 t 650 kg = ■ kg

3

Leergewicht 9500 kg = ■ t ■ kg

4

Leergewicht 1 t 100 kg = ■ kg

5* Gib in t an.

9200 kg
7900 kg
2400 kg
4204 kg
6005 kg
3710 kg

6* Gib in kg an.

5 t 300 kg
3 t 900 kg
7 t 800 kg
1 t 8 kg
6 t 20 kg
4 t 309 kg

Im Mathematikunterricht

Diese Aufgabe darf nicht zwei unterschiedliche Ergebnisse haben.
Rechne deshalb immer zuerst die Multiplikation oder
die Division, danach erst die Addition oder die Subtraktion.

Punktrechnung geht vor Strichrechnung

$4 + 3 \cdot 2 =$
$4 + 6 = 10$

$20 - 12 : 2 =$
$20 - 6 = 14$

1

$15 + 4 \cdot 2$
$22 + 5 \cdot 3$
$41 + 7 \cdot 6$
$18 + 3 \cdot 4$

2

$16 + 3 \cdot 2$
$4 \cdot 5 + 1$
$8 \cdot 8 + 2$
$13 + 9 \cdot 1$

3

$25 - 18 : 3$
$32 - 21 : 1$
$16 - 25 : 5$
$42 - 49 : 7$

4

$17 - 15 : 3$
$24 : 6 - 4$
$45 : 9 - 4$
$58 - 35 : 7$

5

$20 - 4 \cdot 4$
$5 \cdot 6 - 5$
$56 - 7 \cdot 7$
$7 \cdot 9 - 5$

6

$73 + 14 : 2$
$47 + 32 : 4$
$56 : 7 + 12$
$48 : 8 + 6$

7 ★

$90 : 9 - 3$
$5 \cdot 8 : 4$
$41 + 6 \cdot 6$
$49 - 42 : 7$

8 ★

$48 - 18 + 5$
$49 - 7 \cdot 5$
$42 - 24 : 6$
$56 - 32 : 8$

$5 \cdot 8 - 16 : 2 + 25 : 5 - 3 \cdot 4 =$

$40 - 8 + 5 - 12 = 25$

$78 - 56 + 3 \cdot 7 - 2 \cdot 56 : 8 =$

$78 - 56 + 21 - 14 = 29$

1

$4 \cdot 3 + 5 \cdot 8 - 6 \cdot 4$
$40 : 5 + 36 : 9 - 2 \cdot 3$
$72 : 8 - 3 \cdot 3 + 5 \cdot 6$

2

$102 - 44 + 5 \cdot 7 - 3$
$135 + 48 - 81 : 9 \cdot 2$
$56 : 8 + 16 + 5 \cdot 4$

3 *

$1015 - 726 + 15 \cdot 8$
$182 : 26 + 12 \cdot 13$
$5648 : 4 - 412 \cdot 2$

4 *

$5 \cdot 161 + 3407 - 256 \cdot 3$
$585 : 13 - 40 + 3 \cdot 56$
$2048 - 575 : 25 \cdot 39$

5

Herr Heinrich kauft 7 Sesambrötchen zu je 40 Pf und ein Mehrkornbrot zum Preis von 3,20 DM.
Wie viel DM muss er bezahlen?

6

Frau Preute kauft vier neue Winterreifen zu je 148 DM und 2 Scheibenwischer zu je 8 DM.
Wie hoch ist die Rechnung?

7

Herr Bolte kauft 3 Pakete Waschpulver zu je 9 DM, 4 Flaschen Wäschestärke zu 3 DM und 2 Pakete Klammern zu je 2 DM.
Wie viel DM bezahlt Herr Bolte?

8

Sandra kauft 3 Rechenhefte zu je 60 Pf, 4 Schreibhefte zu je 50 Pf, einen Block zu 3 DM und 2 Bleistifte zu je 90 Pf.
Wie viel DM bezahlt Sandra?

Im Fotogeschäft

Herr Hens prüft die Rechnung:

$2 \cdot 108$

$2 \cdot 100 = 200$

$2 \cdot 8 = 16$

$2 \cdot 108 = 216$

1

$7 \cdot 51$

$7 \cdot 50 = ■$

$7 \cdot 1 = ■$

$7 \cdot 51 = ■$

$8 \cdot 43$

$8 \cdot 40 = ■$

$8 \cdot 3 = ■$

$8 \cdot 43 = ■$

2

$2 \cdot 42$
$8 \cdot 31$
$4 \cdot 52$
$6 \cdot 42$

3

$9 \cdot 14$
$7 \cdot 51$
$5 \cdot 32$
$4 \cdot 105$

4

$7 \cdot 73$
$6 \cdot 21$
$5 \cdot 309$
$6 \cdot 501$

5

$5 \cdot 61$
$9 \cdot 23$
$4 \cdot 54$
$3 \cdot 73$

6

$3 \cdot 43$
$2 \cdot 208$
$6 \cdot 82$
$7 \cdot 91$

7

$4 \cdot 72$
$6 \cdot 206$
$5 \cdot 309$
$3 \cdot 507$

In seinem Lager hat Herr Tischler noch 4 Pakete mit je 195 Filmen liegen.

So kann man rechnen:

$4 \cdot 195$

$4 \cdot 100 = 400$

$4 \cdot 90 = 360$

$4 \cdot 5 = 20$

$4 \cdot 195 = 780$

Herr Tischler rechnet schneller.

$4 \cdot 195$

$4 \cdot 200 = 800$

$4 \cdot 5 = 20$

$4 \cdot 195 = 780$

Herr Tischler hat noch insgesamt 780 Filme in seinem Lager.

1

$3 \cdot 48$

$3 \cdot 50 = ■$

$3 \cdot 2 = ■$

$3 \cdot 48 = ■$

$6 \cdot 97$

$6 \cdot 100 = ■$

$6 \cdot 3 = ■$

$6 \cdot 97 = ■$

2

5 · 68
6 · 18
4 · 37
2 · 29

3

3 · 59
4 · 58
9 · 46
4 · 197

4

2 · 99
6 · 296
5 · 37
7 · 27

5

8 · 48
6 · 36
3 · 58
7 · 69

6

3 · 29
5 · 398
4 · 37
5 · 88

7

2 · 699
3 · 597
4 · 496
3 · 299

8

Frau Gerhard kauft sechs Diafilme zu je 18 DM. Wie viel DM muss sie für die Filme bezahlen?

9

Herr Tischler bestellt für sein Fotogeschäft 8 Kameras zu je 79 DM. Wie hoch ist die Rechnung?

10

Herr Tischler erhält eine Lieferung. 9 Kameras zu je 98 DM. Wie viel DM muss er bezahlen?

11

Johannes holt die entwickelten Fotos ab. Es sind 30 Bilder zu je 59 Pf. Wie viel muss Johannes bezahlen?

Unsere Wetterstation

Silke berechnet die Durchschnittstemperatur der Woche. Sie addiert zuerst alle Messwerte und dividiert die Summe durch die Anzahl der Messungen.

MO	1. Messung	17°C
DI	2. Messung	15°C
MI	3. Messung	16°C
DO	4. Messung	20°C
FR	5. Messung	20°C
SA	6. Messung	22°C
SO	7. Messung	23°C

17
15
16
20
20
22
+23
133

133 : 7 = 19
7
63
63
0

Die Durchschnittstemperatur der Woche beträgt 19°C.

1

Berechne die durchschnittliche Niederschlagsmenge der ersten bis dritten Messung.

2

Berechne die durchschnittliche Niederschlagsmenge aller Messungen.

Niederschlag	mm
1. Messung	14mm
2. Messung	12mm
3. Messung	10mm
4. Messung	0mm
5. Messung	4mm

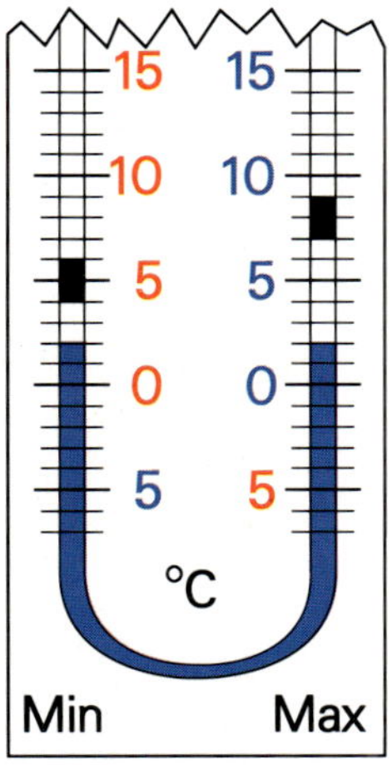

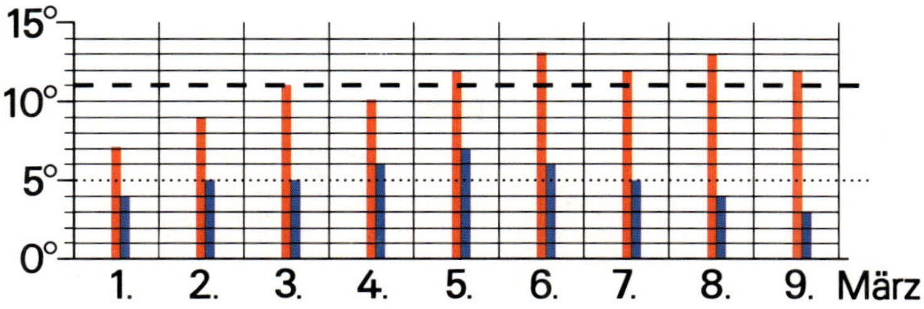

Jürgen hat mit einem Minimax-Thermometer die höchsten (rot) und die tiefsten (blau) Tagestemperaturen vom 1. bis 9. März notiert und in ein Diagramm eingetragen.

1

Berechne den Mittelwert der Höchsttemperaturen vom 1. bis 9. März. Jürgen hat diesen Mittelwert mit einer gestrichelten Linie eingezeichnet. Prüfe nach.

2

Berechne den Mittelwert der Tiefsttemperaturen vom 1. bis 9. März. Diesen Mittelwert hat Jürgen mit einer punktierten Linie eingezeichnet. Prüfe nach.

Berechne die Mittelwerte.

3

Windstärke

6.5.	4
7.5.	3
8.5.	5
9.5.	4

4

Mittags-temperaturen

17.5.	22°C
18.5.	24°C
19.5.	26°C
20.5.	26°C
21.5.	20°C
22.5.	20°C

5

Niederschlag

4.3.	10 mm
5.3.	11 mm
6.3.	12 mm
7.3.	5 mm
8.3.	2 mm
9.3.	0 mm
10.3.	9 mm

6

Luftfeuchtigkeit in Prozent

7.4.	60
8.4.	53
9.4.	42
10.4.	40
11.4.	45

Datum	Minimum	Maximum
10.3.	6°C	12°C
11.3.	8°C	11°C
12.3.	5°C	10°C
13.3.	4°C	12°C
14.3.	6°C	12°C
15.3.	7°C	9°C

7 *

Das sind Werners Notizen vom 10. bis 15. März.
Zeichne ein Diagramm in dein Heft. (1 °C entspricht 1 Kästchen).
Berechne die Mittelwerte und zeichne sie als Linien in das Diagramm ein.

Zahlenrätsel

1 Welche Ziffer wird durch welches Symbol ersetzt?

4503	5672	972△
− 692	− ◆✳2	− ◇⊕◆9
△◆✳✳	◇◆⊕■	○■34
△◇61	○8△■	✳□△◇
+ △◇61	+ ✳□4●	+ ○⊕▲◆
⊕●□□	▲■▲●	⊕●✳□

2 Welche Zahl wird durch das Symbol ⧓ ersetzt?

5763 − 2836 = ▭

4375 − ▭ = ⬒

⬒ + 736 = ◨

◨ : 4 = ⧓

3 Welche Zahl wird durch das Symbol ⊗ ersetzt?

45 · 32 = ○

○ : 15 = ⦶

12 · ⦶ = ⊖

811 + ⊖ = ⊗

4 ✶ Welche Zahl wird durch das Symbol ⊞ dargestellt?

5529 − 631 = ◪

⧓ : 20 = ■

▨ − 4211 = ⦾⦾⦾

⦾⦾⦾ · 5 = ⧓

◪ + 789 = ▨

■ + 31 = ⊞

Zahlen bis 100 000

Olympiastadion München

Im Sportstadion

Haupttribüne		Gegentribüne	
Block A	1– 5000	Block E	20001–25000
Block B	5001–10000	Block F	25001–30000
Block C	10001–15000	Block G	30001–35000
Block D	15001–20000	Block H	35001–40000

Ostkurve		Westkurve	
Block J	40001–45000	Block P	70001– 75000
Block K	45001–50000	Block Q	75001– 80000
Block L	50001–55000	Block R	80001– 85000
Block M	55001–60000	Block S	85001– 90000
Block N	60001–65000	Block T	90001– 95000
Block O	65001–70000	Block U	95001–100000

1
Wie viele Plätze hat das Stadion?

2
Wie viele Plätze hat die Haupttribüne?

3
Welche Platznummern hat der Block K?

4
Wie viele Plätze hat jeder einzelne Block?

5
In welchem Block sind die Plätze 326, 1417, 24305, 25001, 35002?

6
In welchem Block sind die Plätze 40007, 55555, 81000, 16000, 44000?

7
Schreibe mit Ziffern.

a) zwanzigtausend
b) zwanzigtausenddreihundert
c) zwanzigtausendvierhundertzwei
d) zweiundzwanzigtausend-sechshundertachtzehn
e) zweitausendvier
f) zweitausendfünfzehn
g) zweiunddreißigtausend
h) zweitausendvierhundert-fünfunddreißig

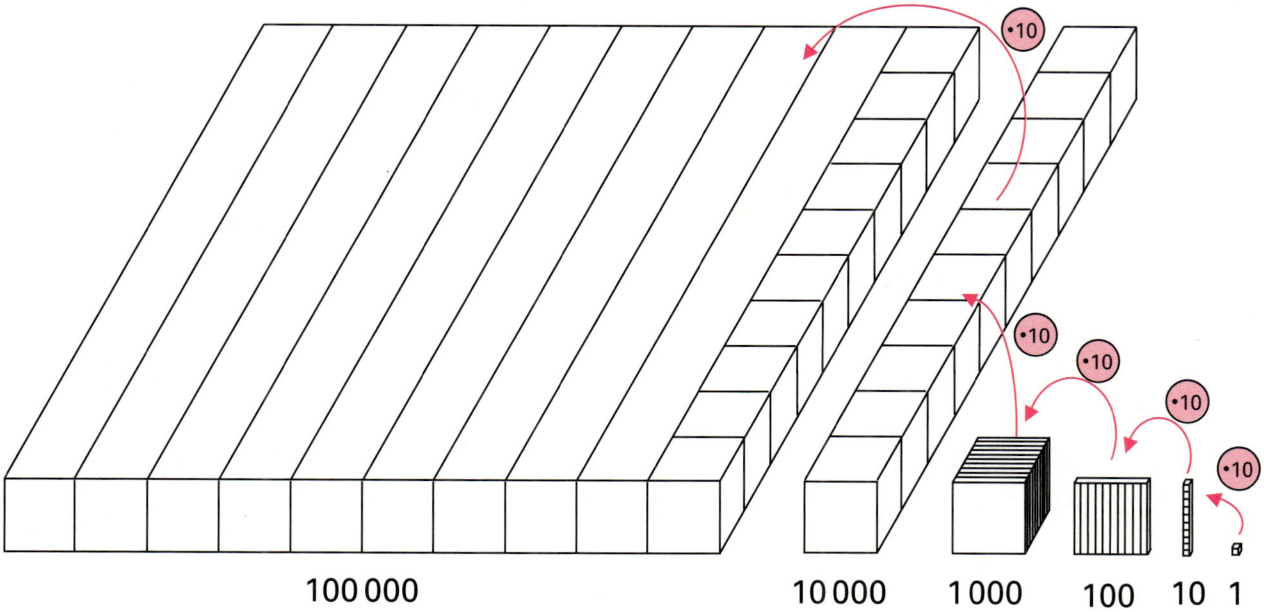

1

Erkläre die Zeichnung, beachte die Pfeile.

10 Einer ergeben 1 Zehner.
10 Zehner ergeben ■ Hunderter.
10 Hunderter ergeben ■ ...

Setze die Reihen fort.

2

Wie viele Tausender enthält eine Zehntausenderstange? Schreibe die Zahl.

3

Wie viele Zehnerstangen enthält ein Tausenderwürfel? Schreibe die Zahl.

4

Wie viele Zehntausenderstangen enthält eine Hunderttausenderplatte? Schreibe die Zahl.

5

Wie viele Einer haben ein Tausenderwürfel und zwei Hunderterplatten zusammen? Schreibe die Zahl.

Vorgänger	*Zahl*	*Nachfolger*
662	663	664
1 244	1 245	1 246
51 999	52 000	52 001
40 698	40 699	40 700
41 000	41 001	41 002
49 990	49 991	49 992

6

Schreibe die Nachbarzahlen auf.

420	70 000	22 463
4 200	80 000	43 000
42 000	20 000	42 499
42 001	50 000	40 601
42 051	90 000	40 030

Große Zahlen einordnen

HT	ZT	T	H	Z	E
	4	0	0	0	0
	5	4	2	1	5
1	0	0	0	0	0
	3	0	4	0	0
		5	6	4	3
	2	0	0	3	0
	4	4	3	3	3

1 ZT = 10000

2 ZT 5 T = 25000

1 Lies die Zahlen in der Stellentafel. Beachte die Null.

2 Wie heißen die Zahlen? Schreibe sie mit Ziffern.

a) 5 T
b) 4 ZT 3 T
c) 5 T 4 H 6 Z
d) 8 ZT 6 T 7 H
e) 7 ZT
f) 2 ZT 4 T 3 H
g) 1 HT
h) 5 ZT 3 H 4 Z 2 E

Zeichne eine Stellentafel und trage die Zahlen ein.

3 a) 25000 b) 48000 c) 660 d) 3690 e) 40600 f) 25406

4 a) 403 b) 4007 c) 10000 d) 22000 e) 43406 f) 42527

Trage mit Ziffern in eine Stellentafel ein.

5
a) fünftausendzweihundertzehn
b) zweitausenddreihundertsieben
c) dreihundertzwanzig

6
a) sechzigtausendzwölf
b) dreitausendvierhundertzwei
c) dreiunddreißigtausend

Trage in eine Stellentafel mit Ziffern ein.

7 a) 2 ZT 4 H b) 3 T 2 E c) 5 T 2 H 6 Z 4 E d) 4 T 2 H 3 E

8 a) 6 T 3 H b) 6 ZT 3 H c) 5 ZT 3 T 4 H d) 6 T 3 H 3 Z

9

42000	■	42002

53688	■	53690

62999	■	63001

10

■	54200	■

■	24617	■

■	37210	■

Ordne die Zahlen der Größe nach. Beginne mit der kleinsten Zahl.

11 8000 16000 12000

12 23000 14216 22463

13 7500 7453 7651

14 43972 43981 43988

15 4444 4000 4004

16 60300 30600 60003

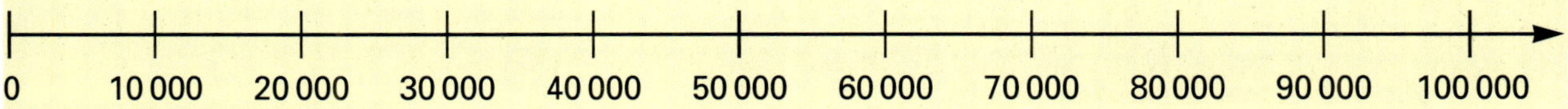

1
Male einen Zahlenstrahl auf Tapete.
Markiere die Zehntausender.

2
Markiere an einem Zahlenstrahl.
42 000, 54 000, 95 000, 80 000, 43 000

Ergänze die Reihen.

3
23 000 | 24 000 | ... | 41 000

4
56 000 | 55 000 | ... | 27 000

5
10 000 | 20 000 | ... | 100 000

6
90 000 | 80 000 | ... | 10 000

7
10 000 | 15 000 | ... | 100 000

8
90 000 | 85 000 | ... | 10 000

Nachbar-Einer	*23 435*		*23 437*	Nachbar-Einer
Nachbar-Zehner	*23 430*		*23 440*	Nachbar-Zehner
Nachbar-Hunderter	*23 400*	*23 436*	*23 500*	Nachbar-Hunderter
Nachbar-Tausender	*23 000*		*24 000*	Nachbar-Tausender
Nachbar-Zehntausender	*20 000*		*30 000*	Nachbar-Zehntausender

9
Runde auf volle Zehner.
14 372 62 763 87 238

10
Runde auf volle Hunderter.
31 258 51 270 34 017

11
Runde auf volle Tausender.
46 211 33 420 47 800

12
Runde auf volle Zehntausender.
54 676 43 000 57 860

Im Eishockeystadion

Fassungsvermögen von Eisstadien

Verein	Plätze
Düsseldorfer EG	10500
SB Rosenheim	7500
Kölner EC	7000
Preussen Berlin	6000
ERC Schwenningen	5000
EHC Freiburg	6000
Mannheimer ERC	8500
EC Hedos München	7000

Zuschauer bei einigen Spielen

Spiel	Zuschauer
München – Köln	6300
Schwenningen – Rosenheim	5000
Düsseldorf – Berlin	10700
Köln – München	7600
Rosenheim – Schwenningen	6700
Berlin – Mannheim	6100
Freiburg – Düsseldorf	5800
Mannheim – Freiburg	5500

1
Welches Eishockeystadion fasst die meisten Zuschauer?

2
Welches Stadion fasst die wenigsten Zuschauer?

3
Wie viele Zuschauer kamen zu den Spielen zwischen den Vereinen aus München und Köln?

4
Wie viele Zuschauer sahen beide Spiele der Mannschaft von Düsseldorf?

5
Wie viele Zuschauer fasst das Stadion in München mehr als das Stadion in Freiburg?

6
Wie viele Zuschauer fasst das Stadion in Schwenningen weniger als das Stadion in Rosenheim?

1

Bei einem Eishockeyspiel wurden 8 000 Karten zum Normalpreis und 1 800 Karten zu einem ermäßigten Preis verkauft.
Berechne die Gesamtzahl der verkauften Karten.

2

20 000 + 30 000
40 000 + 20 000
10 000 + 40 000
30 000 + 60 000
50 000 + 30 000

3

25 000 + 30 000
36 000 + 20 000
47 000 + 10 000
19 000 + 30 000
52 000 + 40 000

4

40 000 + 27 000
20 000 + 43 000
60 000 + 15 000
30 000 + 23 000
10 000 + 44 000

5

26 000 + 3 200
72 000 + 1 400
85 000 + 2 100
62 000 + 6 400
14 000 + 4 300

6

23 000 + 500
45 000 + 200
32 000 + 600
66 000 + 700
73 000 + 600

7

54 000 + 312
86 000 + 416
92 000 + 120
43 000 + 244
36 000 + 134

8

34 000 + 4 700
42 000 + 5 800
25 000 + 3 700
12 000 + 6 800
58 000 + 2 400

9

25 000 + 3 470
34 000 + 2 160
57 000 + 1 420
22 000 + 7 180
31 000 + 5 330

10

Das Stadion von Köln wurde bei einem Bundesligaspiel nur halb voll.
Wie viele Besucher kamen zu diesem Spiel?

11

Im Stadion von Freiburg wurden bei einem Spiel ein Viertel der Eintrittskarten gespendet.
Wie viele Karten waren das?

12

Bestimme die Hälfte von

30 000	100 000	90 000
50 000	80 000	70 000
20 000	40 000	60 000
12 000	24 000	28 000

13

Bestimme ein Viertel von

4 000	40 000	20 000
8 000	80 000	60 000
2 400	24 000	16 000
1 200	12 000	32 000

Fußball-Bundesliga

Plätze in Stadien der Fußball-Bundesliga	
Bayern München	73 000
Werder Bremen	41 000
1. FC Kaiserslautern	39 000
Hamburger SV	61 000
Eintracht Frankfurt	61 000
Borussia Dortmund	52 000
Bayer Leverkusen	27 000
1. FC Köln	60 000
VfL Bochum	42 000
VfB Stuttgart	68 000
Fortuna Düsseldorf	68 000
Wattenscheid 09	15 000
Borussia Mönchengladbach	35 000
Karlsruher SC	33 000
Stuttgarter Kickers	68 000
FC Schalke 04	71 000
1. FC Nürnberg	52 000
MSV Duisburg	30 000
Hansa Rostock	25 000
Dynamo Dresden	32 000

1
Welches Stadion hat die meisten Plätze, welches Stadion die wenigsten Plätze?

2
Wie viele Plätze fehlen im Stadion von Bayern München an 100 000 Plätzen?

3
Schreibe die Anzahl der Plätze von allen Stadien auf, die über mehr als 60 000 Plätze verfügen.

4
Schreibe die Platzzahlen der Stadien auf, die zwischen 30 000 und 40 000 Plätze haben.

5
Wie viele Plätze hat das Stadion vom 1. FC Köln weniger als das Stadion von Schalke 04?

6
Wie viele Plätze hat das Stadion von VfB Stuttgart mehr als das Stadion von Borussia Mönchengladbach?

7
43 000 – 20 000
42 000 – 30 000
63 000 – 40 000
70 000 – 50 000
66 000 – 40 000

8
54 000 – 31 000
80 000 – 44 000
74 000 – 32 000
22 000 – 11 000
46 000 – 21 000

9
33 800 – 32 000
46 600 – 14 000
54 300 – 22 000
24 600 – 14 000
58 900 – 22 000

10
40 000 – 500
30 000 – 400
80 000 – 200
70 000 – 300
60 000 – 700

1

60 000 − 2 000
40 000 − 1 000
30 000 − 2 000
80 000 − 4 000
90 000 − 3 000

2

32 000 − 1 000
56 000 − 4 000
58 000 − 6 000
67 000 − 2 000
69 000 − 3 000

3

32 000 − 4 000
46 000 − 8 000
54 000 − 7 000
62 000 − 4 000
42 000 − 3 000

4*

36 000 − 400
88 000 − 600
74 000 − 300
52 000 − 700
67 000 − 900

5

64 300 − 2 200
57 200 − 4 100
46 300 − 3 300
57 200 − 4 200
76 200 − 5 400

6

48 000 − 17 000
59 000 − 28 000
62 000 − 41 000
73 000 − 61 000
84 000 − 22 000

7

46 000 − 8 000
57 000 − 4 000
86 000 − 2 000
93 000 − 1 000
84 000 − 3 000

8

48 400 − 600
54 500 − 800
83 400 − 900
93 600 − 700
47 200 − 300

Rechne zuerst mit Überschlag.

Aufgabe $21\,413 + 23\,400 = \blacksquare$

Überschlag $20\,000 + 20\,000 = 40\,000$

Rechnung

$$\begin{array}{r} 21\,413 \\ +\,23\,400 \\ \hline \underline{\underline{44\,813}} \end{array}$$

Aufgabe $48\,648 - 21\,439 = \blacksquare$

Überschlag $50\,000 - 20\,000 = 30\,000$

Rechnung

$$\begin{array}{r} 48\,648 \\ -\,21\,439 \\ \hline \underline{\underline{27\,209}} \end{array}$$

9

$$\begin{array}{r} 46\,391 \\ +\,12\,580 \\ \hline \end{array} \qquad \begin{array}{r} 36\,145 \\ +\,25\,836 \\ \hline \end{array} \qquad \begin{array}{r} 22\,496 \\ +\,11\,407 \\ \hline \end{array} \qquad \begin{array}{r} 27\,315 \\ +\,21\,518 \\ \hline \end{array} \qquad \begin{array}{r} 54\,276 \\ +\,27\,036 \\ \hline \end{array}$$

33 903	58 971	46 249	61 981	48 833	81 312

10

$$\begin{array}{r} 37\,400 \\ -\,12\,480 \\ \hline \end{array} \qquad \begin{array}{r} 58\,219 \\ -\,32\,178 \\ \hline \end{array} \qquad \begin{array}{r} 48\,536 \\ -\,21\,735 \\ \hline \end{array} \qquad \begin{array}{r} 35\,618 \\ -\,12\,439 \\ \hline \end{array} \qquad \begin{array}{r} 42\,630 \\ -\,11\,321 \\ \hline \end{array}$$

24 920	23 179	26 801	42 407	26 041	31 309

Im Radiogeschäft

1. Herr Simon bestellt 30 Pakete mit je 24 Videokassetten.
Wie viele Videokassetten bestellt er?

Aufgabe $24 \cdot 30 = \blacksquare$

Überschlag $20 \cdot 30 = 600$

Rechnung

1. Schritt

$24 \cdot 30$

~~1~~ 72

2. Schritt

$24 \cdot 30$

720

Antwort *Herr Simon bestellte 720 Videokassetten.*

2.
35 · 60
71 · 20
36 · 40
42 · 50
53 · 60

2100	1420	1440
2100	3180	1640

3.
43 · 90
38 · 60
44 · 40
53 · 50
94 · 80

2280	1760	4360
3870	2650	7520

4.
66 · 30
45 · 90
33 · 80
77 · 70
99 · 40

5390	2640	3960
1980	4050	4060

5.
46 · 40
73 · 40
29 · 40
65 · 40
63 · 40

1840	1160	2520
2920	2600	2630

$124 \cdot 60 = \blacksquare$

$124 \cdot 60$

7440

6.
128 · 30
146 · 70
154 · 90

3840	10220
13860	14690

7.
422 · 30
516 · 40
921 · 60

12660	55260
23440	20640

8.
502 · 80
704 · 60
206 · 80

16480	40160
18560	42240

1 Firma Peters liefert 36 Kartons mit je 24 Kassetten für Recorder aus.
Wie viele Kassetten sind das?

Aufgabe	*36 · 24 = ■*	*Überschlag 40 · 20 = 800*	
Rechnung	*1. Schritt*	*2. Schritt*	*3. Schritt*
	36 · 24	*36 · 24*	*36 · 24*
~~1~~	*72*	*72*	*72*
		~~2~~ *144*	*144*
			864
Antwort	*Es wurden 864 Kassetten geliefert.*		

2 Ein Radiogeschäft liefert 18 Kartons mit je 36 Kassetten. Berechne die Gesamtzahl der Kassetten.

3 Eine Firma liefert 25 Großkartons mit Kassetten. Jeder Karton enthält 48 Stück. Berechne die Gesamtzahl.

4

74 · 36
65 · 32
27 · 21
38 · 54
49 · 46

2080	2664
2052	444
567	2254

5

45 · 29
76 · 58
79 · 36
86 · 23
74 · 68

1305	2844
4612	4408
1978	5032

6

93 · 27
52 · 37
63 · 42
46 · 51
93 · 72

1924	2646
2511	2346
6696	4432

7

149 · 46
364 · 58
432 · 44
594 · 36
729 · 76

6854	21112
19008	21384
55404	24367

Was die Baustoffhandlung liefert

1 Firma Schnitzler liefert 24 Paletten mit Blendsteinen.
Jede Palette trägt 400 Steine. Berechne die Gesamtzahl der Blendsteine.

Aufgabe $24 \cdot 400 = \square$ *Überschlag* $20 \cdot 400 = 8000$

Rechnung *1. Schritt* *2. Schritt*

$24 \cdot 400$ → 1 → 96

$24 \cdot 400$ → 9600

Antwort *Firma Schnitzler lieferte 9600 Blendsteine.*

2
Herr Meurer erhält für seinen Neubau 33 Paletten mit Kalksandsteinen. Jede Palette trägt 300 Steine. Wie viele Steine hat Herr Meurer bestellt?

3
Ein Bauherr hat sich für Klinker entschieden. Sie werden zu je 500 Stück geliefert. Er bestellt 16 Pakete.
Wie viele Steine sind das?

4
$48 \cdot 400$
$52 \cdot 600$
$63 \cdot 800$

5
$46 \cdot 200$
$53 \cdot 700$
$17 \cdot 800$

6
$57 \cdot 700$
$98 \cdot 800$
$63 \cdot 200$

7
$40 \cdot 600$
$60 \cdot 700$
$80 \cdot 900$

8°
$143 \cdot 30$
$358 \cdot 70$
$264 \cdot 60$

13461	15840
25060	4290

9°
$124 \cdot 40$
$476 \cdot 80$
$792 \cdot 90$

4960	38080
71280	54620

10°
$543 \cdot 70$
$672 \cdot 50$
$508 \cdot 30$

38010	15240
33600	16420

11°
$149 \cdot 70$
$347 \cdot 80$
$247 \cdot 60$

10430	27760
14820	18630

1 Ein Lastkahn transportiert 270 Paletten mit Ziegelsteinen.
Jede Palette enthält 340 Steine. Berechne die Gesamtzahl der Ziegelsteine.

Aufgabe *270 · 340 = ■* *Überschlag 300 · 300 = 90 000*

Rechnung	*1. Schritt*	*2. Schritt*	*3. Schritt*	*4. Schritt*
	270 · 340	*270 · 340*	*270 · 340*	*270 · 340*
2	*810*	*810*	*810*	*810*
	2	*1080*	*10800*	*10800*
				91800

Antwort *Es wurden 91 800 Steine transportiert.*

2
Ein Lastwagen wird mit 240 Paletten Steine beladen. Jede Palette enthält 220 Steine. Berechne die Gesamtzahl.

3
Firma Brandts liefert 220 Großpakete Steine. Jedes Paket enthält 420 Stück. Berechne die Gesamtzahl.

4
124 · 360
276 · 280
534 · 140
137 · 430
238 · 350

44 640	74 760
77 280	58 910
83 300	44 200

5
333 · 220
116 · 350
247 · 360
142 · 140
412 · 210

88 920	73 260
40 600	19 880
98 880	86 520

6
276 · 360
241 · 340
108 · 630
237 · 350
160 · 480

82 950	99 360
81 940	76 800
68 040	54 900

7
407 · 230
207 · 440
108 · 330
208 · 350
309 · 160

93 610	91 080
72 800	35 640
49 440	48 440

In der Fußgängerzone

1

In Wernigerode wird eine Straße in eine Fußgängerzone einbezogen. Die Straße ist 214 m lang und 8 m breit. Wie groß ist die Fläche, die jetzt dazukommt?

2	3	4
244 · 7	319 · 4	258 · 5
418 · 6	468 · 6	318 · 6
533 · 5	421 · 7	222 · 7
326 · 3	326 · 2	346 · 8
462 · 5	383 · 6	821 · 4

5

In der Fußgängerzone entsteht ein neuer Platz mit Springbrunnen. Die Fläche, die gepflastert werden muss, ist 47 m breit und 39 m lang. Berechne die Fläche.

6	7	8
76 · 42	63 · 32	37 · 39
44 · 68	72 · 52	52 · 73
94 · 76	35 · 48	64 · 68
55 · 53	43 · 44	63 · 72
46 · 58	59 · 84	64 · 73

9	10	11	12
43 · 300	21 · 600	77 · 40	87 · 70
56 · 400	48 · 300	66 · 60	46 · 80
84 · 900	54 · 700	33 · 80	39 · 30
53 · 700	22 · 500	44 · 90	51 · 90
62 · 200	53 · 400	55 · 20	24 · 80
65 · 800	44 · 500	22 · 90	81 · 20

22400	12900	21200	22000	3080	3960	6090	4590
12400	37100	11000	14400	3960	2640	3680	1920
52000	75600	37800	12600	1100	1980	1170	1620

1

Die Stadtgärtnerei muss 650 Blumenkästen bepflanzen. Für jeden Kasten sind 7 Pflanzen vorgesehen. Wie viele Pflanzen müssen besorgt werden?

2

340 · 6
260 · 7
370 · 8
560 · 5
340 · 9

3

480 · 5
360 · 9
240 · 3
340 · 5
560 · 4

4

331 · 6
423 · 2
645 · 4
334 · 7
462 · 9

5

20 Beete in einer Fußgängerzone werden bepflanzt. In jedes Beet kommen 620 Pflanzen. Wie viele Pflanzen müssen besorgt werden?

6

420 · 20
640 · 30
520 · 40
340 · 50
260 · 70

7

440 · 30
260 · 50
430 · 90
280 · 70
319 · 80

8

425 · 60
241 · 40
324 · 50
836 · 30
438 · 90

9

220 · 56
330 · 48
520 · 63
630 · 47
470 · 94
740 · 29

29610	12320
15840	44180
32760	21460

10

420 · 38
390 · 42
680 · 51
420 · 64
540 · 77
260 · 57

26880	15960
16380	41580
34680	14820

11

462 · 51
391 · 43
586 · 21
243 · 34
514 · 46
457 · 39

16813	8262
23562	17823
12306	23644

12

426 · 22
392 · 44
426 · 33
343 · 55
401 · 88
132 · 22

9372	18865
17248	35288
14058	2904

Aus dem Gartencenter

In einem Gartencenter werden Blumenzwiebeln in Päckchen abgefüllt. Jedes Päckchen enthält 20 Stück. Herr Sander muss 8 360 Zwiebeln abfüllen. Wie viele Päckchen ergibt das?

Aufgabe 8360 : 20 = ■ *Überschlag* 8000 : 20 = 400

Rechnung

1. Schritt

8360 : 20 = 4
80
 3

2. Schritt

8360 : 20 = 41
80
 36
 20
 16

3. Schritt

8360 : 20 = 418
80
 36
 20
 160
 160
  0

Probe

418 · 20
8360

Antwort Es können 418 Päckchen gepackt werden.

Gartencenter Peters

Lieferschein für Tulpen

Sorte	Farbe	Stückzahl
Appeldoorn	scharlachrot	4650
Oxford	orange	6300
Meißen	rosa mit weiß	3850
First Lady	rötlich	7800
Garten Party	weiß	5050

1 Wie viele Säckchen mit 50 Blumenzwiebeln können jeweils gefüllt werden?

2 6240 Krokusse werden in Tüten zu 30 verpackt. Wie viele Tüten ergibt das?

Rechne zuerst mit Überschlag.

3
2100 : 60
4680 : 60
3900 : 60
5100 : 60
2700 : 60

78 85 55
65 45 35

4
2240 : 40
1960 : 40
2120 : 40
1440 : 40
1840 : 40

49 36 56
53 46 74

5
2250 : 30
4440 : 30
1050 : 30
2190 : 30
1950 : 30

148 73 75
35 65 63

6
1920 : 60
1750 : 50
5120 : 80
3710 : 70
3680 : 40

35 53 32
64 92 23

Rechne mit Probe.

7
2100 : 70
3240 : 60
6150 : 50
1800 : 40
7200 : 30

54 45 30
123 240 90

8
1840 : 80
2940 : 70
2040 : 60
3350 : 50
2480 : 40

67 42 23
62 34 29

9
1710 : 30
4080 : 80
2380 : 70
2760 : 40
1900 : 50

34 51 56
69 38 57

10
6640 : 80
3120 : 60
6240 : 30
1960 : 20
3920 : 40

52 98 83
208 98 48

11 5628 Narzissen werden in Beutel zu 40 Stück verpackt. Wie viele Beutel ergibt das?

12
3464 : 60
4268 : 40
3257 : 80
4280 : 60

13
5478 : 70
3689 : 30
4230 : 40
3925 : 30

5628 : 40 = 140 Rest 28
40
162
160
28
0
28

Schulausflüge

1

Am Wandertag wollen die 15 Schüler der Klasse 7 eine Klassenfahrt auf die Insel Rügen machen. Dort werden sie am Ostseestrand bis zum Königsstuhl wandern. Die Kosten für die Fahrt betragen insgesamt 735 DM.
Wie viel DM Fahrtkosten muss jeder Schüler bezahlen?

Aufgabe 735 : 15 = ■

Rechnung 735 : 15 = 49
60
135
135
0

Antwort Jeder Schüler muss 49 DM Fahrtkosten bezahlen.

2

1 395 : 31
1 134 : 18
2 108 : 62
1 323 : 49
2 006 : 59

34 27 22
45 63 34

3

1 406 : 19
3 087 : 49
1 856 : 32
2 444 : 52
2 074 : 61

58 22 63
47 74 34

4

2 898 : 69
1 656 : 92
2 736 : 38
1 155 : 21
1 395 : 31

45 55 72
18 42 55

5

4 182 : 51
3 672 : 68
2 808 : 72
4 823 : 91
1 116 : 18

53 39 72
82 54 62

1

Eine Klasse mit 28 Schülern möchte das Pergamonmuseum in Berlin besichtigen. Die Gruppenreise mit der Bahn kostet 1512 DM. Wie viel DM muss jeder Schüler bezahlen?

2

Eine Gruppe mit 11 Schülerinnen muss in der Jugendherberge Bad Münstereifel für einen Aufenthalt 2508 DM zahlen. Wie viel DM entfallen auf jede Schülerin?

3

24 Schüler fahren zusammen zur PHOTOKINA nach Köln.
Die Fahrtkosten betragen 648 DM.
Wie teuer ist die Fahrt für jeden Schüler?

4

21 Schülerinnen und Schüler fahren zwei Wochen ins Schullandheim.
Der Aufenthalt kostet 4704 DM.
Wie viel DM kostet der Aufenthalt für einen Schüler?

Es bleibt ein Rest.

Aufgabe

1280 : 15 = ■

Rechnung

1280 : 15 = 85 Rest 5
120
80
75
5

5	6	7
353 : 18	873 : 92	573 : 49
948 : 61	287 : 59	235 : 11
719 : 42	663 : 11	697 : 58
563 : 22	946 : 69	424 : 39
645 : 59	394 : 19	862 : 71

8	9	10
2132 : 82	3534 : 62	4368 : 78
1768 : 52	4263 : 49	1273 : 19
2646 : 42	1606 : 22	2546 : 38
2844 : 79	5162 : 89	3294 : 61
2187 : 81	4992 : 78	3192 : 42

11°

3465	4928	7438
+ 642	+ 591	+ 1711

12°

44000	42806	44570
+ 3695	+ 2137	+ 138

13°

4629	3852	4308
− 461	− 214	− 264

14°

43072	41460	56800
− 1115	− 324	− 2344

Im Gebrauchtwagenzentrum

1

Michaels Vater hat einen Gebrauchtwagen gekauft, den er in Raten bezahlen möchte. Bei 12 Monatsraten beträgt der Preis des Wagens 6048 DM. Wie hoch sind die einzelnen Monatsraten?

6048 : 12 = 504
60
4
0
48
48
0

Probe
504 · 12
504
1008
6048

Eine Rate beträgt 504 DM.

Berechne die Preise für eine Rate.

2

Preis bei Ratenzahlung	Anzahl der Raten
7 260 DM	12
19 344 DM	24
21 780 DM	36
14 640 DM	48
29 232 DM	72

406 DM 605 DM 507 DM
605 DM 305 DM 806 DM

3

Preis bei Ratenzahlung	Anzahl der Raten
9 648 DM	12
4 848 DM	24
7 488 DM	36
14 832 DM	48
36 144 DM	72

502 DM 208 DM 309 DM
202 DM 804 DM 403 DM

1

Frau Neitzel interessiert sich für den Campingwagen Eifelgold. Der Preis bei Ratenzahlung (24 Raten) beträgt 17 280 DM. Wie hoch ist eine Rate?

```
17280 : 24 = 720
168
 48                 Probe
 48                 720 · 24
  0                 1440
  0                  2880
                    17280
```

Eine Rate beträgt 720 DM.

2

3500 : 14
17 360 : 28
10 240 : 32
15 180 : 46
14 280 : 34

620 360 320 250 420 330

3

6 240 : 52
4 180 : 38
11 200 : 56
17 640 : 84
32 130 : 63

120 210 510 200 110 910

4

1 380 : 46
2 650 : 53
1 920 : 64
1 860 : 31
1 380 : 23

30 30 70 50 60 60

5

2 640 : 44
4 960 : 62
3 550 : 71
1 440 : 24
4 400 : 55

60 50 80 80 60 70

Beachte den Rest.

```
4568 : 38 = 120 Rest 8
38
 76                 Probe 120 · 38
 76                         360
  8                          960
  0                         4560
  8                 Rest       8
                            4568
```

6

24 564 : 32
11 046 : 46
18 725 : 52
24 488 : 34
24 846 : 46
46 339 : 43

7

9 753 : 28
7 653 : 19
7 650 : 27
4 681 : 31
5 439 : 41
2 490 : 38

8°

3 465 − 642; 4 928 − 591; 7 438 − 1 711

9°

44 226 − 1 774; 33 846 − 1 624; 20 693 − 2 167

10°

4 300 − 568; 5 978 − 624; 7 394 − 326

11°

4 261 − 1 391; 4 520 − 1 129; 4 000 − 789

In der Großbäckerei

In Großbäckereien wird das Brot auf großen Backstraßen gebacken.
Der geformte Teig wandert auf einem Stahlnetzband durch große Öfen und kommt als fertiges Brot am Ende heraus. Diese Öfen nennt man Netzbandöfen.

1

Die Tagesproduktion einer Großbäckerei beträgt 11 200 Brote.
Die Lieferfahrzeuge fassen 800 Brote.
Wie viele Fahrten sind für die Auslieferung erforderlich?

1. Schritt	*2. Schritt*
11200 : 800 = 1	*11200 : 800 = 14*
800	*800*
320	*3200*
	3200
	0

Antwort
14 Fahrten sind erforderlich.

2

Eine Brotfabrik liefert 13 800 Pakete Bauernbrot. Die Auslieferung erfolgt mit Paletten zu 600 Stück. Wie viele Paletten müssen bereitgestellt werden?

3

Eine Kuchenfabrik muss 12 400 Stollen liefern. Die Fabrik kann in einer Stunde 400 Stollen herstellen.
Wie lange dauert die Herstellung?

4

5 400 : 300
3 200 : 200
7 600 : 400
3 400 : 200
4 600 : 200

16 17 18
19 20 23

5

7 500 : 500
10 200 : 600
9 800 : 700
9 000 : 500
7 600 : 400

14 15 16
17 18 19

6

9 600 : 800
9 900 : 900
7 800 : 600
5 700 : 300
6 400 : 400

11 12 13
14 16 19

7*

5 200 : 200
23 800 : 700
27 600 : 600
12 400 : 400
16 800 : 300

34 26 46
53 31 56

1

Eine Brotfabrik liefert 11700 Pakete Steinofenbrot zu 250 g. Die Auslieferung erfolgt durch Rollcontainer; sie fassen jeweils 450 Brote.
Wie viele Rollcontainer sind erforderlich?

1. Schritt	*2. Schritt*
11700 : 450 = 2	*11700 : 450 = 26*
900	*900*
270	*2700*
	2700
	0

Antwort
26 Rollcontainer sind erforderlich.

2

7200 : 120
3900 : 130
7000 : 140
6400 : 160
3400 : 170

30	40	50
20	60	70

3

7360 : 160
6460 : 170
7560 : 180
8360 : 190
6720 : 140

38	40	42
44	46	48

4

8840 : 520
9240 : 440
7480 : 340
7680 : 240
9880 : 380

17	21	22
26	27	32

5

10500 : 420
26520 : 780
13650 : 910
16380 : 390
19610 : 530

15	21	25
34	37	42

6

Eine Großbäckerei produziert an einem Tag 2688 Brote. Sie werden auf Regale verteilt. Jedes Regal fasst 192 Brote.
Wie viele Regale werden täglich gefüllt?

1. Schritt	*2. Schritt*
2688 : 192 = 1	*2688 : 192 = 14*
192	*192*
76	*768*
	768
	0

Antwort
Täglich werden 14 Regale gefüllt.

7

3948 : 141
9994 : 263
8976 : 187
9512 : 164
8976 : 132

18	28	38
48	58	68

8

26256 : 547
39672 : 684
32096 : 472
31504 : 358
22306 : 587

88	78	68
58	48	38

9

22200 : 555
44400 : 888
39960 : 666
31080 : 444
23310 : 777

80	70	60
50	40	30

10

16885 : 307
20196 : 306
39116 : 508
50193 : 507
17864 : 406

99	88	77
66	55	44

Rund ums Fahrrad

Artikel	Preis
Großflächenstrahler	5,50 DM
Speichenstrahler	6,00 DM
Vorderstrahler weiß	3,00 DM
Scheinwerfer mit Dynamo	43,90 DM
Rücklicht	7,50 DM
Rückstrahler	5,50 DM
Vorderradbremse	23,00 DM
Hinterradbremse	25,00 DM
Klingel	4,50 DM
Sturzhelm	65,80 DM
Luftpumpe	4,80 DM
Flickzeug	3,50 DM

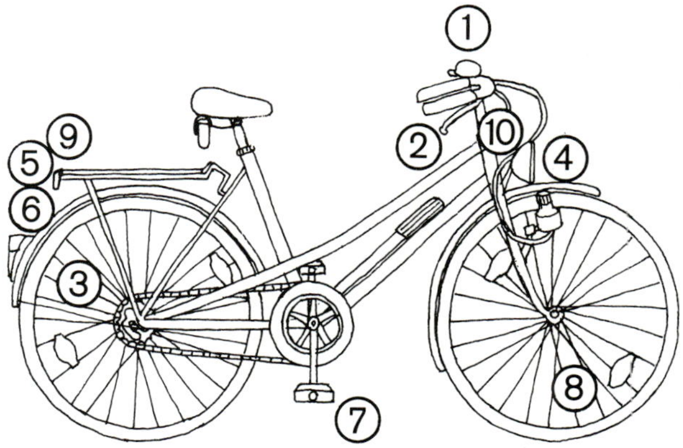

1

Schreibe die Teile auf, die zu einem sicheren Fahrrad gehören.

① Klingel

② …

2

Berechne die Gesamtkosten für ein sicheres Fahrrad

a) ohne Sturzhelm

b) mit Sturzhelm

3

Klaus kauft einen Sturzhelm, eine Luftpumpe und Flickzeug. Er bezahlt mit einem 100-DM-Schein.
Wie viel DM erhält er zurück?

4

David will die Decken erneuern.
Er hat sich nach dem Preis erkundigt.

1 Decke	16,90 DM
1 Schlauch	7,00 DM
1 Ventil	1,50 DM
Montage für das Vorderrad	6,80 DM
Montage für das Hinterrad	9,60 DM

a) David hat 90 DM bei sich.
Kommt er mit diesem Betrag aus?

b) Wie teuer wird die Reparatur, wenn David sie selbst ausführt?

5

Klara und Edith machen eine Fahrradtour von Krefeld nach Wankum (45 km). Plötzlich hat Klara eine Reifenpanne. Der Tacho gibt als gefahrene Strecke 39,4 km an. Wie weit sind sie noch vom Ziel entfernt?

6

Ein PKW kostet 25 720 DM. Wie viele Fahrräder zum Einzelpreis von 643 DM kann man dafür kaufen?

7

Kevin fährt jeden Tag seinen Schulweg von 14 km mit dem Rad. Welche Strecke fährt er im Jahr bei 220 Schultagen?

1

Klaus hat für ein neues Fahrrad 500 DM gespart. Den Rest hat er sich als Geburtstagsgeschenk gewünscht. Er hat sich für ein Sportrad zum Preis von 695 DM entschieden. Hierzu möchte er noch einige Extras haben:

Tacho elektronisch	DM 40,–
Lenkerumwicklung	DM 12,–
Ringschloß	DM 18,50
Tragekorb	DM 21,30

a) Wie viel DM kosten die Extras zusammen?

b) Wie viel DM kostet das Fahrrad mit den Extras?

c) Bei Barkauf erhält Klaus einen Rabatt von 60 DM. Wie teuer wird der Kauf bei Barzahlung?

d) Wie viel DM müssen die Eltern als Geburtstagsgeschenk zum Kauf des Fahrrades hinzugeben?

2

Wie viel DM nimmt der Fahrradhändler ein, wenn er alle drei Fahrräder verkauft?

3

Mareike will ein neues Fahrrad kaufen. Sie hat 560 DM gespart. Wie viel DM fehlen ihr für das teuerste Fahrrad?

4

Lisa kauft sich das Fahrrad für 678 DM. Sie zahlt den Preis in fünf gleichen Monatsraten ab. Wie hoch sind die einzelnen Raten, die sie zahlt?

5

Claudia fährt an 8 Monaten mit dem Fahrrad zum Schwimmtraining. Die Buskarte kostet jeden Monat 45,60 DM. Wie viel DM spart sie?

6

Werner legt mit seinem Fahrrad in einer Stunde durchschnittlich 18 km zurück. Er fährt von Mannheim bis Weinheim 54 km. Wie lange braucht er für diese Strecke?

Willkommen in der Jugendherberge

Fast 5400 Jugendherbergen in der Welt und 750 Jugendherbergen in der Bundesrepublik Deutschland bieten jungen Menschen auf Reisen und Wanderungen eine gastfreundliche und preiswerte Unterkunft. Jugendherbergen sind nicht nur für die Übernachtung da. Sie dienen auch als Stätten für Freizeit, Erholung, Sport und Bildung. Voraussetzung zur Benutzung der Jugendherbergen ist die Mitgliedschaft im Jugendherbergswerk.

Die Mitgliedschaft im Deutschen Jugendherbergswerk (DJH) kostet*
bis 26 Jahre DM 15,– ab 27 Jahre DM 24,– für Familien DM 24,–
Vereine, Schulen und Organisationen zahlen als Jahresbeitrag DM 30,–

* zuzüglich einer einmaligen Aufnahmegebühr von DM 2,–

DJH Dahn/Pfälzer Wald

Leistungen

Unterkunft und Vollverpflegung (bei Tagestouren wird ein Lunchpaket ausgegeben und abends ein warmes Abendessen), Gebühr für Bettwäsche, Info-Paket mit ausführlicher Beschreibung sowie alle Leistungen im Programm.

Preis pro Person:

5-Tage-Programm

– bei 18-30 Personen	206,70 DM
– bei 31-50 Personen	190,20 DM

3-Tage-Programm

– bei 18-30 Personen	76,00 DM
– bei 31-50 Personen	74,00 DM
Verlängerungstag	46,00 DM

1

Die Klassen 7 und 8 planen für 23 Schülerinnen und Schüler einen Aufenthalt in der Jugendherberge Dahn im Pfälzer Wald.

a) Wie viel DM kostet die Mitgliedschaft einschließlich Aufnahmegebühr im DJH?

b) Wie viel DM kostet der Aufenthalt für 5 Tage?

c) Wie teuer würde der Aufenthalt für 4 Tage werden?

Preisliste für die Jugendherbergen

Stand: 1992
Kosten pro Person in DM

Kategorie	Orte	Übernachtung/ Frühstück (Ü/F)	Halbpension (HP)	Vollpension (VP)
1	Thallichtenberg Wittenberg	13,70	20,50	23,00
2	Bernkastel Binz/Rügen Speyer	15,20	22,00	24,50
3	Bingen Cochem Cottbus Schwerin	15,70	22,50	25,00
4	Chemnitz Dietz/Lahn Meißen Saarbrücken	16,20	23,00	25,50
5	Dresden Koblenz Mainz Weimar	16,90	23,70	26,00

1

Vergleiche die Preise für Halbpension und die Preise für Vollpension.

2

Vergleiche die Preise für Übernachtung mit Frühstück und die Preise für Vollpension.

3

Wie teuer wird dieser Aufenthalt?
Ort: Bernkastel, Dauer: 5 Tage
Buchung: Vollpension,
Teilnehmer: 20 Personen.

4

Wie viel DM kostet ein Aufenthalt in der Jugendherberge in Meißen (2 Personen, Halbpension, Dauer: 3 Tage)?

5*

Eine Klasse mit 14 Schülern plant einen Aufenthalt für 5 Tage in der Jugendherberge in Weimar. Die Kosten für die Anreise betragen 2170 DM. Zusätzlich soll eine Fahrt nach Erfurt durchgeführt werden (Kosten pro Person 15 DM). Wie viel DM muss jeder Schüler bezahlen?

6*

Zwei Klassen mit zusammen 25 Schülerinnen und Schülern planen eine Fahrt an die Mosel. Sie wollen 4 Tage in Cochem übernachten. Sie wählen die Vollpension. Als zusätzliche Kosten sind zu bezahlen: Bootsfahrt nach Trier pro Person 18,50 DM, Eintrittsgeld in Idar-Oberstein 4,50 DM. Die Anreise mit dem Bus kostet 1075 DM. Wie teuer wird die Fahrt für jeden Schüler?

Keine Angst vor dem Taschenrechner

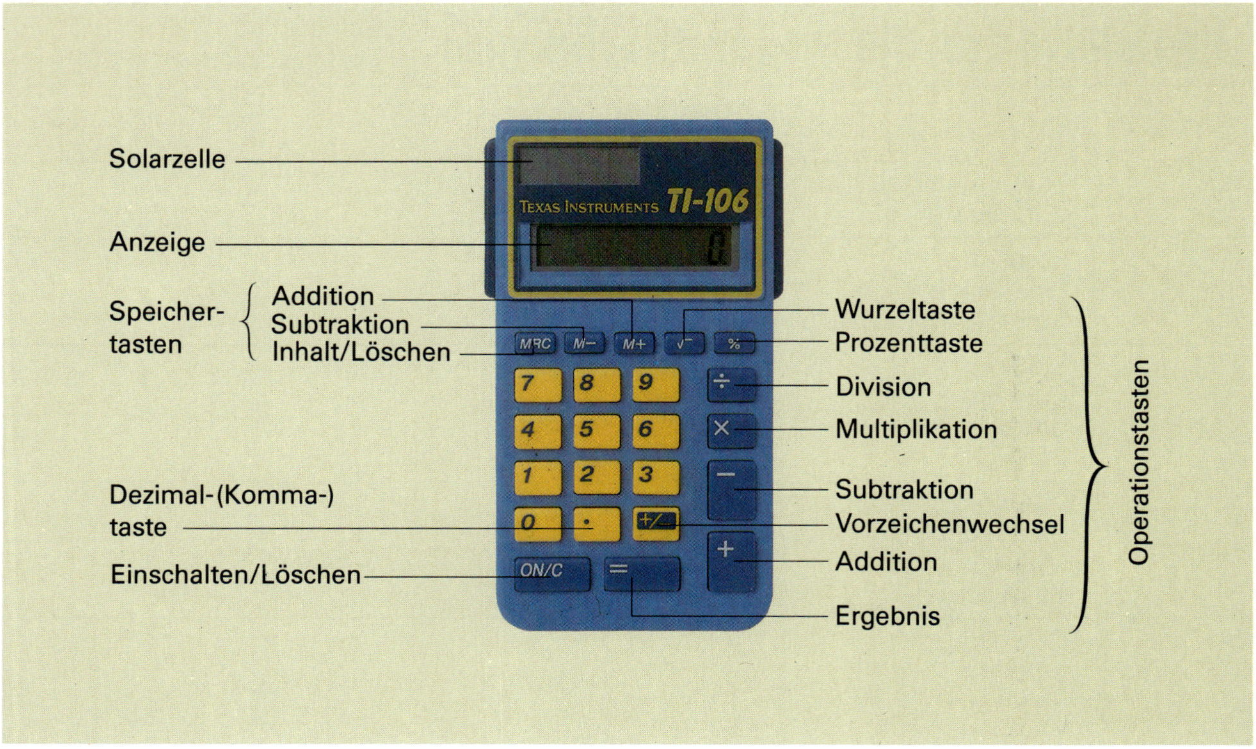

Es gibt verschiedene Modelle von Taschenrechnern.
Anzahl oder Anordnung der Tasten sind oft unterschiedlich.
Die wichtigsten Tasten findest du aber bei jedem Taschenrechner.

M	Memory (Speicher)	C	Clear (Löschen)

MRC Memory Recall Clear (Speicher Rückruf Löschen)
1 mal tippen: Rückruf 2 mal tippen: Löschen

Drücke vor jeder neuen Aufgabe die Löschtaste ON/C .

1

Prüfe, ob alle Ergebnisse stimmen.

56 + 27	ON/C	5 6	+	2 7	=	83.
423 – 58	ON/C	4 2 3	–	5 8	=	365.
27 · 53	ON/C	2 7	×	5 3	=	1431.
335 : 67	ON/C	3 3 5	÷	6 7	=	5.

Drücke immer vor Beginn die Löschtaste ON/C.
Wenn du dich vertippt hast, drücke ON/C und rechne neu.

1

609 + 315
423 + 269
444 + 777
327 + 651

692 924 978 468 1221

2

154 − 96
762 − 468
398 − 188
400 − 346

294 418 54 58 210

3

46 · 96
88 · 78
143 · 52
200 · 46

4416 7436 9200 6864 6385

4

5943 : 7
4677 : 3
3865 : 5
1608 : 6

849 869 268 1559 773

Der Taschenrechner ist beim Lösen von Rechenaufgaben praktisch.

Aufgabe 247 − 35 + 864 = ■

Lösung ON/C — 2 4 7 — − — 3 5 — + — 8 6 4 — = — 1076.

5

432 + 372 − 443
218 − 106 + 305
736 − 57 + 112
967 + 16 − 462

361 214 417 521 791

6

447 − 368 + 421 − 13
961 − 766 + 315 − 67
251 + 412 − 63 − 74
539 − 211 − 44 − 33

487 443 526 251 783

Rechne erst den Überschlag im Kopf,
die genaue Rechnung mit dem Taschenrechner.

7

316 · 21
459 · 43
521 · 71
462 · 99
724 · 36

6636 45738 19737 42369 36991 26064

8

444 · 36
560 · 68
936 · 23
243 · 37
923 · 48

38080 8991 15984 21369 21528 44304

9

2451 : 43
7828 : 19
1710 : 38
2208 : 48
6408 : 18

57 46 66 356 45 412

10

4536 : 72
6148 : 53
3286 : 62
4032 : 63
8836 : 94

116 94 53 63 64 62

Kassenzettel

Das Komma wird mit der Dezimaltaste [·] eingegeben.

1

Frau Rück hat eingekauft. Ihre Kinder rechnen nach, welchen Betrag sie bezahlen musste.

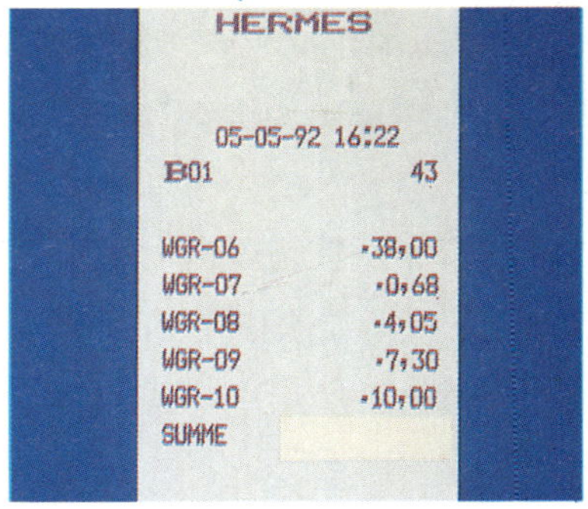

René nimmt den Taschenrechner und rechnet so:

[ON/C] – [3][8][.][0][0] – [+] – [0][.][6][8] – [+] – [4][.][0][5] – [+] – [7][.][3][0] – [+] – [1][0][.][0][0] – [=] – [ ]

Inga rechnet kürzer. Vergleiche.

[ON/C] – [3][8] – [+] – [.][6][8] – [+] – [4][.][0][5] – [+] – [7][.][3] – [+] – [1][0] – [=] – [ ]

Frau Rück muss ■ DM bezahlen.

Rechne so kurz wie möglich.

2

36,08 DM
0,75 DM
43,50 DM
5,00 DM
+
Su DM

3

600,00 DM
42,00 DM
18,00 DM
4,00 DM
+
Su DM

4

0,75 DM
0,68 DM
0,54 DM
0,96 DM
+
Su DM

5

106,30 DM
24,00 DM
45,06 DM
50,00 DM
+
Su DM

85,33 DM **664,00 DM** **2,93 DM** **225,36 DM** **49,30 DM**

6

148,30 DM
200,00 DM
36,80 DM
47,00 DM
0,53 DM
Su DM

7

163,05 DM
216,63 DM
37,00 DM
90,60 DM
503,08 DM
Su DM

8

426 DM
24 DM
300 DM
608 DM
40 DM
Su DM

9

0,07 DM
0,87 DM
0,94 DM
0,66 DM
0,50 DM
Su DM

1010,36 DM **432,63 DM** **3,04 DM** **1398 DM** **418 DM**

1

Lena hat eingekauft. Sie bezahlt mit einem 50-DM-Schein.
Welchen Betrag erhält sie zurück?
Benutze die Speichertasten.

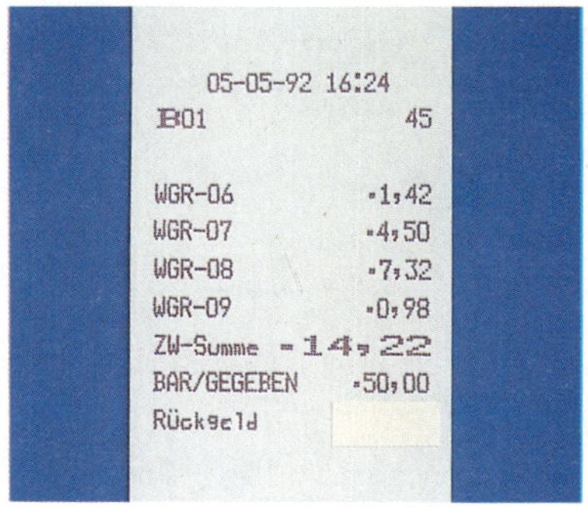

Lena rechnet so:
[ON/C] [1] [.] [4] [2] [+] [4] [.] [5] [+] [7] [.] [3] [2] [+] [.] [9] [8] [M+] [5] [0] [−] [MRC] [=] [M ■]

Ihre Schwester prüft nach. Am Schluss rechnet sie etwas anders.
Was ändert sich in der Anzeige beim Ergebnis?
[ON/C] [1] [.] [4] [2] [+] [4] [.] [5] [+] [7] [.] [3] [2] [+] [.] [9] [8] [M+] [5] [0] [M−] [MRC] [M ■]

Das Rückgeld beträgt ■ DM.

Die Kunden bezahlen mit einem 100-DM-Schein. Berechne jeweils das Rückgeld.

2	**3**	**4**	**5**
4,76 DM	48,40 DM	51,00 DM	44,00 DM
19,34 DM	4,60 DM	4,80 DM	4,30 DM
40,00 DM	17,00 DM	5,30 DM	5,53 DM

35,90 DM | 30,00 DM | 38,90 DM | 46,17 DM | 24,30 DM

Die Kunden bezahlen mit einem 50-DM-Schein. Berechne das Rückgeld.

6	**7**	**8**	**9**
23,60 DM	24,68 DM	44,05 DM	7,80 DM
4,90 DM	21,00 DM	3,80 DM	0,70 DM
7,00 DM	0,74 DM	2,15 DM	20,10DM

48,50 DM | 3,58 DM | 0,00 DM | 21,40 DM | 14,50 DM

Die Kunden bezahlen mit einem 20-DM-Schein. Berechne das Rückgeld.

10	**11**	**12**	**13**
0,56 DM	4,60 DM	4,80 DM	4,62 DM
1,94 DM	1,19 DM	3,00 DM	3,70 DM
3,60 DM	0,37 DM	12,00 DM	0,90 DM

13,90 DM | 13,84 DM | 0,20 DM | 10,78 DM | 2,40 DM

Ausgaben für Schülerinnen und Schüler

Klasse	Schüler	Lesebuch	Mathematik	Sachkunde
7 A	12	20 DM	23 DM	16 DM
8 B	14	22 DM	23 DM	14 DM
9	15	18 DM	23 DM	24 DM

1

Wie viel DM wurden für jede Klasse ausgegeben?

2

Wie viel wurden für die drei Klassen ausgegeben?

Klasse	Schüler	Wandergeld	Werken	Papier
5	11	7 DM	40 DM	18 DM
6	13	7 DM	42 DM	16 DM
7	15	7 DM	44 DM	14 DM
8	12	7 DM	45 DM	14 DM

3

Wie viel DM wurden für jeden Schüler und für jede Klasse geplant?

4

Welcher Betrag wurde für die vier Klassen geplant?

5

Mit dem Taschenrechner lassen sich auch Wörter bilden. Stelle hier den Taschenrechner auf den Kopf.

0 – 0   1 – I   2 – Z   3 – E

5 – S   7 – L   8 – B   9 – 6

6

Lies diese Zahlen als Wörter.

513   7353   38317   3507

739312   3573   135   35137

7702   35317   819   730

7

Stelle deinen Taschenrechner auf den Kopf. Gib folgende Zahlen ein:
507, 3773, 35505, 7702,
93738, 39312

8

Bilde Wörter mit dem Taschenrechner.

In der Käseabteilung

Bruchteile

Schreibe die markierten Flächen als Bruch.

1
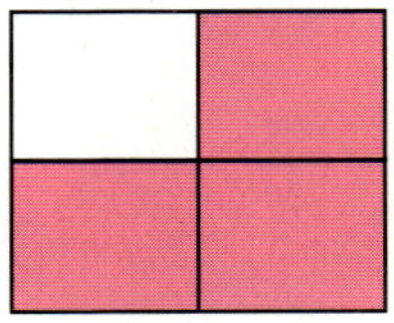

2
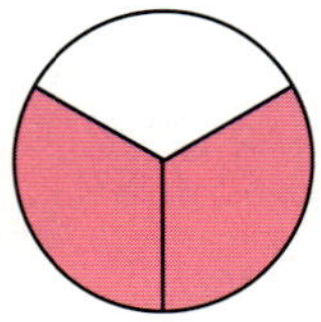

3
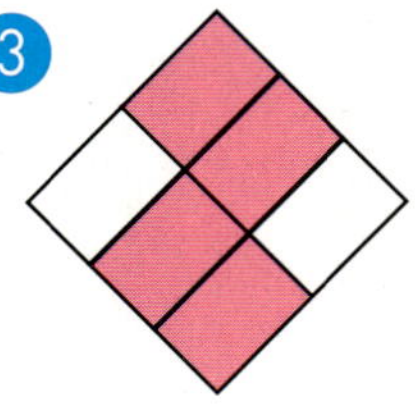

4
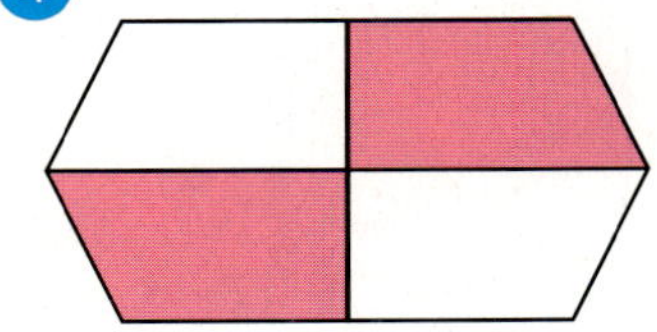

5
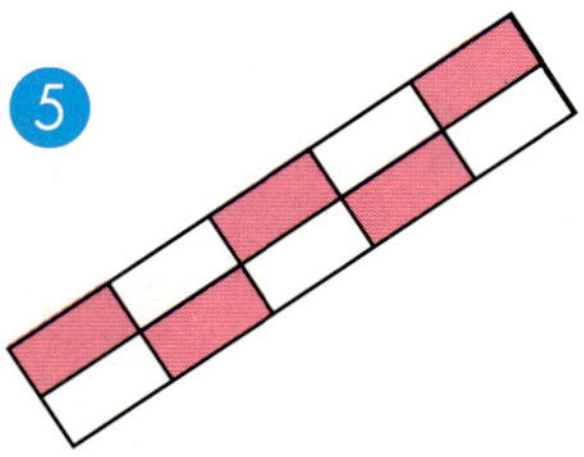

6
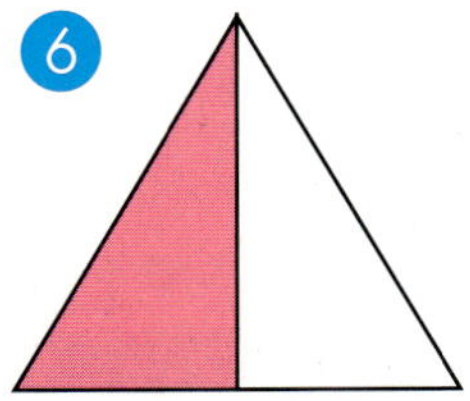

7
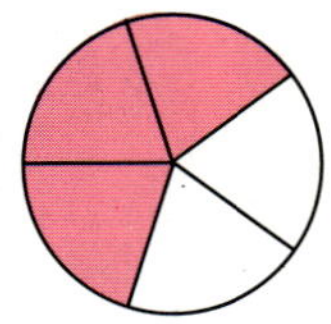

8
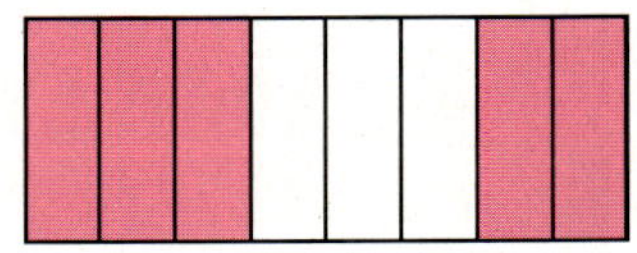

Zeichne die Figuren in dein Heft. Teile und markiere die angegebenen Bruchteile.

9

$\frac{2}{3}$

10

$\frac{3}{8}$

11
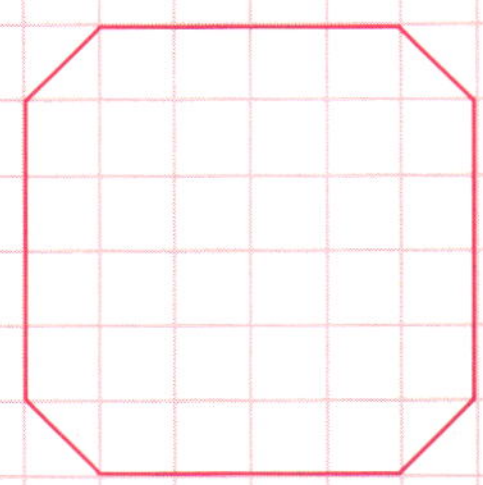

$\frac{3}{4}$

12
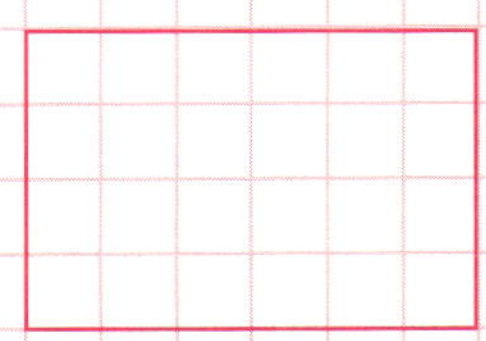

$\frac{5}{6}$

13

1 kg = 1000 g

$\frac{3}{4}$ kg = ■ g

$\frac{7}{8}$ kg = ■ g

$\frac{3}{5}$ kg = ■ g

$\frac{3}{10}$ kg = ■ g

14

1 km = 1000 m

$\frac{1}{2}$ km = ■ m

$\frac{2}{8}$ km = ■ m

$\frac{4}{5}$ km = ■ m

$\frac{3}{8}$ km = ■ m

15

1 m = 100 cm

$\frac{3}{4}$ m = ■ cm

$\frac{2}{5}$ m = ■ cm

$\frac{3}{10}$ m = ■ cm

$\frac{1}{2}$ m = ■ cm

16

1 h = 60 min

$\frac{1}{4}$ h = ■ min

$\frac{3}{4}$ h = ■ min

$\frac{1}{2}$ h = ■ min

$\frac{1}{3}$ h = ■ min

Wir erweitern.

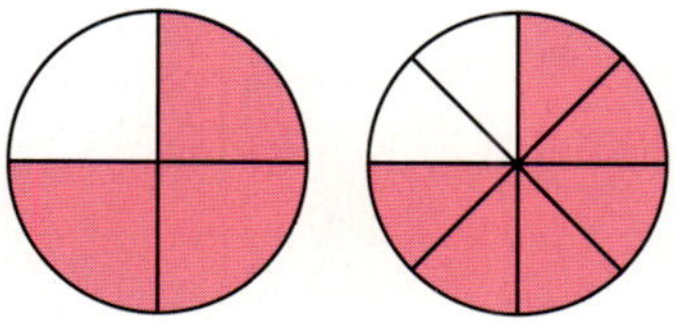

$\frac{3}{4} = \frac{6}{8}$

$\frac{3 \cdot 2}{4 \cdot 2} = \frac{6}{8}$

1 Zeichne die Tabelle in dein Heft.

Erweitere mit	$\frac{1}{2}$	$\frac{1}{4}$	$\frac{1}{8}$	$\frac{2}{3}$	$\frac{5}{6}$	$\frac{3}{5}$	$\frac{7}{10}$
2	$\frac{■}{■}$	$\frac{■}{■}$	$\frac{■}{■}$	$\frac{■}{■}$	$\frac{■}{■}$	$\frac{■}{■}$	$\frac{■}{■}$
4	$\frac{■}{■}$	$\frac{■}{■}$	$\frac{■}{■}$	$\frac{■}{■}$	$\frac{■}{■}$	$\frac{■}{■}$	$\frac{■}{■}$
3	$\frac{■}{■}$	$\frac{■}{■}$	$\frac{■}{■}$	$\frac{■}{■}$	$\frac{■}{■}$	$\frac{■}{■}$	$\frac{■}{■}$

Wandle um in Achtel.

2

$\frac{3}{4}$ kg Schafskäse

$\frac{1}{2}$ kg Schweizer Käse

$\frac{3}{4}$ kg Quark

3

$\frac{3}{4}$ kg Schmalz

$\frac{3}{4}$ kg Butter

$\frac{1}{2}$ kg Margarine

4

$\frac{1}{2}$ ℓ Olivenöl

$\frac{3}{4}$ ℓ Distelöl

$\frac{1}{2}$ ℓ Obstessig

5

$\frac{3}{4}$ ℓ Apfelsaft

$\frac{1}{2}$ ℓ Zitronensaft

$\frac{3}{4}$ ℓ Himbeersaft

Wir kürzen.

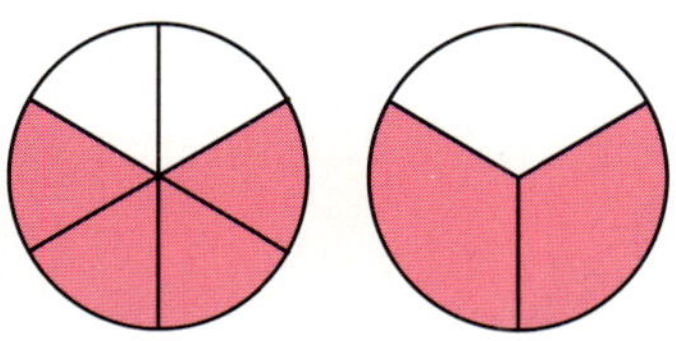

$\frac{4}{6} = \frac{2}{3}$

$\frac{4 : 2}{6 : 2} = \frac{2}{3}$

6 Zeichne die Tabelle in dein Heft.

Kürze durch	$\frac{6}{12}$	$\frac{12}{18}$	$\frac{18}{24}$	$\frac{6}{24}$	$\frac{12}{30}$	$\frac{24}{30}$	$\frac{18}{36}$
3	$\frac{■}{■}$	$\frac{■}{■}$	$\frac{■}{■}$	$\frac{■}{■}$	$\frac{■}{■}$	$\frac{■}{■}$	$\frac{■}{■}$
2	$\frac{■}{■}$	$\frac{■}{■}$	$\frac{■}{■}$	$\frac{■}{■}$	$\frac{■}{■}$	$\frac{■}{■}$	$\frac{■}{■}$
6	$\frac{■}{■}$	$\frac{■}{■}$	$\frac{■}{■}$	$\frac{■}{■}$	$\frac{■}{■}$	$\frac{■}{■}$	$\frac{■}{■}$

Wie viel kg Ware enthält jede Kiste?

$\frac{20}{4}$ kg = ■

$\frac{20 : 4}{4 : 4} = \frac{5}{1} = 5$

$\frac{20}{4}$ kg = 5 kg

7

1 Kiste mit $\frac{20}{4}$ kg Mehl

1 Kiste mit $\frac{24}{4}$ kg Zucker

1 Kiste mit $\frac{36}{4}$ kg Reis

8

1 Kiste mit $\frac{24}{8}$ kg Kakao

1 Kiste mit $\frac{40}{8}$ kg Kaffee

1 Kiste mit $\frac{96}{8}$ kg Tee

Im Bio-Laden

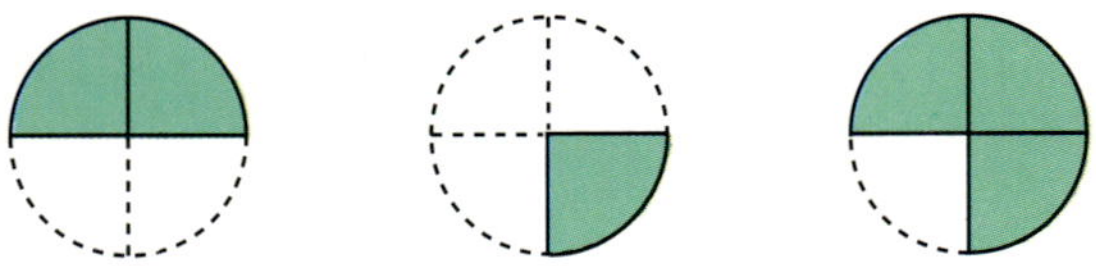

$\frac{2}{4} + \frac{1}{4} = \frac{3}{4}$

So addieren wir Brüche mit gleichem Nenner:

Wir addieren die Zähler und lassen den Nenner unverändert.

Verschiedene Müslisorten. Wie viel wiegt jede Sorte?

1
$\frac{1}{4}$ kg Haferflocken
$\frac{2}{4}$ kg Leinsamen

2
$\frac{2}{8}$ kg Roggenschrot
$\frac{3}{8}$ kg Nüsse

3
$\frac{2}{5}$ kg Weizenkleie
$\frac{1}{5}$ kg Rosinen

4
$\frac{1}{3}$ kg Reisflocken
$\frac{1}{3}$ kg Dörrobst

5
$\frac{2}{4}$ kg Grünkern
$\frac{1}{4}$ kg Trockenfrüchte

6
$\frac{3}{8}$ kg Hirse
$\frac{4}{8}$ kg Erdnüsse

Addiere und kürze das Ergebnis, wenn möglich.

7
$\frac{3}{8} + \frac{4}{8}$
$\frac{2}{8} + \frac{3}{8}$
$\frac{5}{8} + \frac{1}{8}$
$\frac{4}{8} + \frac{2}{8}$

8
$\frac{1}{6} + \frac{3}{6}$
$\frac{3}{6} + \frac{2}{6}$
$\frac{1}{6} + \frac{1}{6}$
$\frac{2}{6} + \frac{3}{6}$

9
$\frac{3}{10} + \frac{4}{10}$
$\frac{6}{10} + \frac{3}{10}$
$\frac{2}{10} + \frac{4}{10}$
$\frac{5}{10} + \frac{2}{10}$

10
$\frac{2}{5} + \frac{3}{5}$
$\frac{3}{5} + \frac{1}{5}$
$\frac{1}{5} + \frac{3}{5}$
$\frac{2}{5} + \frac{2}{5}$

11
$\frac{2}{3} + \frac{1}{3}$
$\frac{1}{3} + \frac{1}{3}$
$\frac{2}{4} + \frac{1}{4}$
$\frac{1}{4} + \frac{2}{4}$

12
$\frac{1}{8} + \frac{5}{8}$
$\frac{4}{6} + \frac{1}{6}$
$\frac{4}{10} + \frac{3}{10}$
$\frac{1}{5} + \frac{2}{5}$

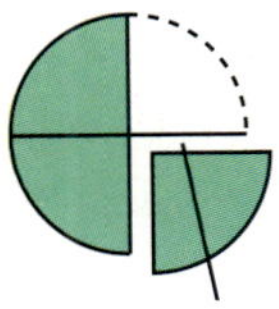

$\frac{3}{4} - \frac{1}{4} = \frac{2}{4}$

So subtrahieren wir Brüche mit gleichem Nenner:

Wir subtrahieren die Zähler und lassen den Nenner unverändert.

1

Ein Sechskornbrot wiegt $\frac{3}{4}$ kg.
Frau Berg kauft $\frac{2}{4}$ kg.

2

Ein Früchtebrot wiegt $\frac{5}{8}$ kg.
Herr Faller kauft $\frac{3}{8}$ kg.

3

Kaufmann Burger hat noch $\frac{3}{4}$ kg Bio-Quark. Sabine kauft $\frac{1}{4}$ kg.

4

Von $\frac{2}{3}$ kg Milchsauerkraut werden $\frac{1}{3}$ kg verkauft.

5

Von $\frac{5}{8}$ kg Trockenobst werden $\frac{2}{8}$ kg verkauft.

6

Von $\frac{7}{8}$ kg Feigen werden $\frac{3}{8}$ kg verkauft.

Subtrahiere und kürze das Ergebnis, wenn möglich.

7	8	9	10	11	12
$\frac{5}{8} - \frac{3}{8}$	$\frac{3}{6} - \frac{1}{6}$	$\frac{7}{10} - \frac{4}{10}$	$\frac{2}{5} - \frac{1}{5}$	$\frac{2}{3} - \frac{1}{3}$	$\frac{3}{8} - \frac{1}{8}$
$\frac{7}{8} - \frac{2}{8}$	$\frac{4}{6} - \frac{3}{6}$	$\frac{5}{10} - \frac{3}{10}$	$\frac{4}{5} - \frac{2}{5}$	$\frac{3}{3} - \frac{1}{3}$	$\frac{9}{10} - \frac{5}{10}$
$\frac{6}{8} - \frac{1}{8}$	$\frac{5}{6} - \frac{2}{6}$	$\frac{6}{10} - \frac{3}{10}$	$\frac{3}{5} - \frac{1}{5}$	$\frac{3}{4} - \frac{2}{4}$	$\frac{4}{10} - \frac{2}{10}$
$\frac{4}{8} - \frac{2}{8}$	$\frac{3}{6} - \frac{2}{6}$	$\frac{3}{10} - \frac{1}{10}$	$\frac{4}{5} - \frac{3}{5}$	$\frac{4}{4} - \frac{3}{4}$	$\frac{5}{6} - \frac{3}{6}$

Gesunde Ernährung

So addieren und subtrahieren wir Brüche mit verschiedenen Nennern:
Wir wandeln durch Erweitern oder Kürzen die Nenner um.
Dann addieren oder subtrahieren wir die Zähler.

$$\frac{3}{4} + \frac{2}{8}$$

Umwandeln durch Erweitern

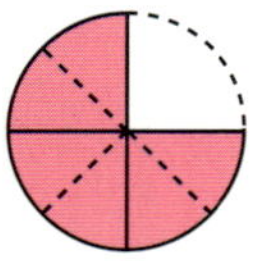

$$\frac{3 \cdot 2}{4 \cdot 2} = \frac{6}{8}$$

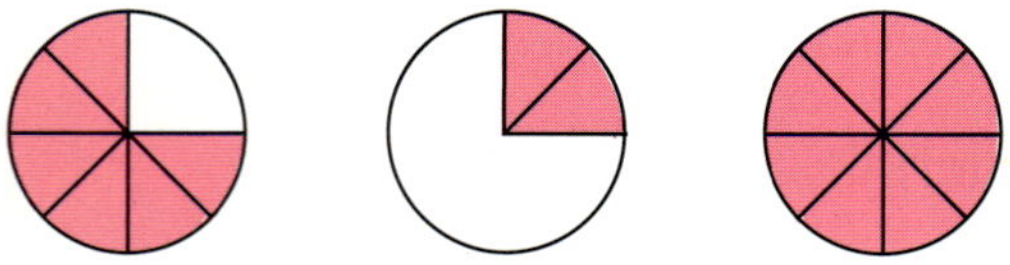

$$\frac{6}{8} + \frac{2}{8} = \frac{8}{8} = 1$$

Umwandeln durch Kürzen

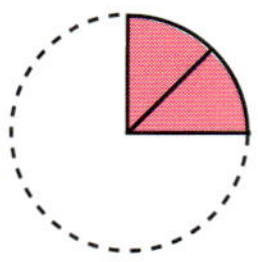

$$\frac{2 : 2}{8 : 2} = \frac{1}{4}$$

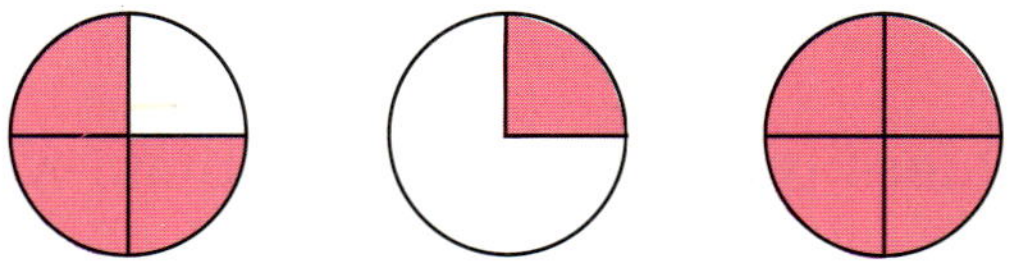

$$\frac{3}{4} + \frac{1}{4} = \frac{4}{4}$$

$\frac{3}{4} + \frac{2}{8} =$ ■

$\frac{6}{8} + \frac{2}{8} = \frac{8}{8} = 1$

$\frac{3}{4} + \frac{2}{8} =$ ■

$\frac{3}{4} + \frac{1}{4} = \frac{4}{4} = 1$

Wandle um durch Erweitern oder Kürzen. Kürze das Ergebnis, wenn möglich.

1	2	3	4	5	6
$\frac{1}{3} + \frac{2}{6}$	$\frac{1}{4} + \frac{3}{8}$	$\frac{3}{5} + \frac{3}{10}$	$\frac{2}{6} + \frac{1}{3}$	$\frac{3}{8} + \frac{2}{4}$	$\frac{3}{10} + \frac{2}{5}$
$\frac{2}{3} + \frac{1}{6}$	$\frac{3}{4} + \frac{1}{8}$	$\frac{2}{5} + \frac{4}{10}$	$\frac{1}{6} + \frac{2}{3}$	$\frac{5}{8} + \frac{1}{4}$	$\frac{1}{10} + \frac{4}{5}$
$\frac{1}{3} + \frac{3}{6}$	$\frac{2}{4} + \frac{2}{8}$	$\frac{1}{5} + \frac{5}{10}$	$\frac{3}{6} + \frac{1}{3}$	$\frac{1}{8} + \frac{3}{4}$	$\frac{7}{10} + \frac{1}{5}$
$\frac{2}{3} + \frac{2}{6}$	$\frac{1}{4} + \frac{2}{8}$	$\frac{1}{5} + \frac{3}{10}$	$\frac{4}{6} + \frac{1}{3}$	$\frac{2}{8} + \frac{2}{4}$	$\frac{4}{10} + \frac{2}{5}$

Wandle um durch Erweitern oder Kürzen. Kürze das Ergebnis, wenn möglich.

7	8	9	10	11	12
$\frac{2}{3} - \frac{2}{6}$	$\frac{3}{4} - \frac{4}{8}$	$\frac{4}{5} - \frac{4}{10}$	$\frac{4}{6} - \frac{1}{3}$	$\frac{4}{8} - \frac{1}{4}$	$\frac{6}{10} - \frac{2}{5}$
$\frac{2}{3} - \frac{1}{6}$	$\frac{3}{4} - \frac{2}{8}$	$\frac{3}{5} - \frac{2}{10}$	$\frac{5}{6} - \frac{2}{3}$	$\frac{6}{8} - \frac{1}{4}$	$\frac{8}{10} - \frac{3}{5}$
$\frac{1}{3} - \frac{1}{6}$	$\frac{2}{4} - \frac{1}{8}$	$\frac{2}{5} - \frac{2}{10}$	$\frac{3}{6} - \frac{1}{3}$	$\frac{7}{8} - \frac{3}{4}$	$\frac{5}{10} - \frac{2}{5}$
$\frac{2}{3} - \frac{3}{6}$	$\frac{1}{4} - \frac{1}{8}$	$\frac{4}{5} - \frac{3}{10}$	$\frac{2}{6} - \frac{1}{3}$	$\frac{5}{8} - \frac{2}{4}$	$\frac{4}{10} - \frac{1}{5}$

Bio-Brotsorten. Wie viel wiegt jedes Brot?

13 **Vollkornbrot**
$\frac{1}{4}$ kg Roggenmehl
$\frac{1}{8}$ kg Sonnenblumenkerne

14 **Nussbrot**
$\frac{2}{3}$ kg Roggenschrot
$\frac{1}{6}$ kg Nüsse

15 **Sesambrot**
$\frac{3}{5}$ kg Weizenmehl
$\frac{1}{10}$ kg Sesamkörner

16 **Mohnbrot**
$\frac{2}{4}$ kg Roggenmehl
$\frac{2}{8}$ kg Mohnsamen

17* **3-Korn-Brot**
$\frac{1}{4}$ kg Roggenschrot
$\frac{1}{8}$ kg Weizenmehl
$\frac{1}{8}$ kg Haferflocken

18* **Fitness-Brot**
$\frac{1}{3}$ kg Roggenschrot
$\frac{1}{6}$ kg Leinsamen
$\frac{1}{6}$ kg Sesamschrot

Kühle Getränke für heiße Tage

Wie viel Liter Getränk erhält man?

1. *Zitronentee*
   $\frac{1}{4}$ ℓ Tee
   $\frac{1}{4}$ ℓ Zitronensaft
   Zitronenscheiben

2. *Minz-Shake*
   $\frac{1}{4}$ ℓ Pfefferminztee
   $\frac{1}{8}$ ℓ Zitronensprudel
   Pfefferminzblätter

3. *Orangenflip*
   $\frac{2}{4}$ ℓ Orangensaft
   $\frac{1}{8}$ ℓ Sprudel
   Orangenscheiben

4. *Hawaii-Cup*
   $\frac{3}{4}$ ℓ Ananassaft
   $\frac{2}{8}$ ℓ Sprudel
   Ananasstücke

5. *Cola-Cocktail*
   $\frac{1}{4}$ ℓ Cola
   $\frac{2}{8}$ ℓ Tonicwasser
   Eisstückchen

6. *Erdbeermilch*
   $\frac{2}{4}$ ℓ Milch
   $\frac{1}{8}$ ℓ Erdbeersaft
   Erdbeerstücke

7. *Bananenmilch*
   $\frac{1}{4}$ ℓ Milch
   $\frac{1}{8}$ ℓ Zuckersirup
   Bananenstücke

8. *Kokosmilch*
   $\frac{3}{4}$ ℓ Milch
   $\frac{2}{8}$ ℓ Kokosmilch
   gemahlene Nüsse

9. *Eiskaffee*
   $\frac{2}{3}$ ℓ Kaffee
   $\frac{2}{6}$ ℓ Milch
   $\frac{1}{6}$ ℓ Sahne
   Eisstückchen

10. *Eistee*
    $\frac{2}{6}$ ℓ Malventee
    $\frac{1}{3}$ ℓ Zuckersirup
    $\frac{1}{6}$ ℓ Sprudel
    Malvenblüten

11. *Apfeltee*
    $\frac{1}{3}$ ℓ Tee
    $\frac{2}{6}$ ℓ Apfelsaft
    $\frac{1}{6}$ ℓ Zuckersirup
    Apfelstücke

Lebensmittelverbrauch eines 4-Personen-Haushalts.
Berechne die Restbestände.

1

Getränke	
Vorrat	*Verbrauch*
$\frac{3}{4}$ ℓ Milch	$\frac{1}{2}$ ℓ
$\frac{1}{4}$ kg Kaffee	$\frac{1}{8}$ kg
$\frac{3}{4}$ kg Tee	$\frac{4}{10}$ kg
$\frac{1}{4}$ kg Kakao	$\frac{1}{8}$ kg

$\frac{3}{4}$ ℓ Milch – $\frac{1}{2}$ ℓ Milch

Wir wandeln um in Viertel.

$$\frac{3}{4} - \frac{1 \cdot 2}{2 \cdot 2}$$

$$\frac{3}{4} - \frac{2}{4} = \frac{1}{4}$$

Restbestand Milch: $\frac{1}{4}$ ℓ

2

Obst und Gemüse	
Vorrat	*Verbrauch*
$\frac{3}{4}$ kg Äpfel	$\frac{1}{2}$ kg
$\frac{3}{4}$ kg Tomaten	$\frac{2}{8}$ kg
$\frac{1}{2}$ kg Spinat	$\frac{2}{4}$ kg

3

Nährmittel	
Vorrat	*Verbrauch*
$\frac{3}{4}$ kg Mehl	$\frac{1}{2}$ kg
$\frac{1}{2}$ kg Reis	$\frac{1}{4}$ kg
$\frac{3}{4}$ kg Nudeln	$\frac{2}{8}$ kg

4

Hülsenfrüchte	
Vorrat	*Verbrauch*
$\frac{1}{2}$ kg Linsen	$\frac{3}{8}$ kg
$\frac{3}{4}$ kg Bohnen	$\frac{1}{4}$ kg
$\frac{1}{2}$ kg Erbsen	$\frac{1}{8}$ kg

5

Backwaren	
Vorrat	*Verbrauch*
$\frac{3}{4}$ kg Schwarzbrot	$\frac{1}{2}$ kg
$\frac{1}{2}$ kg Weißbrot	$\frac{1}{4}$ kg
$\frac{2}{4}$ kg Knäckebrot	$\frac{1}{8}$ kg

6

Fette	
Vorrat	*Verbrauch*
$\frac{1}{2}$ kg Butter	$\frac{1}{8}$ kg
$\frac{3}{4}$ kg Margarine	$\frac{2}{4}$ kg
$\frac{1}{2}$ ℓ Öl	$\frac{1}{8}$ ℓ

7

Tiernahrung	
Vorrat	*Verbrauch*
$\frac{3}{4}$ kg Hundeflocken	$\frac{2}{8}$ kg
$\frac{1}{2}$ kg Hundefleisch	$\frac{2}{8}$ kg
$\frac{1}{4}$ kg Vogelfutter	$\frac{1}{8}$ kg

Gemischte Zahlen

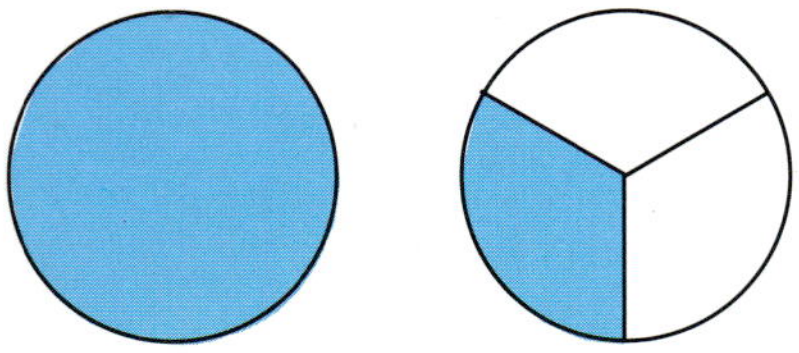

$1 + \frac{1}{3} = 1\frac{1}{3}$

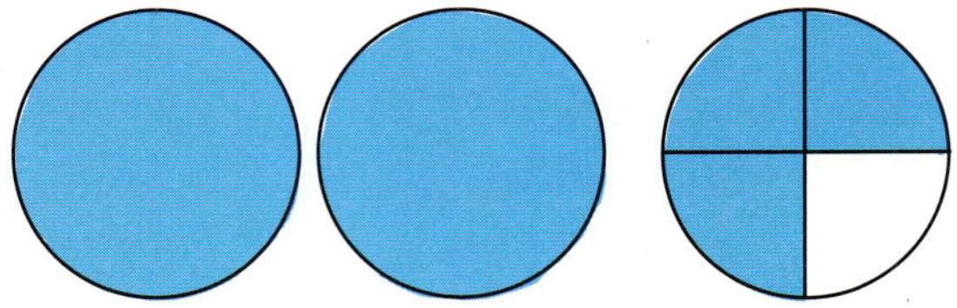

$2 + \frac{3}{4} = 2\frac{3}{4}$

$1\frac{1}{3}$ ist eine gemischte Zahl $\qquad$ $2\frac{3}{4}$ ist eine gemischte Zahl

Bestimme und schreibe die gemischte Zahl.

1 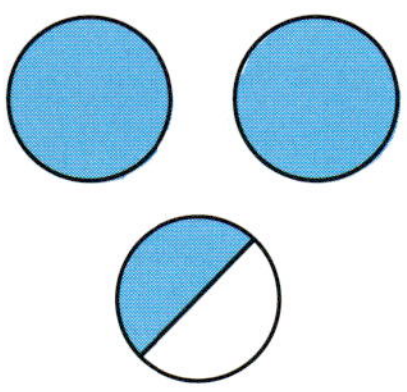

2 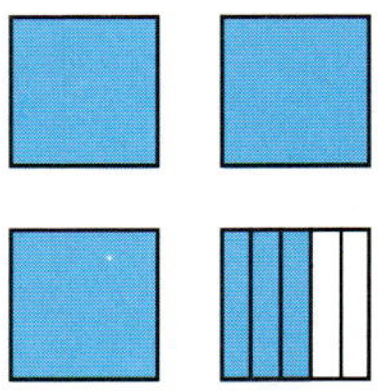

3 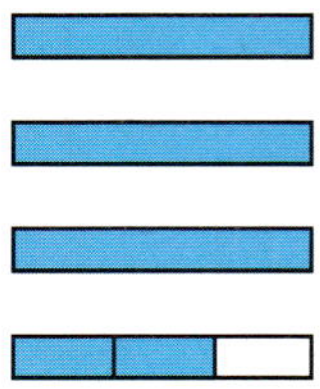

4 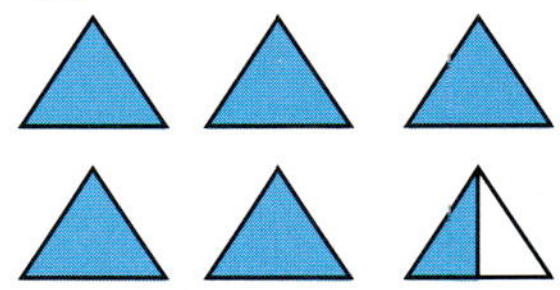

5 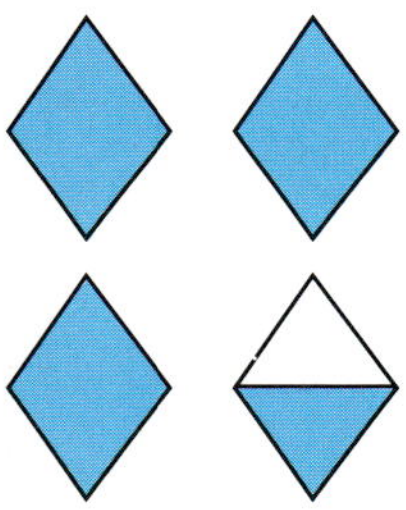

6 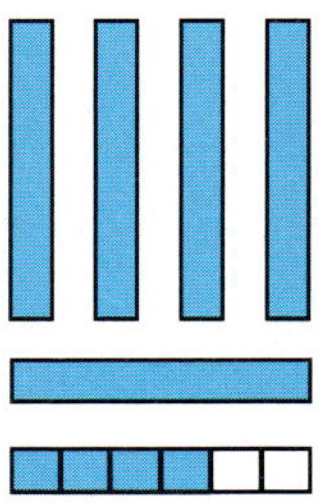

7 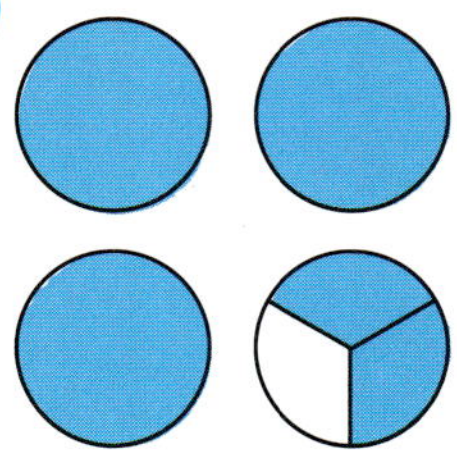

8 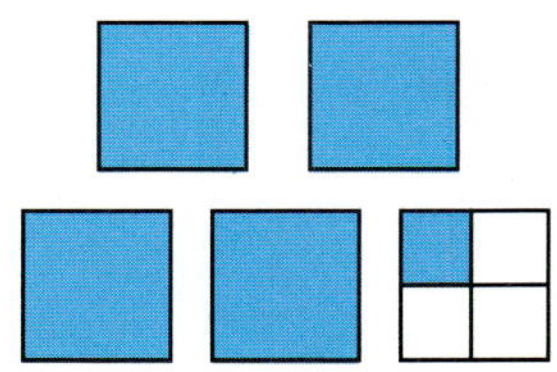

9 Zeichne den Zahlenstrahl in dein Heft (1 Ganzes = 16 Kästchen). Trage die Bruchzahlen und die gemischten Zahlen ein.

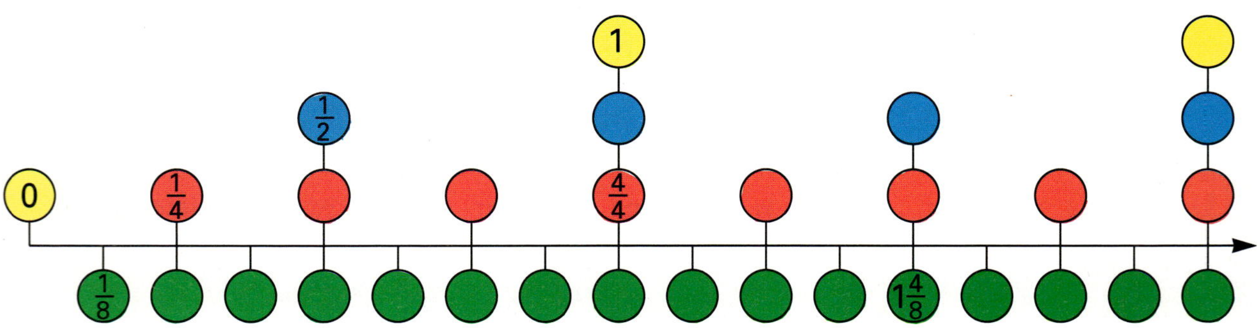

Aus Brüchen werden gemischte Zahlen.

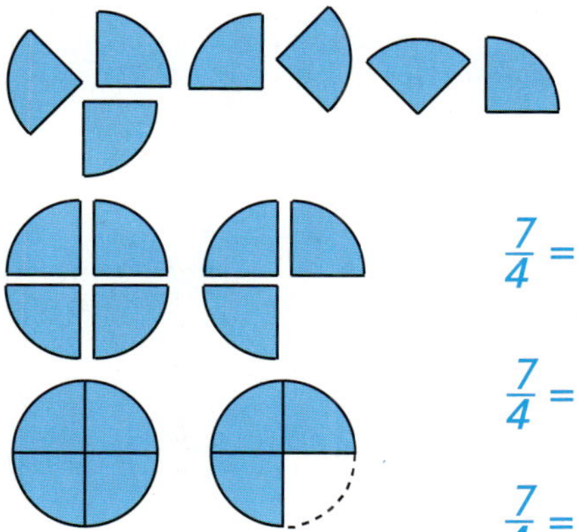

$\frac{7}{4}$

$\frac{7}{4} = \frac{4}{4} + \frac{3}{4}$

$\frac{7}{4} = 1 + \frac{3}{4}$

$\frac{7}{4} = 1\frac{3}{4}$

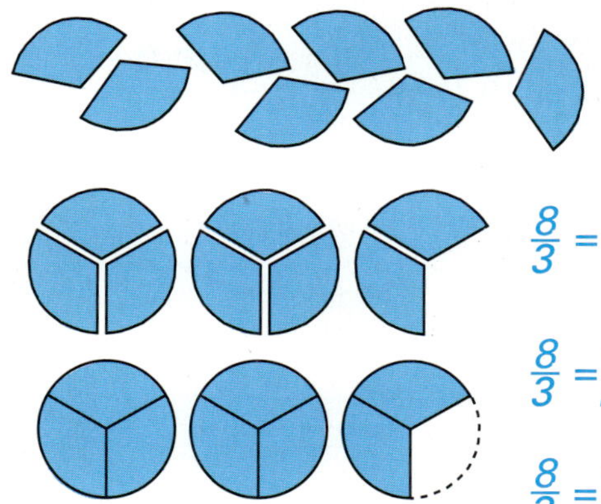

$\frac{8}{3}$

$\frac{8}{3} = \frac{6}{3} + \frac{2}{3}$

$\frac{8}{3} = 2 + \frac{2}{3}$

$\frac{8}{3} = 2\frac{2}{3}$

Verwandle in gemischte Zahlen.

1 $\frac{5}{3}$; $\frac{7}{4}$; $\frac{9}{5}$; $\frac{11}{6}$; $\frac{13}{8}$; $\frac{17}{10}$

2 $\frac{12}{5}$; $\frac{19}{8}$; $\frac{15}{4}$; $\frac{41}{10}$; $\frac{17}{3}$; $\frac{23}{6}$

3 $\frac{33}{10}$; $\frac{13}{6}$; $\frac{23}{5}$; $\frac{14}{3}$; $\frac{25}{8}$; $\frac{21}{4}$

4 $\frac{24}{4}$; $\frac{32}{8}$; $\frac{21}{3}$; $\frac{15}{5}$; $\frac{80}{10}$; $\frac{30}{6}$

Aus gemischten Zahlen werden Brüche.

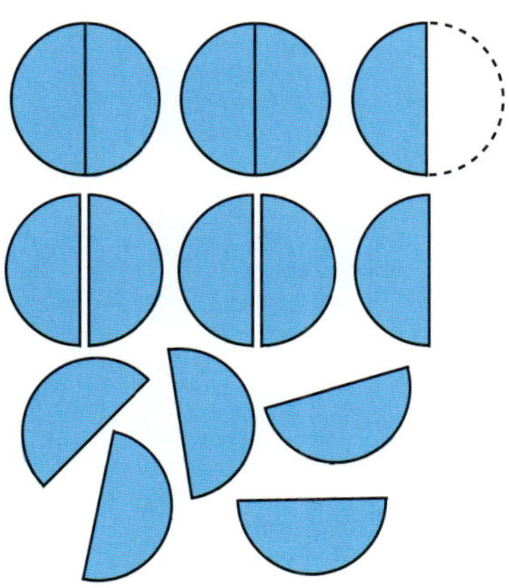

$2\frac{1}{2} = 2 + \frac{1}{2}$

$2\frac{1}{2} = \frac{4}{2} + \frac{1}{2}$

$2\frac{1}{2} = \frac{5}{2}$

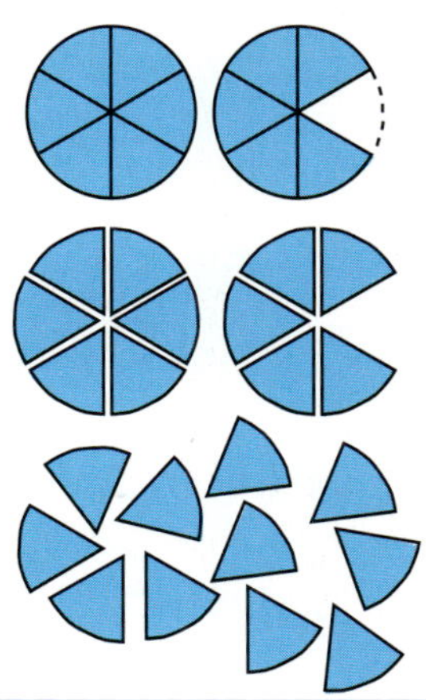

$1\frac{5}{6} = 1 + \frac{5}{6}$

$1\frac{5}{6} = \frac{6}{6} + \frac{5}{6}$

$1\frac{5}{6} = \frac{11}{6}$

Verwandle in Brüche.

5 $1\frac{2}{3}$; $1\frac{3}{5}$; $1\frac{1}{8}$; $1\frac{9}{10}$; $1\frac{3}{4}$

6 $3\frac{2}{5}$; $5\frac{3}{4}$; $2\frac{5}{6}$; $4\frac{3}{10}$; $7\frac{1}{3}$

7 $4\frac{2}{3}$; $2\frac{1}{6}$; $5\frac{3}{4}$; $3\frac{2}{5}$; $6\frac{1}{8}$

8 $1\frac{5}{6}$; $4\frac{3}{8}$; $5\frac{7}{10}$; $2\frac{1}{4}$; $6\frac{2}{3}$

Die Wohnung wird renoviert

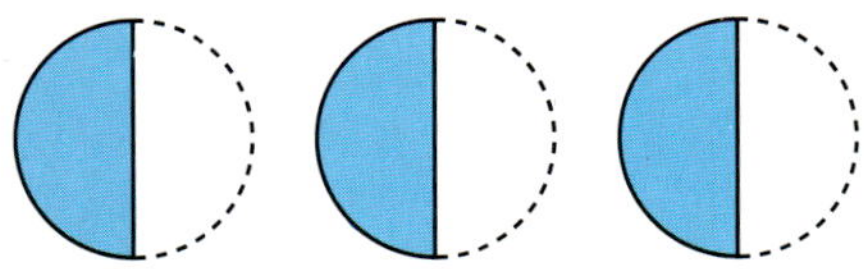

$$\frac{1}{2} + \frac{1}{2} + \frac{1}{2}$$

$$3 \cdot \frac{1}{2} = \frac{3}{2} = 1\frac{1}{2}$$

Der Maler braucht drei $\frac{1}{2}$-ℓ-Dosen Lackfarbe.

Wie viel Farbe ist das?

$$3 \cdot \frac{1}{2}\,\ell = \blacksquare$$

$$3 \cdot \frac{1}{2}\,\ell = \frac{3}{2}\,\ell = 1\frac{1}{2}\,\ell$$

Der Maler braucht $1\frac{1}{2}$ ℓ Farbe.

So multiplizieren wir Brüche:
Wir multiplizieren mit dem Zähler
und lassen den Nenner unverändert.

Kürze das Ergebnis, wenn möglich.

1	2	3	4	5	6
$4 \cdot \frac{1}{2}$	$5 \cdot \frac{1}{3}$	$6 \cdot \frac{1}{4}$	$2 \cdot \frac{1}{6}$	$4 \cdot \frac{1}{8}$	$3 \cdot \frac{1}{10}$
$2 \cdot \frac{1}{2}$	$7 \cdot \frac{1}{3}$	$3 \cdot \frac{1}{4}$	$5 \cdot \frac{1}{6}$	$2 \cdot \frac{1}{8}$	$5 \cdot \frac{1}{10}$
$6 \cdot \frac{1}{2}$	$4 \cdot \frac{1}{3}$	$8 \cdot \frac{1}{4}$	$3 \cdot \frac{1}{6}$	$6 \cdot \frac{1}{8}$	$7 \cdot \frac{1}{10}$

7	8	9	10	11	12
$3 \cdot \frac{2}{3}$	$2 \cdot \frac{3}{4}$	$5 \cdot \frac{3}{6}$	$3 \cdot \frac{5}{8}$	$4 \cdot \frac{2}{5}$	$6 \cdot \frac{3}{10}$
$5 \cdot \frac{2}{3}$	$4 \cdot \frac{2}{4}$	$2 \cdot \frac{5}{6}$	$5 \cdot \frac{3}{8}$	$2 \cdot \frac{4}{5}$	$4 \cdot \frac{5}{10}$
$8 \cdot \frac{2}{3}$	$6 \cdot \frac{3}{4}$	$3 \cdot \frac{4}{6}$	$7 \cdot \frac{4}{8}$	$6 \cdot \frac{3}{5}$	$2 \cdot \frac{8}{10}$

Berechne den Materialverbrauch.

1 Wandanstrich

a) 3 Pakete Spachtelmasse zu je $\frac{1}{2}$ ℓ
b) 5 Dosen Wandfarbe zu je $\frac{3}{4}$ ℓ

2 Deckenanstrich

a) 4 Dosen Vorstreichfarbe zu je $\frac{1}{2}$ ℓ
b) 3 Dosen Deckfarbe zu je $\frac{3}{4}$ ℓ

3 Türanstrich

a) 5 Dosen Vorlack zu je $\frac{2}{4}$ ℓ
b) 4 Dosen Hochglanzlack zu je $\frac{1}{2}$ ℓ

4 Fensteranstrich

a) 2 Dosen Vorlack zu je $\frac{3}{4}$ ℓ
b) 5 Dosen Hochglanzlack zu je $\frac{1}{2}$ ℓ

5 Stuckarbeiten

a) 6 Pakete Universalkleber zu je $\frac{1}{2}$ kg
b) 3 Pakete Gips zu je $\frac{3}{4}$ kg

6 Fußleistenanstrich

a) 2 Dosen Vorstreichfarbe zu je $\frac{2}{4}$ ℓ
b) 3 Dosen Lackfarbe zu je $\frac{1}{4}$ ℓ

7 Tapetenanstrich

a) 6 Dosen Vorstreichfarbe zu je $\frac{1}{2}$ ℓ
b) 6 Dosen Wandfarbe zu je $\frac{3}{4}$ ℓ

Kürze das Ergebnis, wenn möglich.

8°
$\frac{2}{8}$ m + $\frac{3}{8}$ m
$\frac{3}{4}$ m + $\frac{1}{8}$ m
$\frac{5}{8}$ m + $\frac{1}{4}$ m

9°
$\frac{3}{6}$ cm + $\frac{2}{6}$ cm
$\frac{1}{6}$ cm + $\frac{2}{3}$ cm
$\frac{1}{3}$ cm + $\frac{3}{6}$ cm

10°
$\frac{3}{5}$ ℓ + $\frac{1}{5}$ ℓ
$\frac{2}{5}$ ℓ + $\frac{4}{10}$ ℓ
$\frac{1}{5}$ ℓ + $\frac{5}{10}$ ℓ

11°
$\frac{2}{10}$ kg + $\frac{4}{10}$ kg
$\frac{7}{10}$ kg + $\frac{1}{5}$ kg
$\frac{4}{10}$ kg + $\frac{2}{5}$ kg

12°
$\frac{6}{8}$ m − $\frac{1}{8}$ m
$\frac{7}{8}$ m − $\frac{3}{4}$ m
$\frac{2}{4}$ m − $\frac{1}{8}$ m

13°
$\frac{5}{6}$ cm − $\frac{2}{6}$ cm
$\frac{4}{6}$ cm − $\frac{1}{3}$ cm
$\frac{2}{3}$ cm − $\frac{3}{6}$ cm

14°
$\frac{4}{5}$ ℓ − $\frac{2}{5}$ ℓ
$\frac{3}{5}$ ℓ − $\frac{2}{10}$ ℓ
$\frac{2}{5}$ ℓ − $\frac{2}{10}$ ℓ

15°
$\frac{5}{10}$ kg − $\frac{3}{10}$ kg
$\frac{8}{10}$ kg − $\frac{3}{5}$ kg
$\frac{4}{10}$ kg − $\frac{1}{5}$ kg

Eine Gartenparty

$\frac{6}{8} : 3 = \frac{6:3}{8} = \frac{2}{8}$

Mutter, Bella und Felix teilen sich 6 Achtel Pizza.

Wie viel bekommt jeder?

$\frac{6}{8} : 3 = \blacksquare$

$\frac{6}{8} : 3 = \frac{6:3}{8} = \frac{2}{8}$

Jeder bekommt 2 Achtel Pizza.

So dividieren wir Brüche:
Wir dividieren den Zähler
und lassen den Nenner unverändert.

Kürze das Ergebnis, wenn möglich.

1. $\frac{2}{4} : 2$, $\frac{6}{5} : 2$, $\frac{8}{3} : 2$
2. $\frac{9}{6} : 3$, $\frac{12}{8} : 3$, $\frac{6}{10} : 3$
3. $\frac{4}{5} : 4$, $\frac{24}{10} : 4$, $\frac{16}{8} : 4$
4. $\frac{15}{6} : 5$, $\frac{30}{10} : 5$, $\frac{10}{8} : 5$
5. $\frac{18}{8} : 6$, $\frac{12}{10} : 6$, $\frac{18}{3} : 6$
6. $\frac{8}{10} : 8$, $\frac{32}{10} : 8$, $\frac{24}{6} : 8$
7. $\frac{6}{8} : 2$, $\frac{12}{5} : 2$, $\frac{10}{3} : 2$
8. $\frac{9}{4} : 3$, $\frac{15}{3} : 3$, $\frac{9}{8} : 3$
9. $\frac{16}{4} : 4$, $\frac{20}{5} : 4$, $\frac{28}{6} : 4$
10. $\frac{25}{6} : 5$, $\frac{5}{3} : 5$, $\frac{20}{4} : 5$
11. $\frac{12}{6} : 6$, $\frac{24}{3} : 6$, $\frac{18}{4} : 6$
12. $\frac{8}{5} : 8$, $\frac{24}{4} : 8$, $\frac{16}{5} : 8$

1

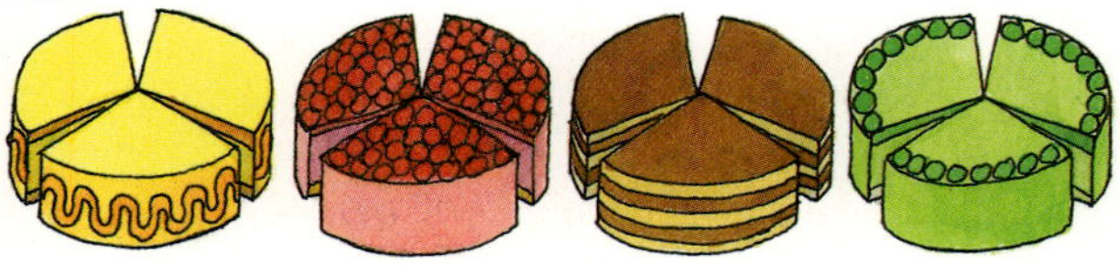

Verteile die Kuchenstücke auf drei Platten.
Schreibe die dazu passende Aufgabe.

2

Verteile die Kuchenstücke auf vier Platten.
Schreibe die dazu passende Aufgabe.

3

Laura verteilt $\frac{12}{4}$ Pizza auf drei Platten.
Wie viele Pizza-Viertel sind auf jeder Platte?

4

Frank verteilt $\frac{10}{8}$ Pizza auf zwei Platten.
Wie viele Pizza-Achtel sind auf jeder Platte?

5

$\frac{6}{8}\,\ell$ Orangensaft werden auf drei Gläser verteilt.
Wie viel Saft ist in jedem Glas?

6

$\frac{4}{6}\,\ell$ Cola werden auf zwei Gläser verteilt.
Wie viel Cola ist in jedem Glas?

7

Verteile $\frac{4}{5}\,\ell$ Zitronenlimonade auf zwei Gläser.
Wie viel Limonade ist in jedem Glas?

8

Verteile $\frac{8}{10}\,\ell$ gut gekühlten Eistee auf vier Gläser.
Wie viel Tee ist in jedem Glas?

Kürze das Ergebnis, wenn möglich.

9 $\frac{6}{2}\,\text{m} : 3$, $\frac{8}{4}\,\text{m} : 2$, $\frac{4}{8}\,\text{m} : 4$

10 $\frac{4}{10}\,\text{m} : 2$, $\frac{9}{3}\,\text{m} : 3$, $\frac{5}{6}\,\text{m} : 5$

11 $\frac{6}{4}\,\text{m} : 3$, $\frac{4}{5}\,\text{m} : 2$, $\frac{4}{5}\,\text{m} : 4$

12 $\frac{10}{3}\,\text{kg} : 5$, $\frac{8}{2}\,\text{kg} : 4$, $\frac{3}{4}\,\text{kg} : 3$

13 $\frac{3}{8}\,\text{kg} : 3$, $\frac{6}{10}\,\text{kg} : 2$, $\frac{5}{8}\,\text{kg} : 5$

14 $\frac{5}{2}\,\ell : 5$, $\frac{9}{10}\,\ell : 3$, $\frac{8}{6}\,\ell : 4$

15° $\frac{2}{3}\,\text{km} \cdot 3$, $\frac{1}{4}\,\text{km} \cdot 6$, $\frac{1}{2}\,\text{km} \cdot 5$

16° $\frac{3}{8}\,\text{m} \cdot 4$, $\frac{5}{10}\,\text{m} \cdot 2$, $\frac{4}{5}\,\text{m} \cdot 8$

17° $\frac{2}{6}\,\text{m} \cdot 5$, $\frac{1}{3}\,\text{m} \cdot 3$, $\frac{5}{8}\,\text{m} \cdot 4$

18° $\frac{4}{10}\,\text{kg} \cdot 5$, $\frac{3}{2}\,\text{kg} \cdot 6$, $\frac{2}{4}\,\text{kg} \cdot 3$

19° $\frac{3}{6}\,\text{kg} \cdot 2$, $\frac{2}{5}\,\text{kg} \cdot 8$, $\frac{1}{2}\,\text{kg} \cdot 10$

20° $\frac{3}{4}\,\ell \cdot 5$, $\frac{6}{8}\,\ell \cdot 3$, $\frac{3}{10}\,\ell \cdot 4$

Erweiterung der Stellentafel

In der Stellentafel stehen

links vom Komma
Einer E
Zehner Z
Hunderter H
Tausender T

T	H	Z	E		z	h	t
		2	5	,	7	5	
			0	,	3		
3	4	5	8	,	6	0	4
	2	7	4	,	0	8	
	3	0	6	,	4	2	
1	0	0	9	,	8	0	5

rechts vom Komma

Zehntel z
Hundertstel h
Tausendstel t

1

Lies die Zahlen. Sprich so:
25,75 = Fünfundzwanzig Komma sieben fünf.

Zeichne eine Stellentafel. Trage die Zahlen ein.

2	3	4	5	6
3,25	52,06	2,534	325,1	5,94
46,8	204,5	17,9	9,82	62,8
125,47	6,375	38,26	74,205	409,03
4,325	34,18	125,8	304,63	5,735
52,02	0,34	6,002	21,8	70,50

Schreibe die Zahlen und trage sie in die Stellentafel ein. Lies die Zahlen.

7	8	9	10	11
2 Z	4 T	6 E	9 Z	2 H
5 E	3 H	0 z	4 E	0 Z
8 z	0 Z	2 h	6 z	0 E
2 h	8 E	3 t	0 h	5 z
	2 z		3 t	3 h

12 7T 5H 0Z 9E 6z 3h = 7509,63
a) 9H 4Z 3E 7z 0h 1t
b) 1T 0H 6Z 3E 0z 8h 3t

13 1008,207 = 1T 0H 0Z 8E 2z 0h 7t
a) 4079,006
b) 3020,908

Wenn wir einen Bruch als Dezimalbruch schreiben wollen, müssen wir den Zähler durch den Nenner dividieren.

$\frac{5}{4} = 5 : 4$

	E		z	h	t
5 : 4 =	1	,	2	5	
4					
10					
8					
20					
20					
0					

$\frac{5}{4} = 1{,}25$

Sprich Fünf Viertel sind eins Komma zwei fünf.

Sprich
$5 : 4 = 1$
$1 \cdot 4 = 4$
$5 - 4 = 1$

Wir dividieren so weiter:

1. Schritt: Setze im Ergebnis ein Komma.

2. Schritt: Verwandle den Rest von 1 Einer in 10 Zehntel.

Sprich
$10 : 4 = 2$
$2 \cdot 4 = 8$
$10 - 8 = 2$

3. Schritt: Verwandle den Rest von 2 Zehnteln in 20 Hundertstel.

Sprich
$20 : 4 = 5$
$5 \cdot 4 = 20$
$20 - 20 = 0$

Dividiere den Zähler durch den Nenner. Schreibe den Dezimalbruch.

1 $\frac{3}{2}$; $\frac{5}{2}$; $\frac{7}{2}$

2 $\frac{7}{4}$; $\frac{13}{4}$; $\frac{10}{4}$

3 $\frac{6}{5}$; $\frac{8}{5}$; $\frac{16}{5}$

4 $\frac{9}{8}$; $\frac{14}{8}$; $\frac{30}{8}$

5 $\frac{12}{10}$; $\frac{35}{10}$; $\frac{24}{10}$

6 $\frac{9}{4}$; $\frac{3}{4}$; $\frac{18}{4}$

7 $\frac{9}{5}$; $\frac{7}{5}$; $\frac{14}{5}$

8 $\frac{10}{8}$; $\frac{21}{8}$; $\frac{13}{8}$

9 $\frac{23}{2}$; $\frac{17}{2}$; $\frac{15}{2}$

10 $\frac{18}{10}$; $\frac{27}{10}$; $\frac{36}{10}$

11 $\frac{25}{4}$; $\frac{17}{4}$; $\frac{7}{4}$

12 $\frac{16}{5}$; $\frac{29}{5}$; $\frac{13}{5}$

13* $\frac{25}{20}$; $\frac{30}{20}$; $\frac{48}{20}$

14* $\frac{75}{50}$; $\frac{60}{50}$; $\frac{85}{50}$

15* $\frac{40}{25}$; $\frac{30}{25}$; $\frac{35}{25}$

16* $\frac{75}{30}$; $\frac{45}{30}$; $\frac{105}{30}$

Division in der Stellentafel

Manchmal ist der Zähler kleiner als der Nenner.

$\frac{3}{5} = 3 : 5$

	E	,	z	h	t
3 : 5 =	0	,	6		

$3 : 5 = 0{,}6$
0
30
30
0

Sprich $3 : 5 = 0$
$0 \cdot 5 = 0$
$3 - 0 = 3$
Wir dividieren so weiter:
1. Schritt Setze im Ergebnis ein Komma.
2. Schritt Verwandle den Rest von 3 Einern in 30 Zehntel.

Sprich $30 : 5 = 6$
$6 \cdot 5 = 30$
$30 - 30 = 0$

$\frac{3}{5} = 0{,}6$

Sprich Drei Fünftel sind null Komma sechs.

Dividiere den Zähler durch den Nenner. Schreibe den Dezimalbruch.

1. $\frac{1}{2}$; $\frac{3}{4}$; $\frac{2}{5}$
2. $\frac{4}{5}$; $\frac{3}{6}$; $\frac{3}{8}$
3. $\frac{6}{8}$; $\frac{2}{8}$; $\frac{1}{5}$
4. $\frac{2}{4}$; $\frac{5}{8}$; $\frac{3}{10}$
5. $\frac{7}{10}$; $\frac{3}{5}$; $\frac{4}{8}$
6. $\frac{4}{10}$; $\frac{1}{4}$; $\frac{7}{8}$
7. $\frac{1}{8}$; $\frac{6}{10}$; $\frac{7}{8}$
8. $\frac{9}{10}$; $\frac{4}{5}$; $\frac{5}{10}$
9. $\frac{3}{5}$; $\frac{3}{8}$; $\frac{8}{10}$
10. $\frac{1}{2}$; $\frac{2}{4}$; $\frac{1}{8}$
11. $\frac{1}{5}$; $\frac{5}{10}$; $\frac{3}{4}$
12. $\frac{1}{4}$; $\frac{2}{5}$; $\frac{6}{8}$

Verwandle die Dezimalbrüche in Brüche. Kürze so weit wie möglich.

$0{,}5 = \frac{5}{10} = \frac{1}{2}$

$3{,}25 = 3\frac{25}{100} = 3\frac{1}{4}$

$4{,}375 = 4\frac{375}{1000} = 4\frac{75}{200} = 4\frac{3}{8}$

13	14	15	16
0,1	1,25	2,25	0,125
0,4	2,75	4,75	1,375
0,8	3,25	3,15	5,025
0,6	5,75	7,35	3,005
0,7	6,75	8,50	2,575

Manchmal endet die Division nicht.

$\frac{5}{3} = 5 : 3$

	E	,	z	h	t
5 : 3 =	1	,	6	6	6

5 : 3 = 1,666
3
20
18
20
18
20
18
2

Sprich $5 : 3 = 1$
$1 \cdot 3 = 3$
$5 - 3 = 2$

Wir dividieren so weiter:

1. Schritt Setze im Ergebnis ein Komma.

2. Schritt Verwandle den Rest.
Sprich $20 : 3 = 6$
$6 \cdot 3 = 18$
$20 - 18 = 2$

3. Schritt Verwandle den Rest.
Sprich $20 : 3 = 6$
$6 \cdot 3 = 18$
$20 - 18 = 2$

4. Schritt Verwandle den Rest.
Sprich $20 : 3 = 6$
$6 \cdot 3 = 18$
$20 - 18 = 2$

Runde auf zwei Stellen hinter dem Komma.
$1,666 = 1,67$

$\frac{5}{3} = 1,67$

Sprich Fünf Drittel sind eins Komma sechs sieben.

Schreibe die Brüche als Dezimalbrüche. Dividiere den Zähler durch den Nenner. Runde auf 2 Stellen hinter dem Komma.

1. $\frac{4}{3}$; $\frac{1}{3}$; $\frac{2}{3}$
2. $\frac{8}{6}$; $\frac{4}{6}$; $\frac{2}{6}$
3. $\frac{10}{9}$; $\frac{4}{9}$; $\frac{11}{9}$
4. $\frac{7}{3}$; $\frac{7}{6}$; $\frac{7}{9}$
5. $\frac{7}{3}$; $\frac{10}{3}$; $\frac{17}{3}$
6. $\frac{5}{6}$; $\frac{11}{6}$; $\frac{20}{6}$
7. $\frac{2}{9}$; $\frac{5}{9}$; $\frac{25}{9}$
8. $\frac{16}{3}$; $\frac{16}{6}$; $\frac{16}{9}$
9. * $\frac{9}{7}$; $\frac{1}{7}$; $\frac{12}{7}$
10. * $\frac{8}{7}$; $\frac{3}{7}$; $\frac{15}{7}$
11. * $\frac{6}{7}$; $\frac{2}{7}$; $\frac{13}{7}$
12. * $\frac{5}{7}$; $\frac{11}{7}$; $\frac{16}{7}$

Am Zahlenstrahl

Lerne diese wichtigen Brüche und Dezimalbrüche auswendig.

$\frac{1}{2} = 0{,}5$ $\frac{1}{4} = 0{,}25$ $\frac{3}{4} = 0{,}75$ $\frac{1}{8} = 0{,}125$ $\frac{1}{5} = 0{,}2$

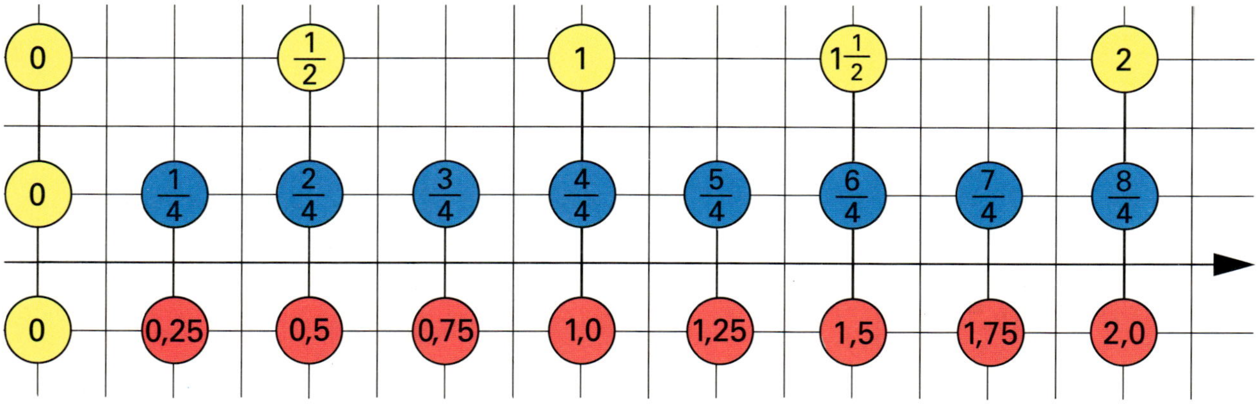

1 Ganzes = 8 Kästchen

1

Zeichne einen Zahlenstrahl.
(1 Ganzes = 8 Kästchen).
Trage $\frac{1}{2}$, $1\frac{1}{2}$ und $1\frac{3}{4}$ ein.
Schreibe auch die dazu passenden Dezimalbrüche.

2

Zeichne einen Zahlenstrahl.
(1 Ganzes = 12 Kästchen).
Trage 0,25, 0,75 und 1,5 ein.
Schreibe auch die dazu passenden Brüche.

3

Zeichne einen Zahlenstrahl.
(1 Ganzes = 12 Kästchen).
Trage $1\frac{1}{4}$ und 1,75 ein.
Welche Strecke ist länger?

4

Zeichne einen Zahlenstrahl.
(1 Ganzes = 8 Kästchen).
Trage 0,75 und $1\frac{1}{2}$ ein.
Welche Strecke ist kürzer?

5

Zeichne einen Zahlenstrahl.
(1 Ganzes = 8 Kästchen).
Trage $\frac{3}{4}$ und 0,75 ein.
Was stellst du fest?

6

Zeichne einen Zahlenstrahl.
(1 Ganzes = 8 Kästchen).
Trage 1,25 und $1\frac{1}{4}$ ein.
Was stellst du fest?

7

Zeichne einen Zahlenstrahl.
(1 Ganzes = 10 Kästchen).
Trage $\frac{1}{5}$ und 0,6 ein.

8

Zeichne einen Zahlenstrahl.
(1 Ganzes = 12 Kästchen).
Trage $\frac{1}{3}$ und 0,5 ein.

Verwandle in gemischte Zahlen.

1

$\frac{5}{3}$; $\frac{10}{3}$; $\frac{13}{4}$; $\frac{23}{4}$; $\frac{17}{5}$; $\frac{9}{5}$

$\frac{23}{6}$; $\frac{31}{6}$; $\frac{19}{8}$; $\frac{41}{8}$; $\frac{13}{10}$; $\frac{27}{10}$

Verwandle in Brüche.

2

$1\frac{2}{3}$; $4\frac{1}{3}$; $3\frac{1}{4}$; $5\frac{3}{4}$; $2\frac{3}{5}$; $6\frac{4}{5}$

$3\frac{5}{6}$; $6\frac{1}{6}$; $2\frac{5}{8}$; $3\frac{1}{8}$; $4\frac{3}{10}$; $1\frac{7}{10}$

Kürze das Ergebnis, wenn möglich.

3	4	5	6	7	8
$\frac{3}{4}+\frac{1}{8}$	$\frac{2}{3}+\frac{1}{6}$	$\frac{4}{5}+\frac{3}{10}$	$\frac{1}{4}-\frac{1}{8}$	$\frac{2}{3}-\frac{2}{6}$	$\frac{4}{5}-\frac{3}{10}$
$\frac{1}{4}+\frac{5}{8}$	$\frac{1}{3}+\frac{5}{6}$	$\frac{3}{5}+\frac{7}{10}$	$\frac{3}{4}-\frac{5}{8}$	$\frac{1}{3}-\frac{1}{6}$	$\frac{3}{5}-\frac{5}{10}$
$\frac{3}{8}+\frac{3}{4}$	$\frac{2}{6}+\frac{1}{3}$	$\frac{9}{10}+\frac{2}{5}$	$\frac{7}{8}-\frac{1}{4}$	$\frac{5}{6}-\frac{2}{3}$	$\frac{7}{10}-\frac{3}{5}$

9	10	11	12	13	14
$8\cdot\frac{2}{3}$	$2\cdot\frac{3}{4}$	$5\cdot\frac{3}{5}$	$2\cdot\frac{5}{6}$	$7\cdot\frac{5}{8}$	$3\cdot\frac{7}{10}$
$5\cdot\frac{1}{3}$	$4\cdot\frac{1}{4}$	$10\cdot\frac{1}{5}$	$6\cdot\frac{7}{6}$	$2\cdot\frac{3}{8}$	$6\cdot\frac{3}{10}$
$7\cdot\frac{4}{3}$	$6\cdot\frac{7}{4}$	$8\cdot\frac{4}{5}$	$9\cdot\frac{3}{6}$	$10\cdot\frac{7}{8}$	$4\cdot\frac{6}{10}$
$9\cdot\frac{5}{3}$	$3\cdot\frac{5}{4}$	$4\cdot\frac{9}{5}$	$3\cdot\frac{4}{6}$	$5\cdot\frac{9}{8}$	$8\cdot\frac{9}{10}$

15	16	17	18	19	20
$\frac{12}{3}:3$	$\frac{10}{2}:5$	$\frac{8}{6}:8$	$\frac{20}{5}:4$	$\frac{18}{5}:6$	$\frac{30}{2}:10$
$\frac{15}{8}:3$	$\frac{30}{5}:5$	$\frac{24}{3}:8$	$\frac{12}{8}:4$	$\frac{36}{8}:6$	$\frac{50}{6}:10$
$\frac{9}{10}:3$	$\frac{20}{3}:5$	$\frac{32}{10}:8$	$\frac{8}{6}:4$	$\frac{48}{4}:6$	$\frac{20}{8}:10$
$\frac{6}{4}:3$	$\frac{50}{4}:5$	$\frac{48}{2}:8$	$\frac{24}{3}:4$	$\frac{12}{10}:6$	$\frac{40}{5}:10$

Haushaltsplanung

Ein großer Teil des Familieneinkommens muss für Lebensmittel ausgegeben werden. Wenn man ein Haushaltsbuch führt, kann man die Kosten überprüfen und überlegen, wo man einsparen kann.

3.11.	DM
Brot	2,75
Milch	1,19
Butter	1,76
Äpfel	3,45
Kartoffeln	2,80
Salat	0,98
Bratwurst	4,20
2 Tafeln Schokolade	3,60

1

Frau Vogel hat in ihrem Haushaltsbuch die Tagesausgabe vom 3. November errechnet.

a) Berechne, wie viel DM Frau Vogel ausgegeben hat.
b) Berechne, wie viel DM sie hätte bezahlen müssen, wenn sie auf die Schokolade verzichtet hätte.

Beachte, dass beim Aufschreiben der Geldbeträge immer Komma unter Komma stehen muss.

Berechne die Tagesausgaben vom 4. 11. und 5. 11.

2

4.11.	DM
Milch	1,19
Kaffee	5,85
Zucker	2,26
Reis	1,45
Fisch	4,80
Margarine	1,34
Trauben	3,75

3

5.11.	DM
Nudeln	2,58
Öl	4,25
Hackfleisch	3,75
Leberwurst	1,40
Quark	0,98
Tomaten	2,15
Bananen	3,18

4

Berechne, wie viel DM Frau Vogel in der Zeit vom 3. November bis 5. November ausgegeben hat.

5

Frau Vogel hatte 100 DM Haushaltsgeld. Wie viel DM hat sie nach den Ausgaben noch übrig?

6

Schreibe die Geldbeträge untereinander und addiere.

a) 14,75 DM + 3,94 DM + 0,48 DM
b) 26,84 DM + 13,99 DM + 4,28 DM
c) 7,41 DM + 0,98 DM + 23,68 DM

7

Schreibe die Geldbeträge untereinander und subtrahiere.

a) 49,78 DM − 16,29 DM
b) 186,42 DM − 94,96 DM
c) 73,29 DM − 72,89 DM

Achte beim Einkauf von Wasch- und Putzmitteln auf umweltfreundliche Artikel. Sie sind mit dem Umweltengel gekennzeichnet.

Waschpulver	12,80
Entkalker	6,75
Scheuermilch	2,85
Essigreiniger	4,20
Neutralseife	3,00
Putzlappen	1,15
Möbelpolitur	5,40

1

a) Berechne, wie viel DM Frau Vogel beim Einkauf von Wasch- und Putzmitteln ausgegeben hat.

b) Sie bezahlt an der Kasse mit einem 50-DM-Schein. Wie viel DM erhält sie zurück?

2*

Frau Vogel berechnet die Haushaltskosten für einen Monat.

1. Woche	463,30 DM
2. Woche	397,85 DM
3. Woche	335,20 DM
4. Woche	280,75 DM

Prüfe, ob 1500 DM Haushaltsgeld reichen, wenn Frau Vogel noch 35 DM für den Frisör braucht.

3*

Preisvergleiche helfen sparen!

Frau Vogel kauft Waschpulver und Entkalker.

a) Berechne die teuerste und die billigste Möglichkeit des Einkaufs.

b) Berechne den Unterschied.

4

Von 350 DM Haushaltsgeld hat Frau Vogel für den Wochenendeinkauf schon 238,20 DM ausgegeben. Wie viel DM hat sie noch übrig?

5

Frau Vogel gibt 123,74 DM für Lebensmittel und 46,80 DM für Reinigungsmittel aus. Berechne, ob 190 DM Haushaltsgeld ausreichen.

6

Schreibe die Geldbeträge untereinander und addiere.

a) 6,58 DM + 315,70 DM + 0,25 DM
b) 78,10 DM + 406,00 DM + 4,05 DM
c) 0,50 DM + 580,95 DM + 35,00 DM

7

Schreibe die Geldbeträge untereinander und subtrahiere.

a) 80,50 DM − 23,78 DM
b) 603,80 DM − 39,07 DM
c) 368,25 DM − 27,00 DM

Miete und Mietnebenkosten

Die Miete für eine Wohnung setzt sich zusammen aus der Kaltmiete und den Mietnebenkosten. Zu den Mietnebenkosten gehören unter anderem die Kosten für Heizung, Wasser, Müllabfuhr, Treppenhausbeleuchtung und Treppenhausreinigung.

1

In einem Vierfamilienhaus betragen die Heizkosten jährlich 3749 DM. Sie werden auf die Mietparteien umgelegt.
Wie viel DM muss jeder Mieter zahlen?

Aufgabe 3749 DM : 4

Überschlag

4000 DM : 4 = 1000 DM

3749 : 4 = 937,25

```
3749 : 4 = 937,25
36
 14
 12
  29
  28
   10   ← Komma setzen
    8
    20
    20
     0
```

Jeder Mieter muss 937,25 DM zahlen.

2

Im gleichen Haus werden für die Müllabfuhr 493 DM auf die Mieter umgelegt.
Wie viel DM sind das für jede Mietpartei?

3

Familie Wilseck musste im vergangenen Jahr 1 599 DM Heizkosten zahlen.
Berechne, wie viel DM monatlich zur Kaltmiete dazugerechnet werden müssen?

4

Für die Treppenhausreinigung musste Familie Wilseck letztes Jahr 177 DM zahlen. Wie viel DM müssen zur monatlichen Kaltmiete dazugerechnet werden?

5

Die Kosten für Wasser und Abwasser für ein Jahr betrugen 339 DM.
Berechne den monatlichen Zuschlag zur Kaltmiete.

6

Die Kosten für die Treppenhausbeleuchtung betrugen 69 DM im Jahr.
Berechne den monatlichen Zuschlag zur Kaltmiete.

7

Die Kosten für den Fahrstuhl betrugen in einem Jahr 129 DM.
Berechne den monatlichen Betrag, der zur Kaltmiete dazukommt.

8*

Im Jahr werden für die Müllabfuhr in einem Haus mit 8 Familien 1 296 DM ausgegeben. Wie viel bezahlt jede Familie im Monat?

9*

In dem Haus mit den 8 Familien fallen jährlich 9 244,80 DM Heizkosten an.
Wie viel DM zahlt jede Familie im Monat für die Heizung?

1

In einem Achtfamilienhaus betragen die Mietnebenkosten **jährlich**:

Heizung	9874,– DM
Wasser	2446,– DM
Müllabfuhr	1458,– DM
Treppenhausbeleuchtung	546,– DM
Treppenhausreinigung	1218,– DM

Wie viel DM muss jede Familie bezahlen?

2

In einem Vierfamilienhaus betragen die Mietnebenkosten **halbjährlich**:

Heizung	1872,– DM
Wasser	483,– DM
Müllabfuhr	293,– DM
Treppenhausbeleuchtung	115,– DM
Treppenhausreinigung	257,– DM

Wie viel DM muss jede Familie bezahlen?

Wenn die Division nicht endet, rechnen wir bis zur dritten Stelle hinter dem Komma und runden auf zwei Stellen.

3

1325 DM : 7
3412 DM : 9
4760 DM : 6
2408 DM : 3
5300 DM : 7

757,14	189,29
793,33	642,75
379,11	802,67

4

2148 DM : 39
1793 DM : 15
4376 DM : 23
5205 DM : 51
3084 DM : 42

190,26	55,08
102,06	73,43
119,53	48,34

5

1846 DM : 36
2659 DM : 27
5193 DM : 43
3506 DM : 39
6239 DM : 51

89,90	120,77
51,28	235,62
98,48	122,33

6

2519 DM : 23
3985 DM : 64
6238 DM : 15
4840 DM : 51
5932 DM : 48

415,87	94,90
109,52	62,27
123,58	37,49

Wenn die Division nach der ersten Stelle hinter dem Komma endet, setzen wir bei DM eine Null hinzu.

41 DM : 5 = ▢

41 : 5 = 8,20
40
10
10
0

41 DM : 5 = 8,20 DM

7

1397 DM : 2
3708 DM : 8
6250 DM : 4
4305 DM : 2
1404 DM : 8

1562,50	175,50
2152,50	358,50
463,50	698,50

8

1302 DM : 35
1625 DM : 26
3045 DM : 42
2824 DM : 16
6266 DM : 52

176,50	49,25
120,50	37,20
72,50	62,50

9

3874 DM : 65
1463 DM : 35
1015 DM : 58
1275 DM : 34
8027 DM : 46

174,50	59,60
37,50	17,50
285,40	41,80

Geld in andern Ländern

Wenn man in ein anderes Land reist, tauscht man eigenes Geld in das Geld des anderen Landes um. Man sollte nur bei einer Bank oder Wechselstube tauschen. Bei fliegenden Händlern wird man oft betrogen.

Land	Währung	
Deutschland	Deutsche Mark	DM
Griechenland	Drachme	Dr
Italien	Italienische Lira	Lit
Niederlande	Holländischer Gulden	hfl
Österreich	Österreichischer Schilling	öS
Spanien	Peseta	Ptas
Türkei	Türkische Lira	TL
Ungarn	Forint	Ft

6,98 · 15
698
3490
104,70

Aufgabe 6,98 öS · 15

1. *Multipliziere wie gewohnt.*
2. *Zähle in der Aufgabe die Stellen hinter dem Komma.*
3. *Zähle gleich viele Stellen im Ergebnis ab und setze das Komma.*

Antwort: Der Reisende erhält für 15 DM 104,70 Schilling.

Wechselkurse

1 DM =	90,90 Dr
1 DM =	714 Lit
1 DM =	1,12 hfl
1 DM =	6,99 öS
1 DM =	60,60 Ptas
1 DM =	1000 TL
1 DM =	35,71 Ft

Beim Umtausch von DM in eine andere Währung erhält man unterschiedliche Beträge des ausländischen Geldes. Das Verhältnis, in dem Währungen miteinander getauscht werden, wird Wechselkurs genannt. Dieser Wechselkurs kann sich ändern.

1

Familie Krug reist in den Ferien nach Spanien. In Barcelona tauschen sie 250 DM um. Wie viel Pesetas erhalten sie?

2

Familie Koller macht eine Camping-Reise durch Griechenland. In Athen tauschen sie 180 DM um. Wie viel Drachmen erhalten sie?

3

Eine Bootsfahrt auf dem Plattensee kostet pro Person 70,40 Forint. Wie viel muss eine Familie von 3 Personen bezahlen?

4

Sabine hat 125 DM Taschengeld gespart. Wie viel Gulden erhält sie dafür?

5

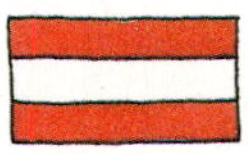
Eine Fahrt mit der Bergbahn kostet 30,50 Schilling. Frank und Anne haben noch 10 DM. Reicht das Geld?

6

Der Eintritt in den Schlossgarten kostet 5 Gulden. Torsten hat noch 5 DM. Kann er den Eintritt bezahlen?

7*

Herr Özkal schickt seiner Mutter in der Türkei 350 DM. Wie viel Türkische Lire erhält sie dafür?

8*

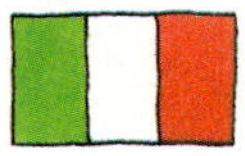
Ein Liter Benzin kostet in Italien 1500 Lire. Berechne den Preis für eine Tankfüllung von 45 Litern.

9

6,08 · 12
3,1 · 36
7,54 · 28
4,70 · 45
9,08 · 6

10

24,7 · 43
52,6 · 25
39,04 · 37
48,00 · 14
61,50 · 9

11

218,3 · 26
402,51 · 14
300,80 · 32
160,05 · 45
235,00 · 7

12

0,2 · 53
0,40 · 26
0,23 · 47
0,506 · 15
0,07 · 6

Internationale Küche

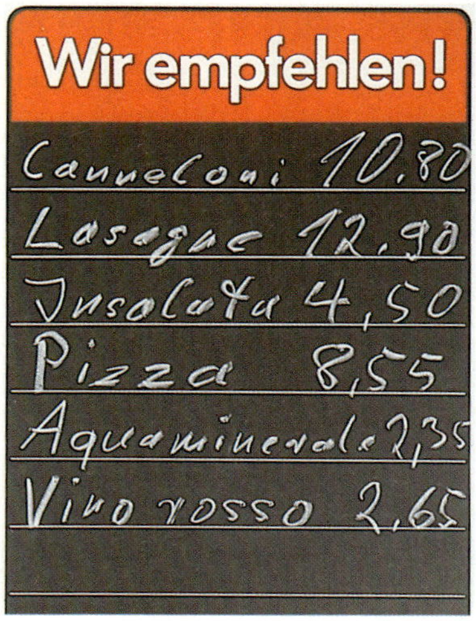

1

Drei Freundinnen gehen italienisch essen. Sie teilen sich die Rechnung.

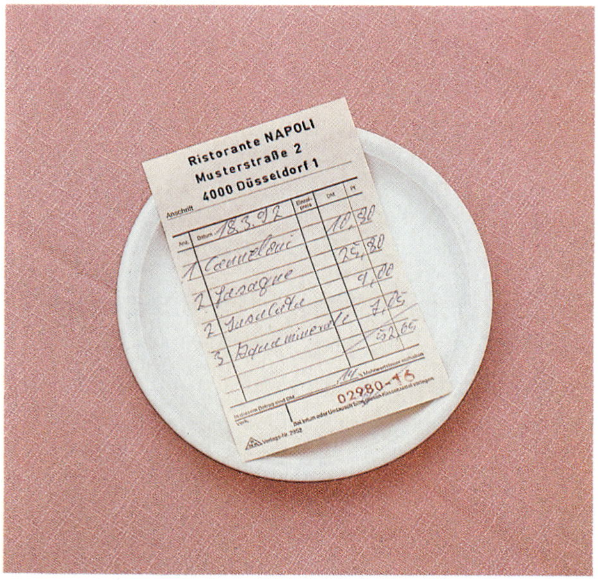

Wie viel DM muss jedes Mädchen zahlen?

Aufgabe 52,65 DM : 3
Überschlag 60 DM : 3 = 20 DM

	Z	E		z	h
52,65 : 3 =	1	7	,	5	5

```
52,65 : 3 = 17,55
3
22
21
 16   Setze jetzt das Komma
 15
  15
  15
   0
```

Antwort
Jedes Mädchen zahlt 17,55 DM.

2

Mario, Alex, Paul und Peppino bestellen im Ristorante Napoli 2 Pizza, 1 Lasagne, 1 Canneloni, 2 Insalata, 4 Aqua minerale. Sie teilen sich die Kosten.
Stelle die Rechnung auf und berechne, wie viel DM jeder zahlen muss.

3

Ein Fahrrad-Club von 16 Personen feiert das Fünf-Jahres-Jubiläum in einem italienischen Restaurant. Die Kosten von 412,80 DM werden umgelegt.
Wie viel DM muss jedes Mitglied des Fahrradclubs bezahlen?

Grillstube Athen

Gyros	9,80
Calamare	12,60
Musaka	8,20
Bauernsalat	6,45
Hirtensuppe	4,25
Apfelsaft	2,85
Mineralwasser	2,35
Rezina	3,90

1
Drei Freunde bestellen 2 Hirtensuppen, 1 Bauernsalat, 2 Gyros, 1 Musaka, 3 Mineralwasser. Sie teilen die Kosten. Stelle die Rechnung auf und berechne, wie viel DM jeder bezahlen muss.

2*
Zwei Paare bezahlen für das Abendessen 73,60 DM.
a) Berechne die Kosten für eine Person.
b) Berechne die Kosten für ein Paar.

WON-TON-SUPPE	4.55
CHOP SUE	9.75
BAMBUSSPROSSEN	8.20
HUHN MIT MANDELN	12.45
EIERREIS	13.50
ORANGENSAFT	3.25
MINERALWASSER	2.85
REISWEIN	6.20

3 Frank geht mit seinem Freund Zihŭa ins Restaurant Peking. Sie bestellen 1 Won-Ton-Suppe, 2 Chop Sue, 1 Eierreis, 2 Orangensaft. Wie viel DM muss jeder zahlen?

4 Eine Gesellschaft von 12 Personen teilt sich die Kosten für das Abendessen von 220,80 DM. Wie viel DM muss jeder zahlen?

Mache einen Überschlag. Runde, wenn nötig, auf 2 Stellen hinter dem Komma.

5
24,5 : 7
35,8 : 9
125,4 : 6
348,9 : 3
2574,5 : 5

20,9	514,9
3,98	203,7
3,5	116,3

6
14,36 : 3
48,23 : 8
300,65 : 4
475,07 : 2
1063,20 : 6

6,03	348,25
75,16	177,2
4,79	237,54

7
58,3 : 27
13,9 : 45
536,25 : 39
403,60 : 50
3580,04 : 61

13,75	0,31
26,3	8,07
58,69	2,16

8
2,9 : 12
0,6 : 25
18,04 : 60
200,07 : 34
1704,03 : 58

29,38	0,30
46,92	0,24
5,88	0,02

Wir üben mit dem Taschenrechner

Addiere mit dem Taschenrechner. 236,75 + 469,32 = ■
Rechne zuerst den Überschlag. 240 + 470 = 710

ON/C – 2 3 6 – • – 7 5 – + – 4 6 9 – • – 3 2 – = – 706.07

1
635,14 + 395,37
328,39 + 807,65
549,27 + 396,48

945,75	1204,63
1136,04	1030,51

2
274,61 + 729,73
412,83 + 580,19
158,27 + 396,80

1004,34	555,07
993,02	821,64

3
946,33 + 205,73
502,17 + 860,57
834,03 + 945,02

1543,61	1362,74
1779,05	1152,06

4
620,85 + 700,48
648,23 + 167,45
307,64 + 319,62

627,26	948,06
1321,33	815,68

5
259,36 + 48,7
35,2 + 475,92
7,04 + 23,6

18,92	308,06
30,64	511,12

6
68,37 + 9,14
346,2 + 17,09
2317 + 38,95

77,51	1763,4
363,29	2355,95

7
892 + 3,05
6408 + 975,82
3004 + 58,03

1490,62	895,05
7383,82	3062,03

8
64,02 + 395
829,36 + 2748
95,23 + 48

143,23	3577,36
459,02	964,18

Subtrahiere mit dem Taschenrechner. 2458,27 − 1816,14 = ■
Rechne zuerst den Überschlag. 2500 − 1800 = 700

ON/C – 2 4 5 8 – • – 2 7 – − – 1 8 1 6 – • – 1 4 – = – 642.13

9
792,48 − 316,25
906,12 − 572,08
804,83 − 407,25

416,81	476,23
397,58	334,04

10
423,75 − 218,36
600,28 − 349,15
492,45 − 318,67

173,78	267,25
205,39	251,13

11
809,24 − 563,84
695,06 − 327,09
904,68 − 600,95

303,73	367,97
401,82	245,4

12
768,23 − 506,47
967,27 − 419,05
862,54 − 794,13

261,76	68,41
79,36	548,22

13
385,40 − 96,78
2507,39 − 849,3
4200,80 − 563,02

3637,78	288,62
1658,09	2147,12

14
642,12 − 70,9
1085,7 − 4,26
2590 − 367,25

1479,19	1081,44
571,22	2222,75

15
834 − 42,78
1300 − 839,6
4279 − 345,59

3933,41	460,4
791,22	829,64

16
472,81 − 315
2095,6 − 48
5340,03 − 739

157,81	2314,62
4601,03	2047,6

Multipliziere mit dem Taschenrechner. 387,13 · 6 = ■
Rechne zuerst den Überschlag. 400 · 6 = 2400

ON/C 3 8 7 • 1 3 × 6 = 2322.78

1

685,23 · 4
319,47 · 9
542,81 · 3

1628,43	2740,92
1927,38	2875,23

2

406,86 · 2
730,07 · 5
900,43 · 8

7203,44	813,72
3650,35	1830,54

3

762,13 · 28
103,67 · 75
500,09 · 92

31280,92	21339,64
46008,28	7775,25

4

208,49 · 58
560,63 · 14
900,27 · 63

56717,01	12092,42
21265,38	7848,82

5

124,6 · 53
302,04 · 36
536,28 · 18

6603,8	9653,04
3502,9	10873,44

6

603,8 · 12
312,42 · 34
158,01 · 51

10622,28	12658,5
8058,51	7245,6

7

25,39 · 200
13,6 · 350
34,02 · 165

5613,3	6452,96
5078	4760

8

31,6 · 104
18,24 · 328
26,03 · 203

5982,72	3286,4
6520	5284,09

Dividiere mit dem Taschenrechner. Runde, wenn nötig, auf 2 Stellen hinter dem Komma. Aufgabe 872,36 : 9 = ■ Rechne zuerst den Überschlag. 900 : 9 = 100

ON/C 8 7 2 • 3 6 ÷ 9 = 96.928888

9

58,2 : 6
374,8 : 9
509,4 : 3

534,54	169,8
41,64	9,7

10

93,26 : 4
285,04 : 7
691,37 : 2

508,07	345,69
23,32	40,72

11

76,23 : 18
492,5 : 35
714,68 : 52

335,25	14,07
4,24	13,74

12

95,2 : 32
814,63 : 45
375,4 : 78

11,92	18,10
2,98	4,81

13*

0,7 : 4
0,9 : 6
0,3 : 7

0,04	0,18
0,03	0,15

14*

0,08 : 32
0,06 : 19
0,09 : 45

0,003	0,002
0,004	0,002

15*

4008,9 : 258
2376,03 : 106
8250,7 : 300

27,50	16,68
15,54	22,42

16*

1236,7 : 125
3219,5 : 417
6034,72 : 326

18,51	30,36
9,89	7,72

Kurzformen

Für die Multiplikation von Dezimalbrüchen mit 10 oder 100 gibt es eine Kurzform:

Multiplikation mit 10	*Multiplikation mit 100*
Komma 1 Stelle nach rechts	*Komma 2 Stellen nach rechts*
43,25 · 10 = 432,5	*43,25 · 100 = 4325*

1
3,25 · 10 5,66 · 10
3,25 · 100 5,66 · 100

2
4,03 · 10 0,35 · 10
4,03 · 100 0,35 · 100

3
36,75 · 10 18,50 · 10
36,75 · 100 18,50 · 100

4
50,24 · 10 75,02 · 10
50,24 · 100 75,02 · 100

5
28,4 · 10 79,2 · 10
28,4 · 100 79,2 · 100

6
145 · 10 764 · 10
145 · 100 764 · 100

3,8 · 10 = 38
3,8 · 100 = 380
3,8 · 1000 = 3800

7
0,25 · 10 7,04 · 10
0,25 · 100 7,04 · 100
0,25 · 1000 7,04 · 1000

Auch für die Division von Dezimalbrüchen durch 10 oder 100 gibt es eine Kurzform:

Division durch 10	*Division durch 100*
Komma 1 Stelle nach links	*Komma 2 Stellen nach links*
375,20 : 10 = 37,52	*375,20 : 100 = 3,752*

8
125,2 : 10 308,5 : 10
125,2 : 100 308,5 : 100

9
630,2 : 10 214,0 : 10
630,2 : 100 214,0 : 100

10
85,36 : 10 34,02 : 10
85,36 : 100 34,02 : 100

11
2,7 : 10 0,4 : 10
2,7 : 100 0,4 : 100

12
471 : 10 625 : 10
471 : 100 625 : 100

13
93 : 10 82 : 10
93 : 100 82 : 100

125,5 : 10 = 12,55
125,5 : 100 = 1,255
125,5 : 1000 = 0,1255

14
56,2 : 10 3,05 : 10
56,2 : 100 3,05 : 100
56,2 : 1000 3,05 : 1000

Umzug in die neue Wohnung

In der Gardinenabteilung

Rechne aus, wie viel Meter Vorhangstoff Frau Geier insgesamt benötigt.

Aufgabe $2{,}70\ \text{m} \cdot 4$

Überschlag $3 \cdot 4 = \blacksquare$

Rechnung $2{,}70 \cdot 4$
$10{,}80$

Antwort *Frau Geier benötigt 10,80 m Vorhangstoff.*

1 Petra braucht für ihr Zimmer 6 Bahnen Vorhangstoff zu 1,75 m. Wie viel Meter Stoff muss sie kaufen?

2 Frau Kurz braucht für 3 Fenster je 3,80 m Gardinenstoff. Wie viel Meter Gardinenstoff muss sie kaufen?

3 Herr Folz will 6 Stühle neu beziehen. Für einen Stuhl benötigt er 0,55 m Bezugsstoff. Wie viel Meter Bezugsstoff benötigt er insgesamt?

4 Klasse 8a will einen Wandbehang aus Dekostoff gestalten. Sie wählt 2,65 m Dekostoff, der 14 DM je Meter kostet. Berechne den Gesamtpreis.

5
$2{,}18 \cdot 4$
$5{,}75 \cdot 6$
$3{,}28 \cdot 3$
$7{,}42 \cdot 5$

6
$4{,}26 \cdot 9$
$8{,}34 \cdot 4$
$6{,}93 \cdot 7$
$9{,}67 \cdot 8$

7
$3{,}04 \cdot 34$
$5{,}07 \cdot 21$
$2{,}09 \cdot 56$
$7{,}03 \cdot 38$

8
$5{,}10 \cdot 82$
$8{,}30 \cdot 66$
$6{,}80 \cdot 73$
$9{,}40 \cdot 45$

9 *
$13{,}58 \cdot 12$
$51{,}69 \cdot 26$
$24{,}72 \cdot 51$
$62{,}84 \cdot 35$

10 *
$35{,}07 \cdot 32$
$27{,}04 \cdot 53$
$75{,}09 \cdot 24$
$46{,}03 \cdot 17$

11 *
$20{,}36 \cdot 65$
$50{,}23 \cdot 37$
$80{,}52 \cdot 22$
$30{,}75 \cdot 58$

12 *
$42{,}12 \cdot 24$
$71{,}34 \cdot 15$
$36{,}57 \cdot 32$
$25{,}81 \cdot 46$

162,96 1343,94 275,60 1260,72 782,51
1433,12 1122,24 2199,40 1802,16

1253,64 1858,51 1010,88 1187,26
1771,44 1783,5 1070,1 1170,24 1323,4

Berechne den Meterpreis.

Aufgabe	*16,50 DM : 3*
Überschlag	*15 : 3 = ■*
Rechnung	*16,50 : 3 = 5,50*
	15
	15
	15
	00
	0
	0

Antwort 1 m kostet 5,50 DM.

1

Herr Bach hat Vorhangstoff für 3 Fenster zum Preis von 124,50 DM gekauft. Berechne den Preis für 1 Fenster.

2

Semra will aus einem Stoffrest von 2,78 m zwei gleich große Bahnen schneiden. Wie lang wird eine Bahn?

3

Aus einem Stoffrest von 1,80 m will Frau Ringel 4 gleich große Kissenbezüge nähen. Wie viel Meter Stoff muss sie für jeden Bezug abmessen?

4

Die Lehrerin hat für den Nähkurs 3,15 m Stoff gekauft, der an 9 Schülerinnen gleichmäßig verteilt wird. Wie viel Meter Stoff erhält jede Schülerin?

5

2,52 : 6
3,44 : 4
9,24 : 7
7,77 : 3

6

12,35 : 5
13,18 : 2
25,76 : 8
14,60 : 4

9 *

15,60 : 12
70,40 : 22
117,60 : 49
40,50 : 15

10 *

117,60 : 21
129,20 : 38
111,80 : 13
113,40 : 42

3,2	2,7	3,4	4,3	5,6
8,6	2,4	2,7	1,3	

7

55,80 : 9
24,90 : 6
25,26 : 3
35,70 : 5

8 *

0,72 : 3
0,96 : 4
0,84 : 6
0,91 : 7

11 *

44,80 : 14
132,50 : 25
49,50 : 33
128,80 : 46

12 *

160,40 : 20
420,60 : 60
360,90 : 30
250,50 : 50

5,3	11,04	8,02	1,5	3,2
5,01	7,01	12,03	2,8	

In der neuen Wohnung

Berechne die Größe des Teppichbodens.

Aufgabe	*3,54 · 4,32*	
Überschlag	*4 m · 4 m = ▪ m²*	
Rechnung	*3,54 · 4,32*	***1. Schritt*** *Multipliziere, ohne das Komma zu beachten.*
	1416	
	1062	***2. Schritt*** *Zähle, wie viele Stellen hinter dem Komma beide Zahlen zusammen haben.*
	708	
	15,2928	***3. Schritt*** *Setze das Komma so, dass das Ergebnis ebenso viele Stellen hinter dem Komma hat.*
Runden	*15,29*	***4. Schritt*** *Runde das Ergebnis.*

Antwort
Der Teppichboden ist 15,29 m² groß.

1

Herr Köhler misst das Wohnzimmer aus. Die Länge beträgt 5,38 m, die Breite 4,15 m. Berechne die Fläche des Wohnzimmers. Runde auf 2 Stellen hinter dem Komma.

2

Lisann und Claudia messen das Kinderzimmer aus. Es ist 3,75 m breit und 4,28 m lang. Wie groß ist die Fläche des Kinderzimmers? Runde auf 2 Stellen hinter dem Komma.

1
2,8 · 7,4
3,2 · 4,6
5,3 · 2,5
6,4 · 3,9

2
3,5 · 4,3
1,7 · 5,4
4,8 · 6,3
7,5 · 3,6

9,18 14,72 15,05 13,25 23,54
20,72 30,24 27,00 24,96

3
2,4 · 6,2
5,3 · 4,8
8,2 · 2,9
4,7 · 3,5

4
5,1 · 3,4
9,3 · 6,2
1,8 · 4,7
3,7 · 5,6

9,28 14,88 20,72 57,66 8,46
16,45 25,44 17,34 23,78

Runde auf 2 Stellen hinter dem Komma.

5
4,19 · 3,5
2,34 · 5,2
6,47 · 2,6
3,22 · 4,7

6
6,72 · 4,6
1,65 · 6,7
5,34 · 2,8
8,23 · 5,4

11,06 12,17 14,67 15,13 18,36
14,95 30,91 44,44 16,82

7
1,8 · 3,16
3,4 · 2,69
5,6 · 4,27
4,7 · 6,53

8
2,5 · 4,26
6,2 · 5,41
9,4 · 2,35
7,3 · 3,25

9,15 11,43 10,65 23,73 30,69
23,91 5,69 33,54 22,09

Runde auf 2 Stellen hinter dem Komma.

5,04 · 1,3
504
1512
6,552
6,55

9
2,07 · 4,8
6,03 · 3,4
5,08 · 2,6
7,02 · 9,2

9,94 10,15 13,21 20,50 64,58

10*
3,09 · 4,17
8,06 · 5,23
4,09 · 1,65
9,05 · 3,51

11*
1,04 · 3,10
2,08 · 5,30
7,03 · 2,80
5,02 · 4,60

3,22 6,75 7,65 11,02
12,89 19,68 23,09 31,77 42,15

Runde auf 2 Stellen hinter dem Komma.

2,5 · 4,02
100
00
50
10,050
10,05

12
3,2 · 2,05
5,4 · 4,01
2,7 · 6,08
4,5 · 3,04

6,56 13,68 16,42 18,74 21,65

13*
0,9 · 2,14
0,7 · 3,26
0,5 · 6,49
0,3 · 4,93

14*
5,8 · 0,74
3,6 · 0,57
7,2 · 0,24
2,9 · 0,85

1,48 1,93 1,73 2,05
2,28 2,47 3,25 4,29 3,68

Das Kinderzimmer wird eingerichtet

Rechne aus, wie viele Regale von 0,75 m Breite an der Wand von 3 m Platz haben.

Aufgabe $3 : 0{,}75 = \blacksquare$

Erweitern $300 : 75$

Rechnung $300 : 75 = \underline{\underline{4}}$
$\underline{300}$
0

Antwort
Es haben 4 Regale an der Wand Platz.

Bei der Division durch einen Dezimalbruch musst du zuerst den Bruch in eine ganze Zahl verwandeln.
Dazu erweiterst du beide Zahlen der Aufgabe mit 10, 100, 1000 usw.

Beispiele
$0{,}5 \cdot 10 = 5$
$0{,}03 \cdot 100 = 3$
$0{,}008 \cdot 1000 = 8$

1
Lars möchte aus einem 3 m langen Brett einzelne Bretter für ein 0,50 m breites Bücherregal sägen. Wie viele Bretter von 0,50 m Länge erhält Lars?

2
Meike baut ein Regal für Kassetten, das 0,25 m breit werden soll.
Wie viele Bretter kann sie dafür aus einem 2 m langen Brett sägen?

3
Reiner sägt 0,75 m lange Bretter für Einlegeböden ab. Wie viele Böden erhält er aus einem 4,50 m langen Brett?

4
Eileen braucht für ein CD-Regal 0,15 m lange Bretter. Wie viele Bretter bekommt sie aus einem 1,20 m langen Brett?

1

Für einen Kleiderschrank sind im Schlafzimmer 3 m Platz vorhanden. Wie viele Schrankelemente zu 0,50 m Breite können von Herrn Fux angeschafft werden?

2

Frau Esser will aus einem Stoffrest von 3 m Kissenbezüge für die Sitzecke nähen. Für einen Bezug benötigt sie 0,60 m. Wie viele Bezüge kann sie anfertigen?

3

Felix montiert eine 4 m lange Leiste zum Aufhängen von Postern.
Wie viele Poster passen nebeneinander, wenn ein Poster 0,80 m breit ist?

4 *

Das Kinderzimmer ist 20 m^2 groß.
Es soll mit Teppichfliesen von 0,40 m^2 ausgelegt werden. Rechne aus, wie viele Fliesen nötig sind.

5

6 : 0,5
5 : 0,2
20 : 0,4
9 : 0,3

6

4 : 0,25
18 : 0,75
12 : 0,15
21 : 0,35

7

9 : 1,5
20 : 2,5
14 : 3,5
9 : 4,5

8

32 : 1,6
72 : 2,4
63 : 1,8
27 : 2,7

9

7 : 0,2
6 : 0,4
9 : 0,5
12 : 0,3
18 : 0,9

10

7 : 0,35
4 : 0,25
6 : 0,75
9 : 0,12
6 : 0,15

11 *

5 : 2,5
7 : 1,4
9 : 1,8
6 : 1,5
8 : 1,6

12 *

27 : 4,5
42 : 3,5
36 : 2,4
80 : 3,2
39 : 2,6

12 8 16 35 20 75 60 80 24
30 16 50 25 15 40 18 40 20 6

5 4 2 15 25 6 35 8 10 30
4 2 20 15 7 5 6 12 5

Neue Fliesen für Küche und Bad

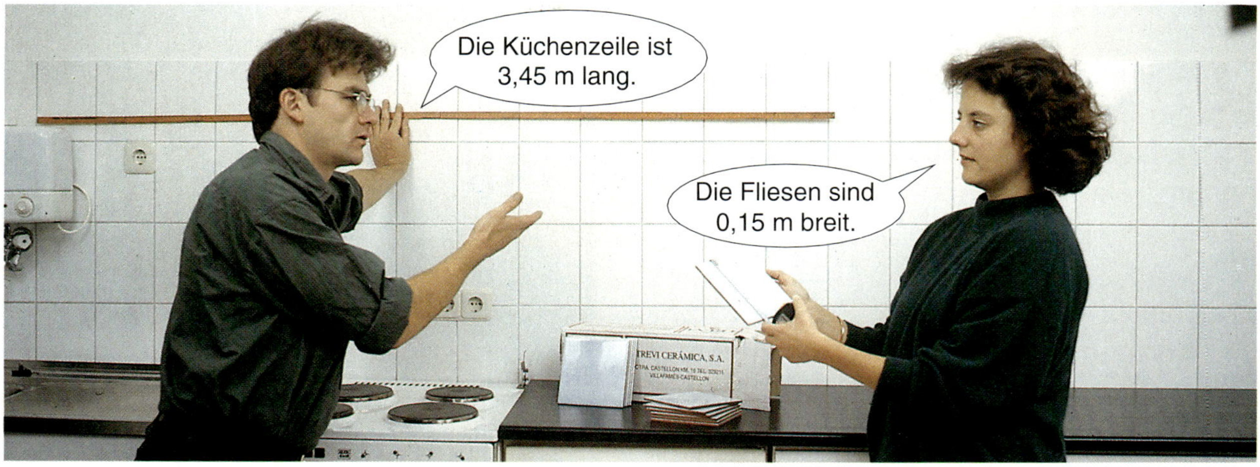

Berechne, wie viele Fliesen zu 0,15 m Breite in einer Reihe benötigt werden.

Aufgabe $3{,}45 : 0{,}15 = \blacksquare$

Erweitern $345 : 15$

Rechnung

$$\begin{array}{l} 345 : 15 = \underline{\underline{23}} \\ \underline{30} \\ \ \ 45 \\ \ \ \underline{45} \\ \ \ \ \ 0 \end{array}$$

Antwort *Es werden 23 Fliesen pro Reihe benötigt.*

Für den Fußboden der Küche sind quadratische Fliesen von 0,25 m vorgesehen. Der Boden ist 3,75 m lang und 2,75 m breit.

1 Wie viele Fliesen passen nebeneinander auf die Länge?

2 Wie viele Fliesen passen nebeneinander auf die Breite?

3 Wie viele Fliesen braucht man insgesamt?

1

Frau Körber möchte in der Küche eine Fußleiste aus Platten haben.
Die Sockel sind insgesamt 14,25 m.
Wie viele Platten von 0,25 m Länge benötigt Frau Körber?

2

Die Sockellänge im Badezimmer beträgt 8,70 m. Wie viele Sockelfliesen zu 0,30 m Länge werden gebraucht?

3 *

Fliesenleger Wolf berechnet für 12,50 m^2 verlegte Bodenplatten 281,25 DM. Rechne aus, wie viel DM ein Quadratmeter kostet.

4 *

Herr Jonas kauft 3,5 m^2 Wandfliesen zu insgesamt 71,75 DM für eine Nische im Badezimmer. Rechne aus, wie viel DM ein Quadratmeter kostet.

5

62,7 : 0,3
56,4 : 0,6
73,5 : 0,5

6

74,2 : 0,7
93,6 : 0,4
102,4 : 0,8

94 86 234 128
147 209 106

7

48,6 : 0,9
26,4 : 0,4
16,8 : 0,7

8

25,2 : 0,3
57,6 : 0,8
25,8 : 0,6

66 39 43 72
54 24 84

9 *

28,52 : 0,23
29,25 : 0,45
17,05 : 0,31

10 *

11,40 : 0,12
25,85 : 0,55
14,75 : 0,25

19 124 95 59
65 55 47

11 *

103,5 : 1,5
118,8 : 2,2
77,5 : 3,1

12 *

50,4 : 1,4
117,5 : 2,5
69,3 : 1,1

69 36 47
56 54 25 63

Anstreichen und tapezieren

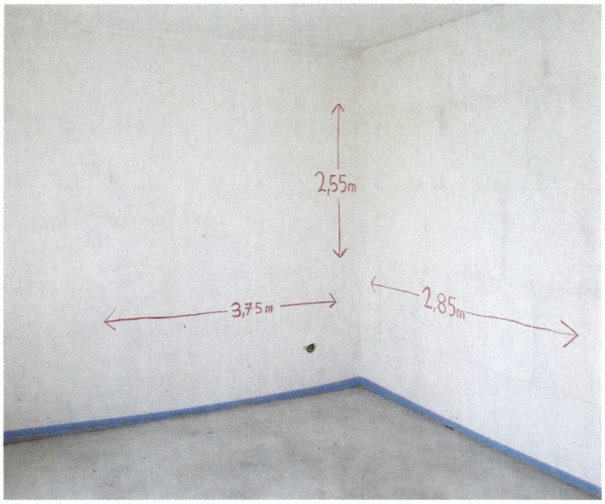

Herr Jansen misst die Zimmerwände für den Anstrich aus.
Simone notiert und rechnet.

Kinderzimmer

Längswand	3,75 m
Stirnwand	2,85 m
Höhe	2,55 m

2 Längswände: 3,75 · 2,55 · 2 = ■
2 Stirnwände: 2,85 · 2,55 · 2 = ■
■ m²

Simone benutzt den Taschenrechner.

ON/C — 3.75 — × — 2.55 — × — 2 — = — 19.125 — M+ —

2.85 — × — 2.55 — × — 2 — = — 14.535 — M+ —

MRC — 33.66

Die Wände haben eine Fläche von 33,66 m².

Berechne ebenso die Wandflächen dieser Räume.
Runde, wenn nötig, auf 2 Stellen hinter dem Komma.

1 **Schlafzimmer**

Längswand	4,96 m
Stirnwand	4,35 m
Höhe	2,55 m

2 **Wohnzimmer**

Längswand	5,85 m
Stirnwand	4,62 m
Höhe	2,55 m

3 **Flur**

Berechne die Deckenfläche.

Länge	2,40 m
Breite	1,80 m

4 **Abstellkammer**

Berechne die Bodenfläche.

Länge	1,45 m
Breite	1,20 m

Für wie viele Bahnen reicht eine Rolle Prägetapete bei einer Raumhöhe von 2,85 m?

Aufgabe 10,05 : 2,85 = ▢

Rechnung mit dem Taschenrechner

[ON/C] — [1][0][.][0][5] — [÷] — [2][.][8][5] — [=]

[3][.][5][2][6][3][1][5][7]

Antwort
Aus einer Rolle erhält Herr Jansen 3 ganze Bahnen.

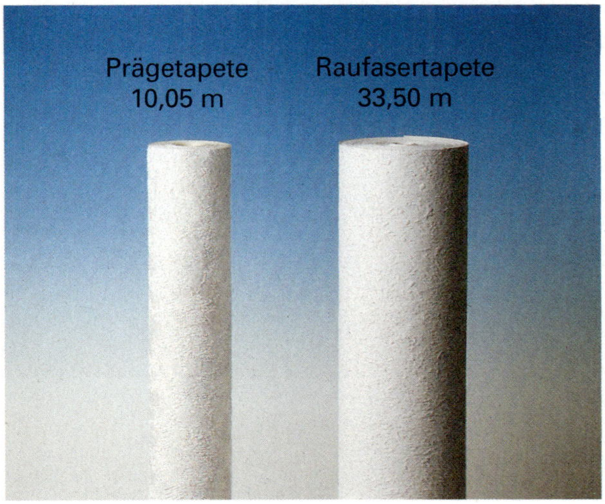

1
Wie viele Bahnen können aus einer Rolle Raufasertapete bei einer Raumhöhe von 2,55 m geschnitten werden? Runde auf ganze Zahlen.

2
Berechne die Anzahl der Bahnen aus einer Rolle Raufasertapete bei einer Raumhöhe von 2,80 m. Runde auf ganze Zahlen.

Runde, wenn nötig, auf 2 Stellen nach dem Komma.

3
15,34 : 3,25
18,36 : 5,26
25,84 : 6,18
14,25 : 6,25

4
26,46 : 5,25
35,85 : 7,43
43,54 : 8,32
18,89 : 4,48

2,28 3,49 3,64 4,22 4,72
4,83 5,23 5,04 4,18

5
8,54 : 3,05
13,86 : 4,02
31,50 : 5,04
11,33 : 2,06

6
30,4 : 0,4
28,2 : 0,6
41,6 : 0,8
18,9 : 0,3

76 6,25 4,26 5,5 52
3,45 47 2,8 63

7
3,76 · 4,5
6,32 · 5,7
4,79 · 3,2
8,24 · 7,3

8
12,27 · 6,5
26,45 · 2,6
43,64 · 9,8
34,83 · 8,4

15,33 36,02 50,34 427,67
79,76 292,57 60,15 16,92 68,77

9*
2,05 · 4,08
5,07 · 8,04
7,09 · 5,06
3,08 · 9,02

10*
5,30 · 0,27
3,60 · 0,52
8,40 · 0,38
6,70 · 0,86

1,87 40,76 2,65 1,43 8,36
35,88 5,76 3,19 27,78

Obst- und Gemüsemarkt

Wie viel DM kostet ein Kilogramm Kirschen?

> *5 kg Kirschen kosten 9,75 DM*
> *1 kg Kirschen kostet 9,75 DM : 5*
>
> *Rechnung 9,75 : 5 = ■*
>
> *Antwort*
> *Ein kg Kirschen kostet ■ DM.*

1
Bauer Eder bietet fünf Kohlrabi im Bund für 2,10 DM an.
Wie viel DM kostet eine Kohlrabi?

2
Obsthändler Lang bietet einen Korb mit 15 kg Pflaumen für 34,50 DM an.
Wie viel DM kostet ein Kilogramm?

3
Ein Beutel mit Zitronen kostet 2,45 DM.
Er enthält 7 Zitronen.
Wie viel kostet eine Zitrone?

4
Im Sonderangebot gibt es Bananen.
Drei Kilogramm kosten 7,47 DM.
Wie viel DM kostet ein Kilogramm?

5
Frau Götz kauft 3 Ananas für 10,20 DM.
Die Nachbarin kauft ihr eine Ananas ab.
Wie viel DM muss die Nachbarin zahlen?

6
Unterwegs teilen sich vier Freunde einen Beutel mit 24 Mandarinen für 3,96 DM.
Wie viel DM muss jeder anteilig zahlen?

7
Eine Kiste Pfirsiche kostet 7,84 DM.
Sie enthält 28 Früchte.
Wie viel kostet ein Pfirsich?

8
Drei Köpfe Eisbergsalat kosten im Sonderangebot zusammen 3,99 DM.
Wie viel DM kostet ein Kopf Salat?

9 Berechne den Kistenpreis.

Direkt vom Erzeuger!

13 Kisten Pfirsiche	109,85 DM
25 Kisten Boskop	612,50 DM

10 Berechne den Kilopreis.

Direkt vom Erzeuger!

40 kg Birnen	136,00 DM
30 kg Mirabellen	73,50 DM

Welche Äpfel sind preiswerter?
Berechne den Kilopreis.

Cox Orange
3 kg kosten 11,67 DM
1 kg kostet 11,67 DM : 3 = ■ DM

Jona Gold
5 kg kosten 21,00 DM
1 kg kostet 21,00 DM : 5 = ■ DM

1
Welche Kartoffelsorte ist billiger?

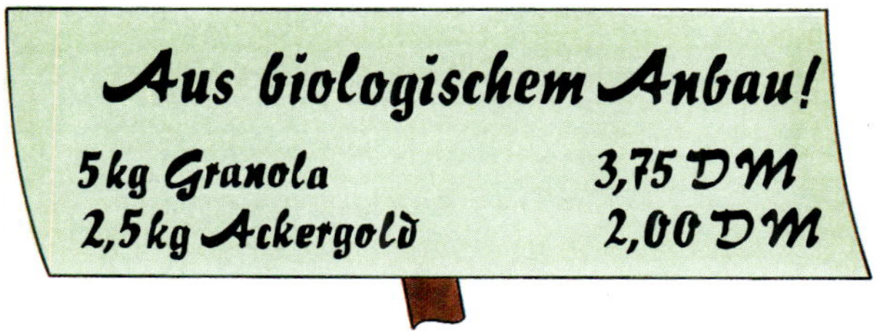

2
Welche Trauben sind preisgünstiger?

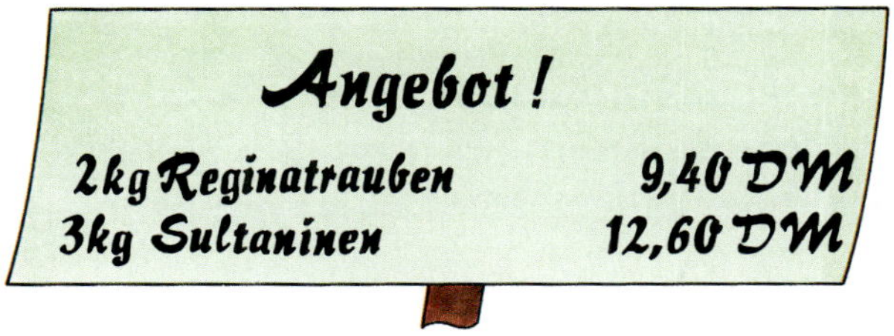

3
Welche Apfelsine ist pro Stück billiger?

4
Vergleiche die Preise für Pampelmusen.

5*
Berechne den genauen Preisunterschied.

6*
Berechne den genauen Preisunterschied.

Ein Tag im Fotoladen

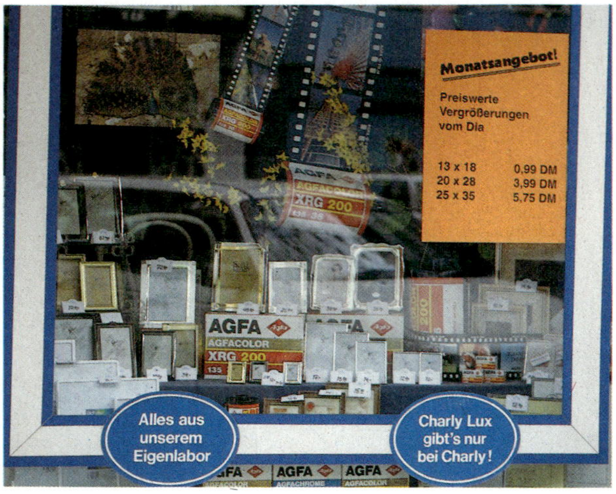

Frau Baumann möchte für ihre Kinder von einem Dia Vergrößerungen machen lassen. Sie bestellt 3 Vergrößerungen im Format 20 x 28 cm.
Wie viel DM kostet das insgesamt?

Aufgabe
1 Vergrößerung kostet ■ DM
3 Vergrößerungen kosten 3 · ■ DM

Antwort
Die 3 Vergrößerungen kosten ■ DM.

1
Jan lässt von einem Feriendia 2 Vergrößerungen im Format 25 x 35 cm machen. Wie viel DM muss er bezahlen?

2
Anke lässt 12 Dias von der Klassenfahrt im Format 13 x 18 cm vergrößern. Wie viel DM muss sie bezahlen?

3
Corinna bestellt 24 farbige Abzüge. Ein Abzug kostet 0,59 DM. Welchen Betrag muss sie bezahlen?

4
Markus lässt 30 Abzüge in schwarzweiß machen. Ein Abzug kostet 0,49 DM. Welchen Betrag muss er bezahlen?

5
Kevin lässt von einem Dia drei Poster im Format 25 x 35 cm anfertigen. Wie viel DM kosten die Poster zusammen?

6
Lisa bestellt von einem Film 36 Abzüge. Ein Abzug im Format 9 x 13 cm kostet 0,49 DM. Wie viel DM bezahlt sie?

7
Herr Berger kauft vier Farbfilme. Ein Film kostet 6,65 DM. Wie viel DM kosten die Filme zusammen?

8
Frau Hecker kauft 5 Diafilme. Ein Film kostet im Sonderangebot 7,98 DM. Berechne die Kosten für alle Filme.

9
Nana braucht 6 neue Passfotos. Ein Foto kostet 2,95 DM. Wie viel DM muss Nana für die Fotos bezahlen?

10
Familie Öztürk lässt für die Großeltern 4 Familienfotos zu 14,25 DM machen. Berechne den Gesamtpreis.

1

Brita und Erkan kaufen für die Foto-AG 12 Dia-Kästen. Berechne die Kosten.

2

Herr Jung kauft 800 Dia-Rahmen. Wie viel DM muss er bezahlen?

3*

Laura und Lucas kaufen 4 Packungen Dia-Rähmchen. Sie bezahlen mit einem 50-DM-Schein. Wie viel DM erhalten sie zurück?

4

Tobias will jeder seiner beiden Schwestern ein Fotoalbum zu 13,75 DM schenken. Wie viel DM muss er auslegen?

5

Frau Henkel kauft 3 kleine Fotoalben. Ein Album kostet 3,79 DM. Rechne aus, wie viel DM Frau Henkel bezahlen muss.

6

Herr Köhler kauft 4 Sofortbildfilme. Ein Film kostet 19,85 DM. Wie viel DM kosten die 4 Filme?

7

Tino kauft 4 rahmenlose Bildträger zum Stückpreis von 3,29 DM. Wie viel DM muss Tino bezahlen?

8

Frau Bieger will 3 Rahmen im Format 40 x 50 kaufen. Rechne aus, wie viel DM die Rahmen kosten.

9

Eva kauft 7 Rahmen im Format von 13 x 18. Wie viel DM muss Eva bezahlen?

10*

Peter kauft 5 Rahmen im Format 24 x 30. Er bezahlt mit zwei 20-DM-Scheinen. Wie viel DM bekommt er zurück?

Im Betriebspraktikum

1

Ines macht ihr Betriebspraktikum in der Großwäscherei Burger.
Dort gibt es 5 gleich große Waschmaschinen.
3 davon sind mit 120 kg Wäsche gefüllt. Wie viel Kilogramm Wäsche können gewaschen werden, wenn die 5 Maschinen gefüllt sind?

1. Schritt	*3 Maschinen waschen 120 kg Wäsche*
2. Schritt	*1 Maschine wäscht* 120 : 3 = 40 12 00 0 0
3. Schritt	*5 Maschinen waschen* 40 · 5 = ■
Antwort	*Alle 5 Maschinen waschen ■ kg Wäsche.*

2

In einer anderen Großwäscherei werden in 4 Waschmaschinen 240 kg Wäsche gewaschen.
Wie viel Kilogramm Wäsche können in 9 Maschinen gewaschen werden?

3

Von 8 gleich großen Waschmaschinen sind 7 mit 560 kg Wäsche gefüllt.
Wie viel Kilogramm Wäsche können gewaschen werden, wenn alle Maschinen gefüllt sind?

4

Eine Büglerin hat 8 Oberhemden in 72 Minuten gebügelt. Wie lange braucht sie für 12 Oberhemden?

5*

Für drei Waschdurchgänge werden 225 Minuten benötigt. Wie lange dauern dann zwei Waschdurchgänge?

1

In 270 Minuten werden 6 Chargen (Ladungen) Kleidung chemisch gereinigt. Wie viel Minuten müssen für 10 Chargen angesetzt werden?

Antwort
Für 10 Chargen müssen ■ Minuten angesetzt werden.

✶ Gib die Zeit in Stunden an.

6 Chargen werden in 270 Min. gereinigt.

1 Charge in $270 : 6 = \underline{\underline{45}}$

$$\begin{array}{r} 270 \\ \underline{24} \\ 30 \\ \underline{30} \\ 0 \end{array}$$

10 Chargen in $45 \cdot 10 =$ ■ *Minuten.*

2

Tino hat sein Praktikum an einer Lehrbaustelle gemacht. In 20 Minuten hat er 4 Schubkarren beladen.
Wie viel Minuten wird er für das Beladen von 5 Schubkarren brauchen?

3

In 120 Minuten hat Tino eine Probemauer von 80 cm Höhe gebaut.
Wie viel Zeit wird er für die Höhe von 100 cm brauchen?

4

Verena arbeitet in einem Versandlager. Sie hat 45 Kataloge in 3 gleich große Kartons verpackt. Wie viele Kartons benötigt sie, um weitere 75 Kataloge zu verpacken?

5✶

In 2 Stunden hat Verena 48 Werbesendungen versandfertig verpackt. Sie muss 72 Sendungen zusätzlich einpacken.
Wie viel Zeit wird sie benötigen?

Heimwerkermarkt

Tabellen enthalten kurze Informationen.
Diese Tabellen zeigen an, wie viel Farbe für eine bestimmte Fläche erforderlich ist.
Hier gilt: Je mehr Fläche, desto mehr Material ist nötig.

1

Lies aus der Tabelle ab, wie viel Lack für 3 m² (5 m², 7 m², 9 m²) Fläche erforderlich ist.

2

Welche Fläche kann man mit 150 cm³ (300 cm³, 450 cm³, 750 cm³) Lack streichen? Nutze die Tabelle.

Richtwerte für den Verbrauch										
Fläche m²	1	2	3	4	5	6	7	8	9	10
Lack cm³	75	150	225	300	375	450	525	600	675	750

3

Setze die Tabelle für Wandfarbe bis 300 m² fort.

Wandfarbe					
m²	30	60	90	120	150
ℓ	5	10	15	20	25

4

Setze die Tabelle für Fassadenfarbe bis 350 m² fort.

Fassadenfarbe					
m²	35	70	105	■	■
ℓ	5	10	■	■	■

5

Ergänze die Tabelle für Abtönfarbe.

Abtönfarbe					
Fläche m²	1	2	3	4	5
Farbe ℓ	0,15	0,30	■	■	■

6

Ergänze die Tabelle für Ofenrohrlack.

Ofenrohrlack					
Fläche m²	1,6	3,2	■	■	■
Lack cm³	100	■	■	■	■

7

Stelle eine Tabelle für den Verbrauch von Buntlack auf. Für 1 m² braucht man 120 cm³ Buntlack.
Trage 1 m² bis 10 m² Fläche ein.

8*

Stelle eine Tabelle für den Verbrauch von weißer Farbe auf. Für 50 m² Fläche werden 10 ℓ Farbe benötigt.
Denke dir geeignete Werte aus.

Der Verbrauch kann auch aus Schaubildern abgelesen werden.

Korkkleber

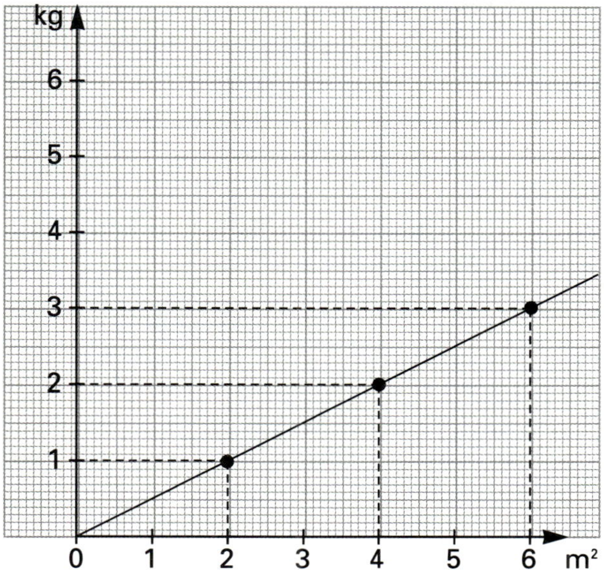

Spezialkleber

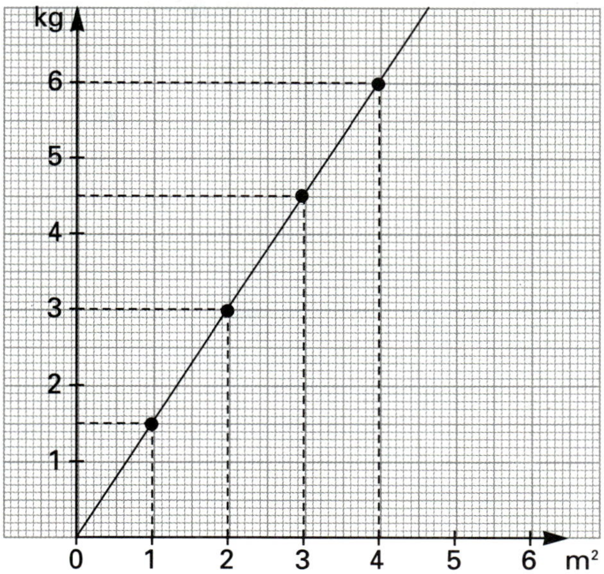

1

Lies aus der Grafik ab, wie viel Kilogramm Korkkleber für 2 m^2, (4 m^2, 6 m^2) erforderlich sind.

2

Lies aus der Grafik ab, wie viel Kilogramm Spezialkleber für 1 m^2, (2 m^2, 3 m^2) benötigt werden.

3

Überlege anhand der Grafik, wie viel Kilogramm Korkkleber für 1 m^2 (5 m^2) Fläche erforderlich sind.

4

Wie viel Kilogramm Spezialkleber wird für eine Fläche von 4 m^2 gebraucht? Nutze dafür die Grafik.

5*

Fertige eine Tabelle für Korkkleber von 1 m^2 bis 10 m^2 an.

6*

Fertige für den Spezialkleber eine Tabelle von 1 m^2 bis 10 m^2 an.

7

Auf einer Dose mit Holzschutzlasur steht: 1 Liter für ca. 6 m^2 (2 Anstriche). Fertige dazu eine Grafik an, auf der du den Verbrauch ablesen kannst.

8*

Eine Dose Decolasur von 0,75 Liter Inhalt reicht für 4 m^2 (2 Anstriche). Fertige dazu eine Grafik an, auf der du den Verbrauch ablesen kannst.

Wasser und Energie sparen

1 In Nordrhein-Westfalen verbraucht ein Bürger durchschnittlich 152,9 Liter Wasser pro Tag (Stand 1991).
a) Berechne den Wasserverbrauch einer vierköpfigen Familie pro Tag.
b) Berechne den Wasserverbrauch für eine Person in einem Monat (30 Tage).
c) Berechne den monatlichen Wasserverbrauch für vier Personen.

2

Ein tropfender Wasserhahn verliert in einer Stunde 0,7 Liter Wasser. Berechne den Wasserverlust pro Tag (24 Stunden) und pro Jahr (365 Tage).

3

Beim Duschen spart man gegenüber einem Vollbad etwa 95 Liter wertvolles Trinkwasser. Wie viel Liter macht das bei 25 Duschbädern aus?

4

In einer Minute fließen 20 Liter Wasser durch die Dusche. Bei einem Durchflussbegrenzer lässt sich die Menge auf 12 Liter vermindern.
Berechne die Wasserersparnis
a) bei 5 Minuten Duschzeit.
*b) bei 3 Duschbädern einer 4köpfigen Familie (5 Minuten).

5*

Berechne für jedes Spülprogramm den Wasserverbrauch in einem halben Jahr (26 Wochen), wenn täglich gespült wird.

Wasserverbrauch einer Spülmaschine	
Intensivprogramm	26 ℓ
Normalprogramm	20 ℓ
Sparprogramm	15 ℓ

6

Um Leitungswasser zu sparen, gießt Herr Berger mit Regenwasser. Die Regentonne enthält 800 Liter Wasser. Wie viele Gießkannen zu 12 Liter kann er etwa füllen? Runde das Ergebnis.

7

Eine Familie kann durch vernünftigen Umgang mit wertvollem Trinkwasser jeden Tag 20 Liter einsparen. Rechne aus, wie viel Liter Wasser diese Familie in einem Jahr einsparen kann.

Energie ist ein wertvolles Gut, das nicht unbegrenzt zur Verfügung steht. Deshalb muss Energie gespart werden. Jeder kann einen Beitrag leisten. Energie-Spar-Tips geben z. B. die Medien und Verbraucherberatungsstellen. Die Industrie entwickelt energiesparende Produkte.

Energieverbrauch 1989

1

Erläutere die nebenstehende Grafik.

2

Die Kühlschränke der neuen Generation brauchen erheblich weniger Strom. Familie Pütz braucht einen neuen Kühlschrank. Der Verkäufer erklärt den Verbrauch eines 100-ℓ-Modells.
1980 Verbrauch in 30 Tagen 25,2 kWh
1991 Verbrauch in 30 Tagen 14,8 kWh
(kWh = Kilowattstunde)

a) Wie hoch ist der Jahresverbrauch (360 Tage) in kWh?
b) Wie hoch ist die Ersparnis pro Jahr in kWh im Vergleich zu 1980?

3

Frau Bernd interessiert sich für einen Gefrierschrank mit 100 Liter Nutzinhalt. Auf ihre Frage nach dem Stromverbrauch erhält sie in ihrem Fachgeschäft die folgenden Informationen.
1980 Verbrauch in 30 Tagen 36 kWh
1991 Verbrauch in 30 Tagen 27 kWh
(kWh = Kilowattstunde)

a) Berechne den Verbrauch im Jahr (360 Tage) in kWh.
b) Berechne die Stromeinsparung in einem Jahr im Vergleich zu 1980.

4

Energiesparlampen brauchen nur $\frac{1}{5}$ des Stroms von herkömmlichen Glühlampen. Berechne die Einsparung bei 200 kWh.

6

Eine Glühlampe muss nach etwa 980 Betriebsstunden ausgewechselt werden. Die Energiesparlampe hat die achtfache Lebensdauer.
Wie viele Betriebsstunden sind das?

5*

Vergleiche den Verbrauch von Wasser und Strom bei 1 kg und 5 kg Wäsche.

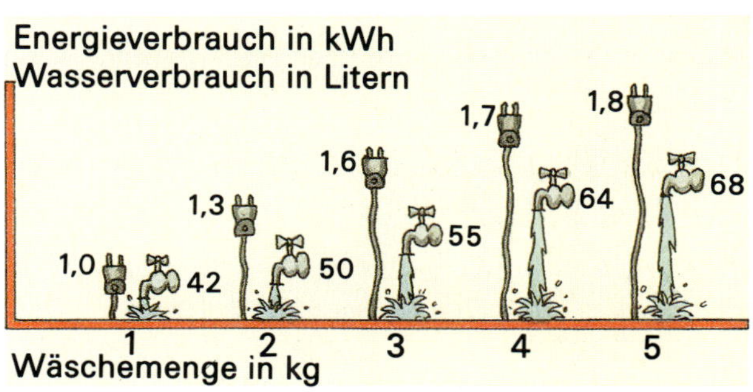

Wir vergleichen Brüche

Um festzustellen, welcher Bruch größer ist, musst du die Brüche so umwandeln, dass man sie vergleichen kann. Hier wird in Hundertstel verwandelt.

1 Was ist größer: $\frac{1}{5}$ oder $\frac{1}{4}$?

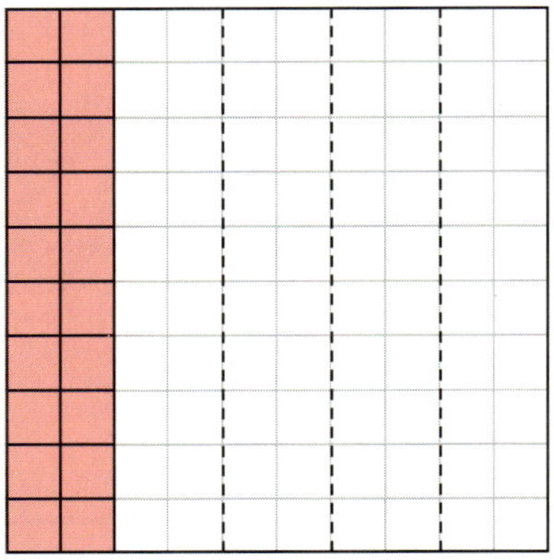

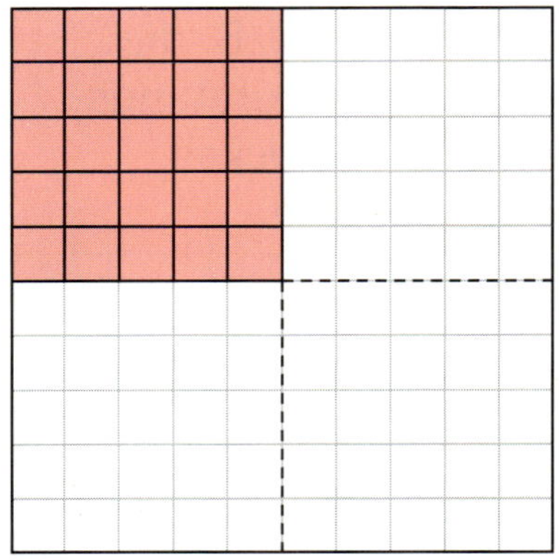

$\frac{1}{5} = \frac{\square}{100}$

$\frac{1}{4} = \frac{\square}{100}$

$\frac{\square}{100} > \frac{\square}{100}$

2 Was ist größer: $\frac{4}{5}$ oder $\frac{3}{4}$?

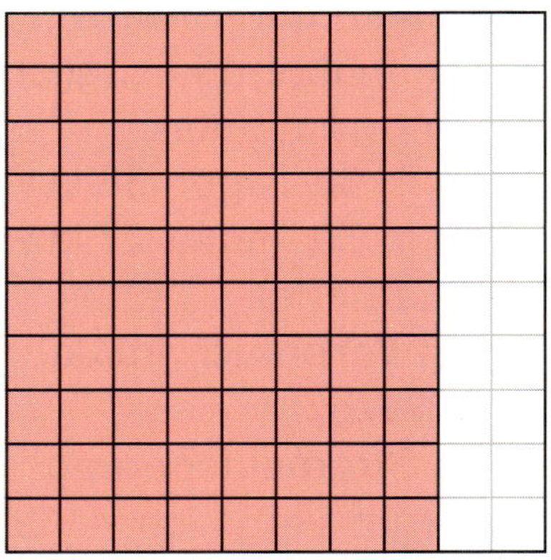

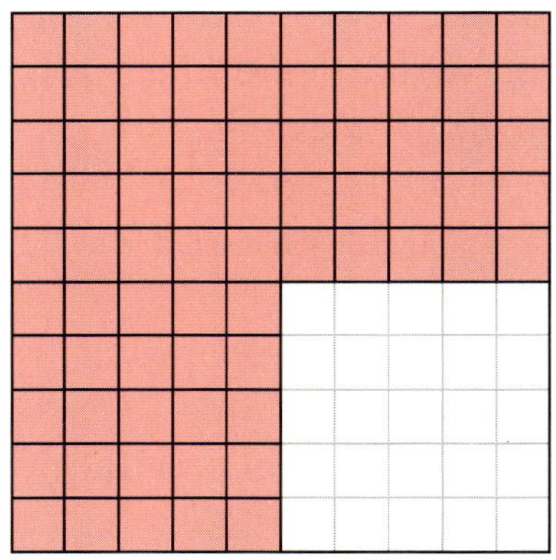

$\frac{4}{5} = \frac{\square}{100}$

$\frac{3}{4} = \frac{\square}{100}$

$\frac{\square}{100} > \frac{\square}{100}$

3 Was ist größer: $\frac{3}{10}$ oder $\frac{7}{20}$?

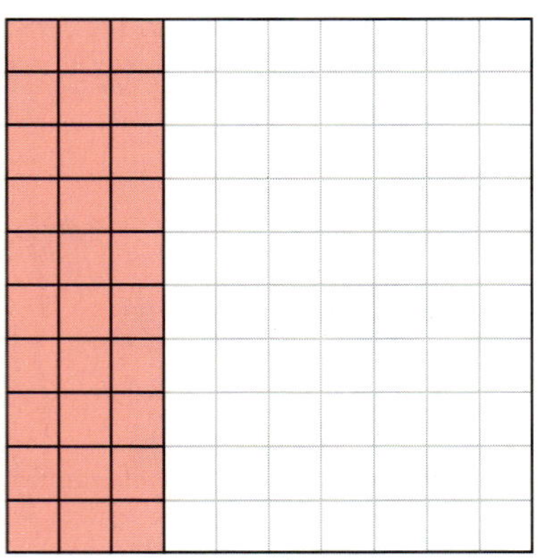

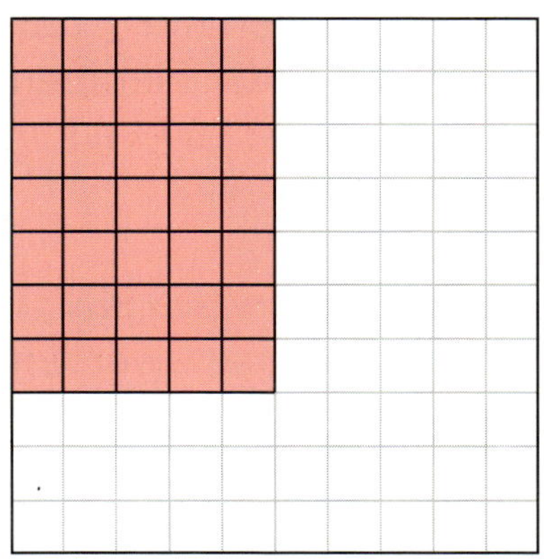

$\frac{3}{10} = \frac{\square}{100}$

$\frac{7}{20} = \frac{\square}{100}$

$\frac{\square}{100} > \frac{\square}{100}$

Wir wandeln Brüche in Hundertstel um durch Erweitern. Erinnere dich,
Erweitern heißt: 1. die Erweiterungszahl feststellen.
2. Zähler und Nenner mit der Erweiterungszahl multiplizieren.

Erweitere $\frac{1}{2}$ auf Hundertstel.

$2 \cdot \square = 100$

$\frac{1}{2} = \frac{1 \cdot \square}{2 \cdot \square} = \frac{50}{100}$

Erweitere auf Hundertstel.

1 $\frac{1}{4}$; $\frac{1}{5}$; $\frac{1}{10}$; $\frac{1}{20}$; $\frac{1}{25}$; $\frac{1}{50}$

2 $\frac{4}{50}$; $\frac{7}{10}$; $\frac{3}{5}$; $\frac{3}{4}$

3 $\frac{1}{25}$; $\frac{2}{10}$; $\frac{7}{50}$; $\frac{6}{10}$

4 $\frac{16}{20}$; $\frac{11}{50}$; $\frac{18}{25}$; $\frac{4}{5}$

5 $\frac{9}{50}$; $\frac{2}{4}$; $\frac{9}{10}$; $\frac{2}{5}$

6 $\frac{4}{25}$; $\frac{35}{50}$; $\frac{8}{10}$; $\frac{4}{5}$

7 $\frac{7}{20}$; $\frac{12}{25}$; $\frac{27}{50}$; $\frac{6}{10}$

Fertige nach dem vorgegebenen Muster Tabellen an.

8

$\frac{1}{2}$	$\frac{\square}{100}$
$\frac{1}{4}$	$\frac{\square}{100}$
$\frac{1}{5}$	$\frac{\square}{100}$
$\frac{1}{10}$	$\frac{\square}{100}$
$\frac{2}{10}$	$\frac{\square}{100}$
$\frac{3}{10}$	$\frac{\square}{100}$
$\frac{5}{10}$	$\frac{\square}{100}$
$\frac{10}{10}$	$\frac{\square}{100}$

9

$\frac{2}{20}$	$\frac{\square}{100}$
$\frac{4}{20}$	$\frac{\square}{100}$
$\frac{6}{20}$	$\frac{\square}{100}$
$\frac{8}{20}$	$\frac{\square}{100}$
$\frac{10}{20}$	$\frac{\square}{100}$
$\frac{12}{20}$	$\frac{\square}{100}$
$\frac{14}{20}$	$\frac{\square}{100}$
$\frac{16}{20}$	$\frac{\square}{100}$

10

$\frac{2}{25}$	$\frac{\square}{100}$
$\frac{4}{25}$	$\frac{\square}{100}$
$\frac{6}{25}$	$\frac{\square}{100}$
$\frac{8}{25}$	$\frac{\square}{100}$
$\frac{10}{25}$	$\frac{\square}{100}$
$\frac{12}{25}$	$\frac{\square}{100}$
$\frac{14}{25}$	$\frac{\square}{100}$
$\frac{16}{25}$	$\frac{\square}{100}$

11

$\frac{5}{50}$	$\frac{\square}{100}$
$\frac{10}{50}$	$\frac{\square}{100}$
$\frac{15}{50}$	$\frac{\square}{100}$
$\frac{20}{50}$	$\frac{\square}{100}$
$\frac{25}{50}$	$\frac{\square}{100}$
$\frac{30}{50}$	$\frac{\square}{100}$
$\frac{35}{50}$	$\frac{\square}{100}$
$\frac{40}{50}$	$\frac{\square}{100}$

12* $\frac{6}{40} = \frac{\square}{100}$

13* $\frac{4}{8} = \frac{\square}{100}$

14* $\frac{9}{15} = \frac{\square}{100}$

15* $\frac{3}{6} = \frac{\square}{100}$

Aus der Ernährungslehre

100 g frischer Paprika enthalten 5 g Kohlenhydrate.

Anteil an Kohlenhydraten

5 g von 100 g oder $\frac{5}{100}$ oder 5 %

Prozent heißt vom Hundert (v. H.).
Das Wort stammt aus dem Italienischen *pro cento,* abgekürzt: p. cto.

cto. → $^{c}t_{o}$ → %

Vollkornreis besteht zu $\frac{3}{4}$ aus Kohlenhydraten.
Wie viel Prozent sind das?

Rechnung

$\frac{3}{4} = 3 : 4$

$3 : 4 = 0{,}75$

$0{,}75 = \frac{75}{100}$

$\frac{75}{100} = 75\,\%$

Antwort *Vollkornreis enthält 75 % Kohlenhydrate.*

Wie viel Prozent sind das?

1

Kohlenhydrate bei

Speiseeis	$\frac{1}{5}$	Roggenbrot	$\frac{1}{2}$
Kakaotrunk	$\frac{1}{10}$	Früchtemüsli	$\frac{68}{100}$

2

Fettanteile bei

Magerquark	$\frac{1}{50}$	Fleischwurst	$\frac{3}{10}$
Schweinekotelett	$\frac{1}{4}$	Putenfleisch	$\frac{3}{100}$

Schreibe als Prozent. Runde auf 2 Stellen nach dem Komma.

3

0,75; 0,9; 0,01; 0,10; 1,00

4

$\frac{1}{100}$; $\frac{7}{100}$; $\frac{13}{100}$; $\frac{25}{100}$; $\frac{100}{100}$

5

$\frac{2}{5}$; $\frac{3}{4}$; $\frac{3}{25}$; $\frac{6}{20}$; $\frac{8}{8}$

6

$\frac{1}{3}$; $\frac{2}{3}$; $\frac{1}{6}$; $\frac{1}{7}$; $\frac{5}{8}$

Fast alle Nahrungsmittel haben einen hohen Wassergehalt.

1

Wie viel Prozent Wasser sind das?

Kohl	0,94
Kartoffel	0,82
Fisch	0,80
Käse	0,50
Vollkornbrot	0,43
Brötchen	0,32
Reis	0,12

Bei Nahrungsmittelpackungen werden die Nährstoffanteile häufig in Gramm angegeben. Die Angaben beziehen sich auf 100 g.

2

Fertige eine Nährstoffliste für Müsli an.

Fett	■ %
Eiweiß	■ %
Kohlenhydrate	■ %

3

Fertige auch solche Listen für die Erdnüsse, die Vollmilchschokolade, den Joghurt und den Magerquark an.

Wie viel Prozent sind das jeweils?

4 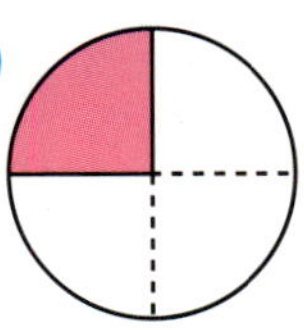 **5** 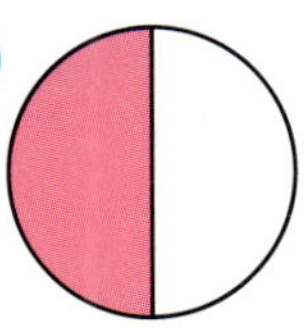 **6** 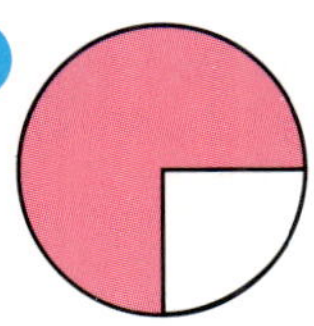 **7** 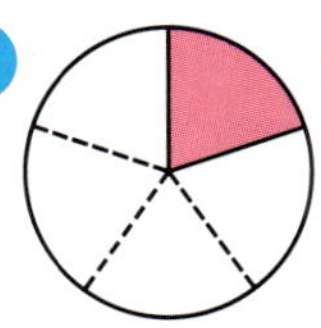 **8** 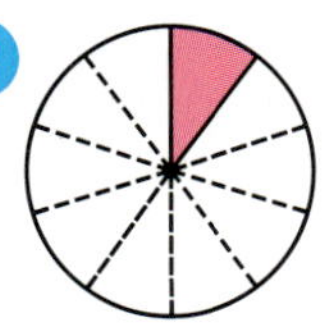 **9** 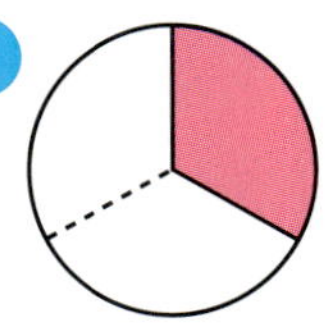

Schreibe die Tabelle in dein Heft und fülle sie aus.

10

Bruch	Dezimalbruch	Prozent
$\frac{1}{2}$	■	■
■	0,20	■
■	■	40 %

11

Bruch	Dezimalbruch	Prozent
$\frac{4}{5}$	■	■
■	0,50	■
■	■	3 %

Jeder zweite …

Die Klasse 8 b hat 14 Schüler.
Jeder zweite besitzt ein Fahrrad.
Wie viel Prozent der Schüler sind das?
Jeder zweite heißt einer von zweien
(jeder dritte heißt einer von dreien …).

Einer von zwei $1 : 2 = \frac{1}{2}$

$\frac{1}{2} = 0{,}50$

$0{,}50 = \frac{50}{100}$

$\frac{50}{100} = 50\ \%$

Anteile können verschieden dargestellt werden.

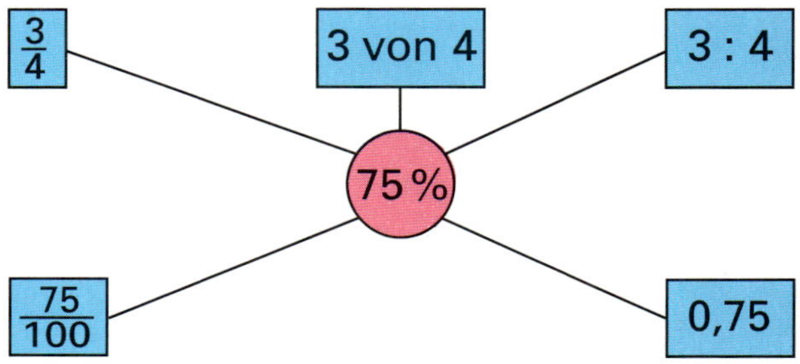

1

Stelle folgende Prozentsätze wie im Beispiel dar.

20 %	25 %	50 %	10 %
70 %	1 %	2 %	5 %

2

Wie viel Prozent macht jeweils eine der farbigen Flächen aus?

100 Kästchen ≙ 100 %

3

Stelle folgende Prozentsätze mit dem Hunderterfeld dar.

8 %	15 %	34 %	65 %
16 %	30 %	47 %	90 %

4

Alle Schüler einer Klasse bestanden die Fahrradprüfung. Wie viel Prozent der Schüler sind das?

5

50 % der Schülerinnen der Oberstufe nehmen am Erste-Hilfe-Kurs teil.
Gib den Anteil als Bruchzahl an.

$\frac{1}{2} = 50\ \%$

1
50 % von 38
50 % von 72
50 % von 94
50 % von 56
50 % von 64

2
50 % von 49
50 % von 63
50 % von 87
50 % von 55
50 % von 91

3
50 % von 340
50 % von 590
50 % von 870
50 % von 430
50 % von 260

4
50 % von 3 000
50 % von 4 200
50 % von 6 730
50 % von 5 480
50 % von 7 526

$\frac{1}{4} = 25\ \%$

5
25 % von 20
25 % von 80
25 % von 60
25 % von 76
25 % von 40

6
25 % von 72
25 % von 96
25 % von 84
25 % von 68
25 % von 92

7
25 % von 240
25 % von 480
25 % von 520
25 % von 840
25 % von 1 000

8
25 % von 4 000
25 % von 8 000
25 % von 20 000
25 % von 1 600
25 % von 3 200

$\frac{1}{10} = 10\ \%$

9
10 % von 300
10 % von 450
10 % von 620
10 % von 1 000
10 % von 700

10
10 % von 75
10 % von 36
10 % von 44
10 % von 99
10 % von 25

$\frac{1}{5} = 20\ \%$

11
20 % von 150
20 % von 400
20 % von 600
20 % von 280
20 % von 300

12
20 % von 1 000
20 % von 2 500
20 % von 3 800
20 % von 10 000
20 % von 30 000

13
Beim Gartenfest gewinnt jedes zehnte Los. Wie viel Prozent der Lose sind das?

14
Jeder vierte Gast kommt aus dem Nachbarort. Wie viel Prozent der Gäste sind das?

15 *
Vier von fünf Schülern gaben als Berufswunsch Autoschlosser an.
Wie viel Prozent der Schüler sind das?

16 *
Als Berufswunsch gaben sechs von acht Schülerinnen Friseuse an. Wie viel Prozent der Schülerinnen sind das?

Stoffe unseres Körpers

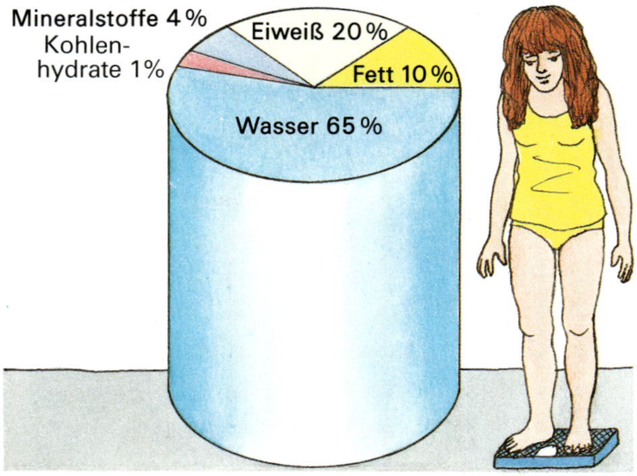

Aus dem Kreisdiagramm kannst du ablesen, aus welchen Stoffen unser Körper besteht.
Der Anteil der Kohlenhydrate beträgt 1 %.
Wie viel Kilogramm sind das bei einem Körpergewicht von 60 kg?

Rechnung $100\,\% = 60\text{ kg}$

$1\,\%\text{ von }60 = 60 \cdot \frac{1}{100}$

$1\,\%\text{ von }60 = \frac{60}{100}$

$1\,\%\text{ von }60 = 60 : 100$

$1\,\%\text{ von }60 = 0{,}6$

Antwort *1 % Kohlenhydrate beträgt 0,6 kg.*

Bei der Prozentrechnung musst du zuerst überlegen, was das Ganze ist.
Setze das Ganze immer gleich 100 %.

1
Sabine hat ein Körpergewicht von 50 kg.
1 % ihres Gewichtes sind Kohlenhydrate.
Wie viel Kilogramm sind das?

2
Nils wiegt 45 kg. 1 % seines Gewichtes sind Kohlenhydrate.
Wie viel Kilogramm sind das?

3
1 % von 500
1 % von 200
1 % von 800
1 % von 300

4
1 % von 4000
1 % von 6000
1 % von 1000
1 % von 9000

5
1 % von 70
1 % von 20
1 % von 10
1 % von 40

6
1 % von 25
1 % von 38
1 % von 67
1 % von 54

7
1 % von 400
1 % von 700
1 % von 900
1 % von 600

8
1 % von 3000
1 % von 7000
1 % von 2000
1 % von 8000

9
1 % von 50
1 % von 80
1 % von 30
1 % von 60

10
1 % von 49
1 % von 26
1 % von 35
1 % von 18

Berechne, wie viel Mineralstoffe ein Körper von 60 kg enthält.

Rechnung $4\ \%\ \text{von}\ 60 = \blacksquare$

$1\ \%\ \text{von}\ 60 = 0{,}6$

$4\ \%\ \text{von}\ 60 = 0{,}6 \cdot 4$

$4\ \%\ \text{von}\ 60 = 2{,}4$

Antwort *Ein Körper von 60 kg enthält 2,4 kg Mineralstoffe.*

1
Berechne ebenso den Anteil an Fett bei 60 kg Körpergewicht.

2
Berechne den Anteil von Eiweiß bei 60 kg Körpergewicht.

3
Berechne den Anteil an Wasser bei 70 kg Körpergewicht.

4
Bei einem neugeborenen Kind beträgt der Wasseranteil 72 % des Gewichtes. Wie viel Gramm sind das bei 3600 g?

5
Ein Erwachsener hat bei einem Wasseranteil von 65 % ein Gewicht von 80 kg. Wie viel Kilogramm sind das?

6	7	8	9
3 % von 80	2 % von 75	4 % von 300	5 % von 480
5 % von 40	7 % von 88	7 % von 800	3 % von 670
8 % von 60	6 % von 93	3 % von 600	8 % von 590
4 % von 30	9 % von 57	5 % von 400	2 % von 740
6 % von 50	8 % von 46	6 % von 200	4 % von 520
7 % von 20	5 % von 69	8 % von 700	7 % von 680

10	11	12	13
60 % von 200	80 % von 6000	20 % von 340	12 % von 429
10 % von 500	20 % von 3000	50 % von 270	15 % von 807
90 % von 700	70 % von 8000	80 % von 520	18 % von 385
30 % von 900	40 % von 4000	30 % von 630	14 % von 962
20 % von 600	30 % von 2000	40 % von 310	17 % von 678
70 % von 800	60 % von 7000	70 % von 650	19 % von 493

14	15	16	17
10 % von 200	50 % von 700	25 % von 600	20 % von 120
10 % von 480	50 % von 620	25 % von 560	20 % von 840
10 % von 965	50 % von 478	25 % von 164	20 % von 215
10 % von 38	50 % von 27	25 % von 30	20 % von 42
10 % von 98	50 % von 69	25 % von 73	20 % von 94
10 % von 312	50 % von 428	25 % von 497	20 % von 347

Zwei von drei Bäumen sind krank

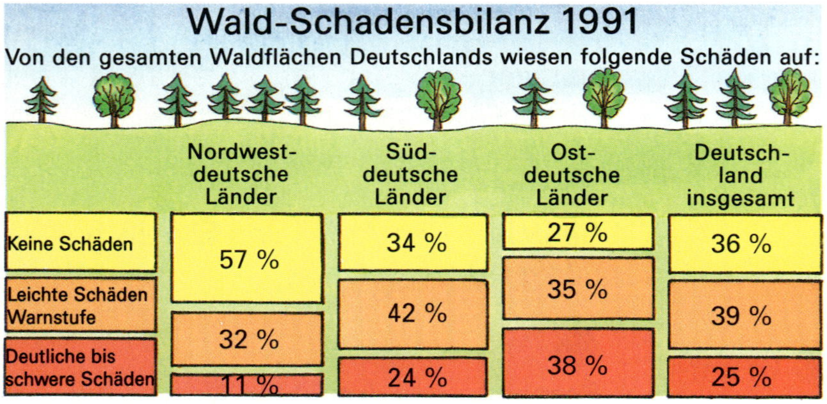

Für die Waldschäden gibt es verschiedene Ursachen. Einen wesentlichen Anteil macht die Luftverschmutzung aus. Sie entsteht durch Abgase. Die Abgase stammen vom Verkehr, von Kraftwerken und Fernheizwerken, von der Industrie und den Haushalten.

1

Erläutere die Überschrift.

2

Erläutere die Grafik.

3

Die gesamte Waldfläche Deutschlands beträgt 104 000 km². 1 Quadratkilometer (km²) ist eine Fläche, die 1 km lang und 1 km breit ist. Berechne

a) wie viel km² Wald keine Schäden,
b) wie viel km² Wald leichte Schäden und
c) wie viel km² Wald deutliche bis schwere Schäden aufweisen.

4

Die Waldflächen der ostdeutschen Länder betragen 29 810 km².

a) Berechne, wie viel km² Wald keine Schäden aufweisen.
b) Berechne, wie viel km² Wald leichte Schäden aufweisen.
c) Berechne, wie viel km² Wald deutliche bis schwere Schäden aufweisen.

Bei den Waldschäden war die Tanne (1988) mit 73 % der am stärksten geschädigte Baum. In den letzten Jahren wird zunehmend auch die Eiche betroffen.

5 Lies die Grafik ab für die Eichen.

Zustand einzelner Baumarten (Stand 1991)

	schwere	leichte	keine Schäden
Eichen	31 %	40 %	29 %
Kiefern	29 %	42 %	29 %
Buchen	28 %	44 %	28 %
Fichten	23 %	35 %	42 %

6 *

Erstelle entsprechende Abbildungen für die Kiefern, Buchen und Fichten.

7

Vergleiche den Anteil der geschädigten Bäume bei Laub- und Nadelbäumen.

1

Ein Waldgebiet in Hessen wird mit 5000 Bäumen aufgeforstet: 46 % Fichten, 12 % Tannen, 25 % Buchen, 17 % Eichen. Wie viele Bäume jeder Art sind das?

2

Von den 5000 gepflanzten Bäumen müssen nach einem Jahr 6 % wegen Krankheit abgeholzt werden. Wie viele Bäume sind das?

3

In einer Schonung von 3600 Bäumen sind 43 % Lärchen und 57 % Fichten. Wie viele Lärchen und Fichten sind das?

4

Gemeinde Kirchberg will 168 Hektar Land aufforsten. Es werden 65 % Laubwald, 20 % Mischwald und 15 % Nadelwald angepflanzt. Wie viel Hektar sind das jeweils? 1 Hektar (ha) ist eine Fläche, die 100 m lang und 100 m breit ist.

5

Ein Hektar Fichtenwald filtert während eines Jahres etwa 204 Tonnen Staub aus der Luft. Der Hektar eines Buchenwaldes filtert in der gleichen Zeit nur etwa 33 % dieser Menge. Wie viel Tonnen sind das?

6

In einem Waldgebiet von 125 km^2 werden 9 % zum Abholzen freigegeben. Wie viel km^2 Wald sind das?

7

Durch den Sturm sind 18 % eines 154 Hektar großen Waldes zerstört. Wie viel Hektar beträgt der Windbruch?

8*

Rheinland-Pfalz hat eine Fläche von 19849 km^2. Davon sind 40,7 % Wald (Stand 1989). Wie groß ist die Waldfläche?

9*

In Bremen beträgt der Waldanteil 1,9 % von 404 km^2 Gesamtfläche (Stand 1989). Wie groß ist die Waldfläche?

10*

In Thüringen, dem grünen Herzen Deutschlands, sind 35 % der Landesfläche (11760 km^2) mit Wald bedeckt. Wie viel km^2 Waldfläche sind das?

11*

Die Waldfläche Thüringens besteht zu 48 % aus Buchen, zu 31 % aus Fichten. Der Rest ist mit Kiefern bepflanzt. Wie viel km^2 entfallen auf jede Baumart?

Harte Nüsse

1 Suche die 10 Quadrate.

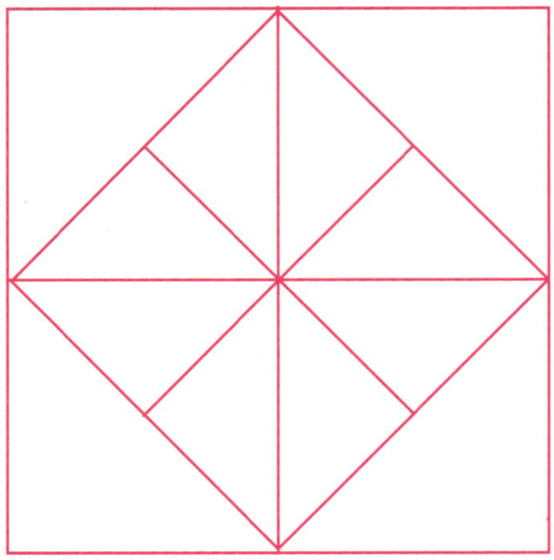

2* Suche die Quadrate.

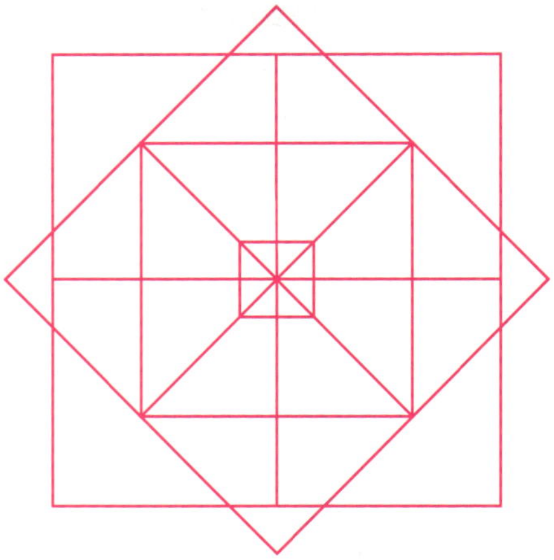

3 Suche die 20 Quadrate.

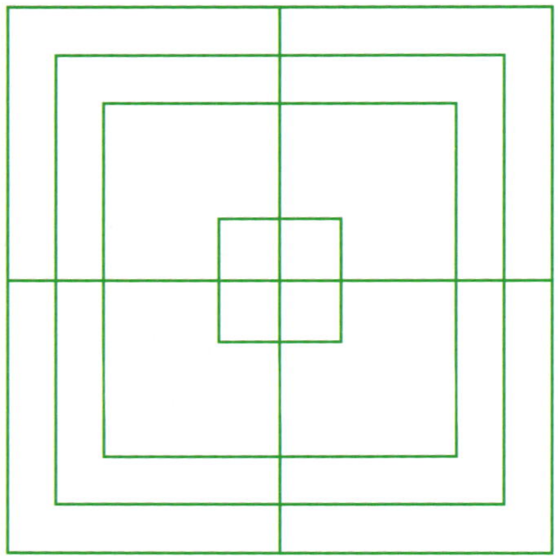

4 Suche die 13 Dreiecke.

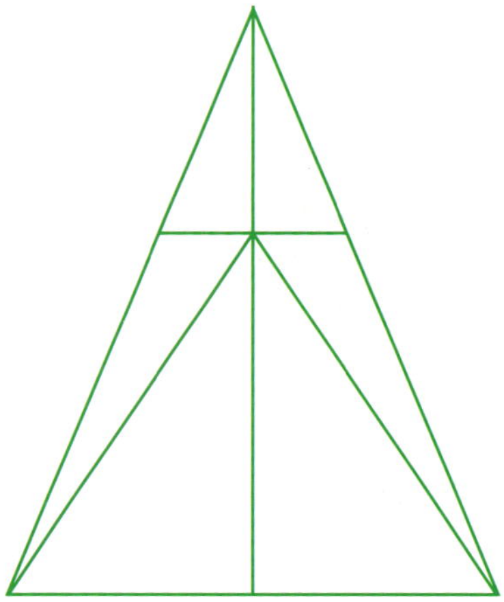

5 Suche die 11 Parallelogramme.

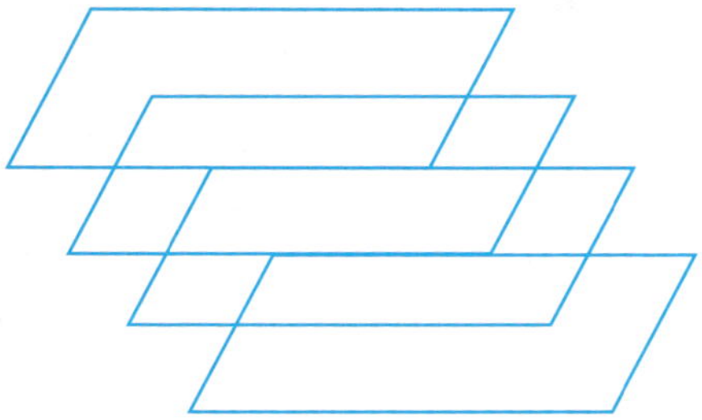

6* Suche die Rechtecke.

An dieser Stelle arbeitet Werner gerade.
Hier baut die Stadt Burgdorf ein
JUGENDZENTRUM
Bauleitung: Böhmer, Architekt
Bauausführung: Citybau GmbH

Pläne und Karten

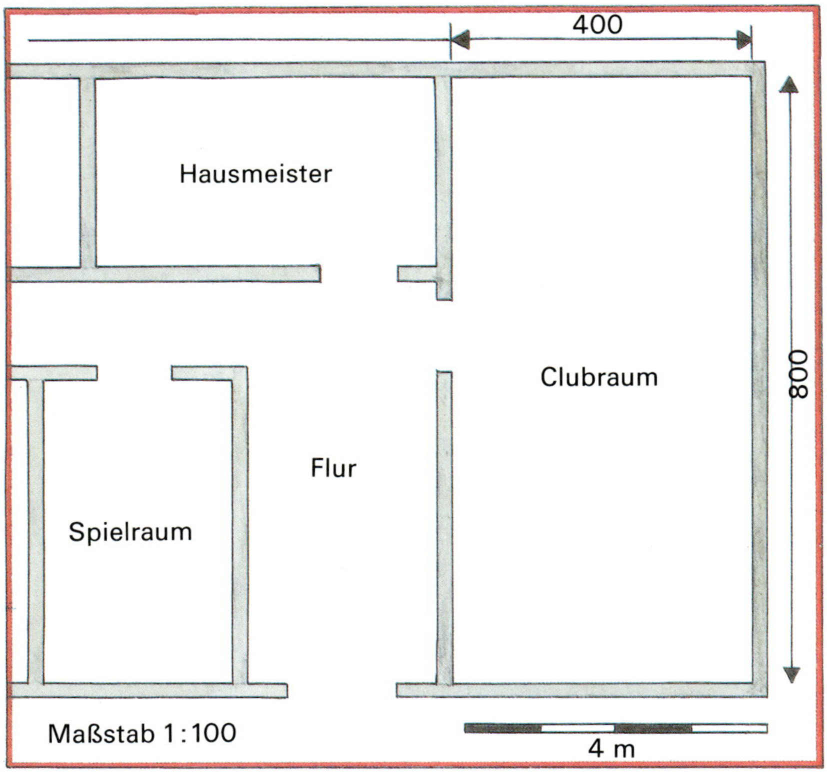

Jugendzentrum Burgdorf

Maßstab	
1 :	100
auf dem Plan	in der Wirklichkeit
1 cm	100 cm
1 cm	1 m

1. Wie lang und wie breit ist der Clubraum?
2. Wie breit ist der Flur?
3. Wie lang und wie breit ist der Raum für den Hausmeister?
4. Welche Breite hat der Spielraum?

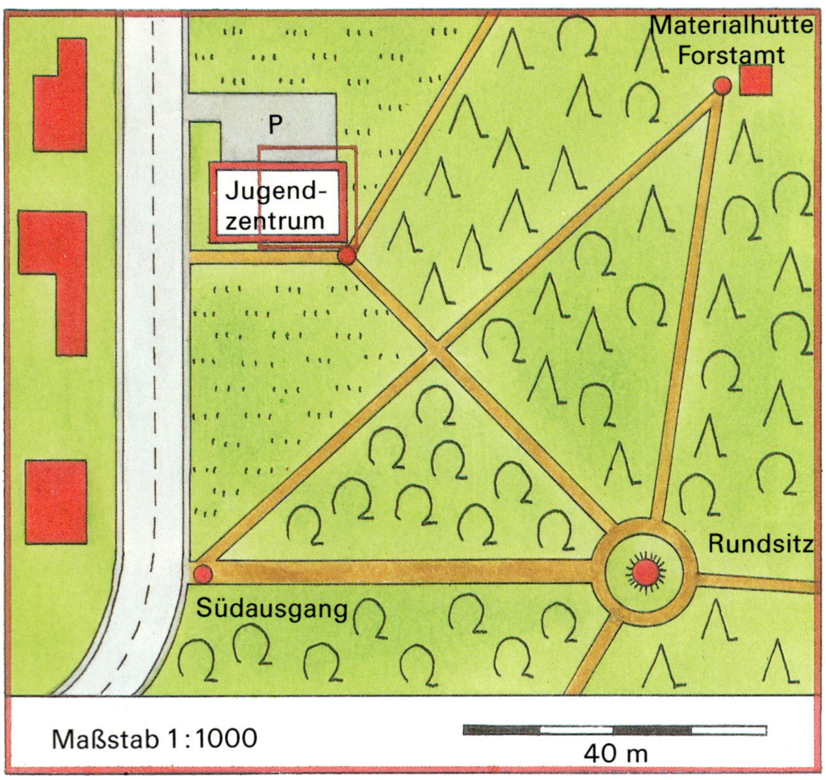

Stadtgarten Burgdorf

Maßstab	
1 :	1000
auf dem Plan	in der Wirklichkeit
1 cm	1000 cm
1 cm	10 m

Stelle die Länge folgender Wege fest:

5. Hütte – Rundsitz
6. Jugendzentrum – Rundsitz
7. Südausgang – Hütte
8. Südausgang – Rundsitz
9. * Jugendzentrum – Hütte

Stadtplan Burgdorf

Maßstab	
1 :	10 000
auf dem Plan	in der Wirklichkeit
1 cm	10 000 cm
1 cm	100 m

Stelle folgende Entfernungen fest (Luftlinie):

1. Jugendzentrum – Bahnhof
2. Jugendzentrum – Rathaus
3. Rathaus – Schule
4. Rathaus – Bahnhof
5. Schule – Jugendzentrum

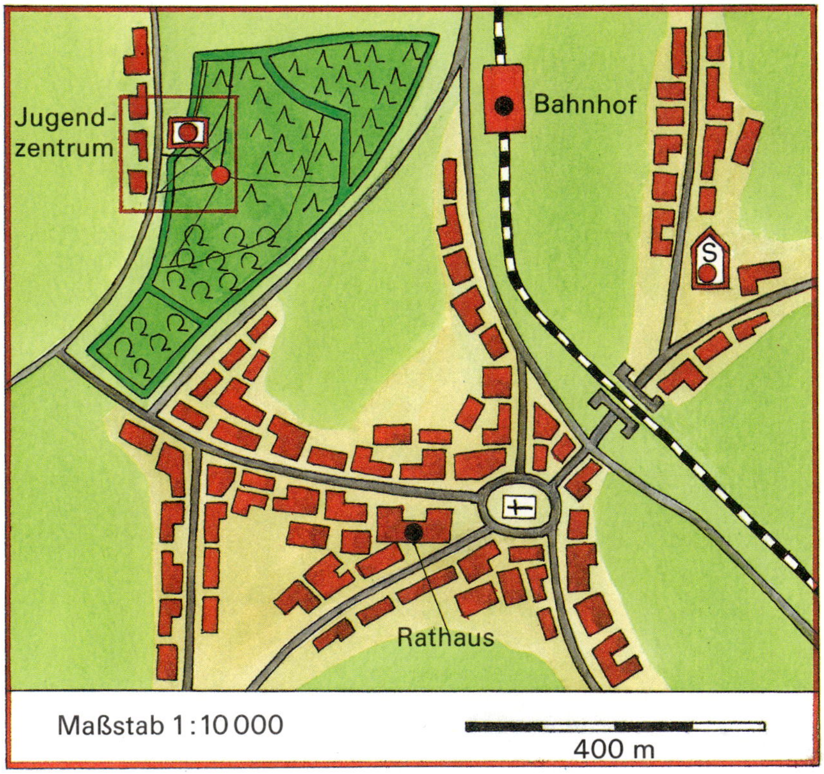

Burgdorf und Umgebung

Maßstab	
1 :	50 000
auf dem Plan	in der Wirklichkeit
1 cm	50 000 cm
1 cm	500 m

Stelle folgende Entfernungen fest (Luftlinie):

6. Schlossruine – Freibad
7. Schlossruine – Stadtmitte
8. Gewerbegebiet – Stadtmitte
9. Stadtmitte – Bahnübergang
10. Sportanlage – Freibad

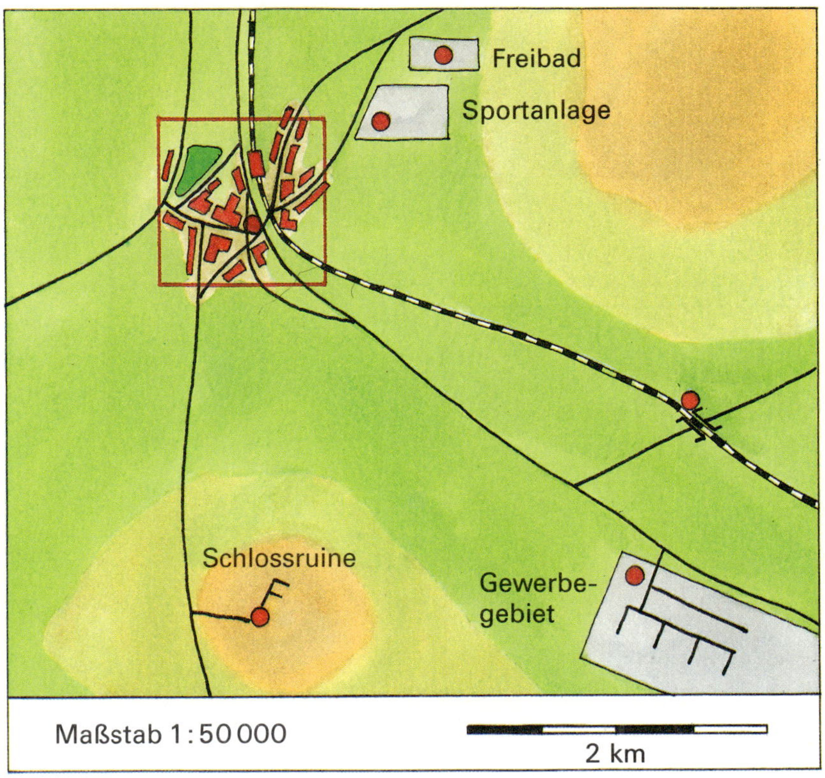

Bauplan

So kannst du mit dem Geodreieck die Winkel messen.

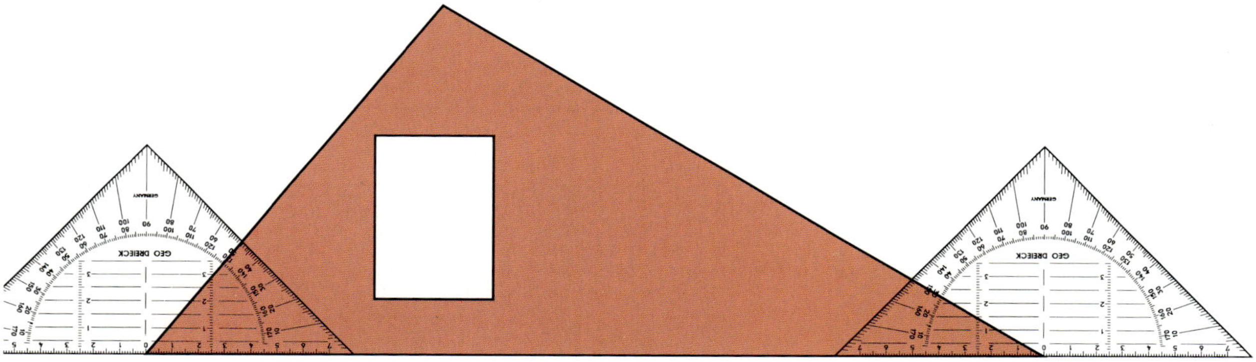

Winkel werden mit griechischen Buchstaben bezeichnet.

α	Alpha
β	Beta
γ	Gamma
δ	Delta

1 Miss die Winkel mit dem Geodreieck.

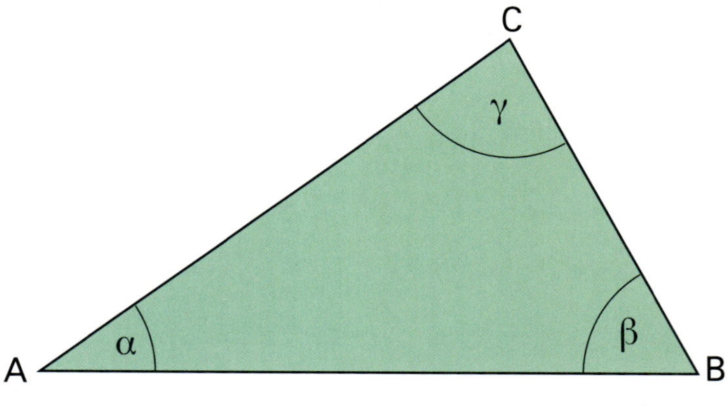

1 Miss die Winkel in den Dreiecken.
Addiere die Winkel in jedem Dreieck. Was stellst du fest?

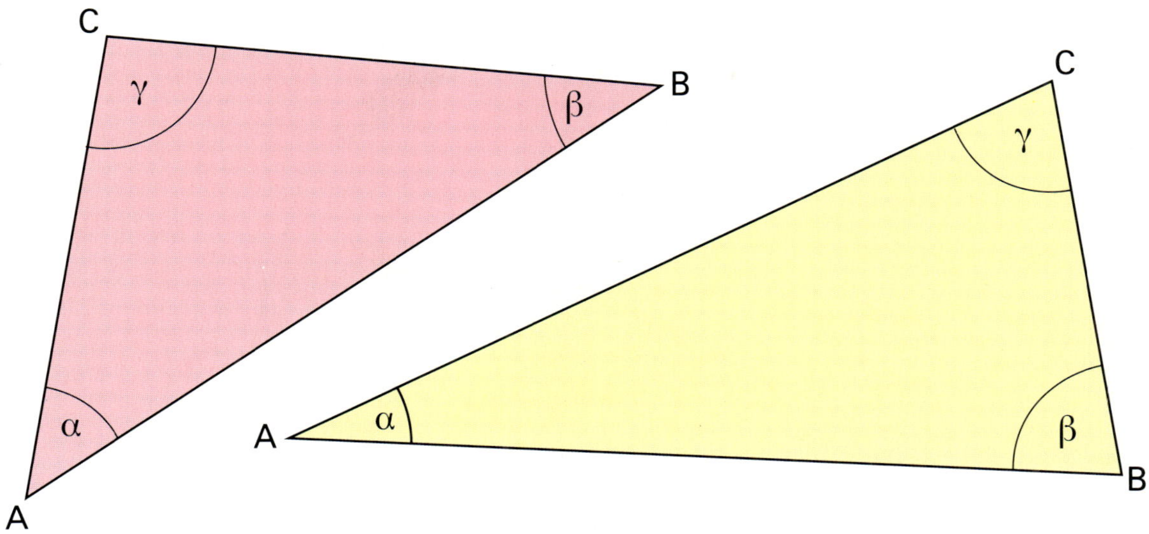

2 Miss die Winkel in den Vierecken.
Addiere die Winkel in jedem Viereck. Was stellst du fest?

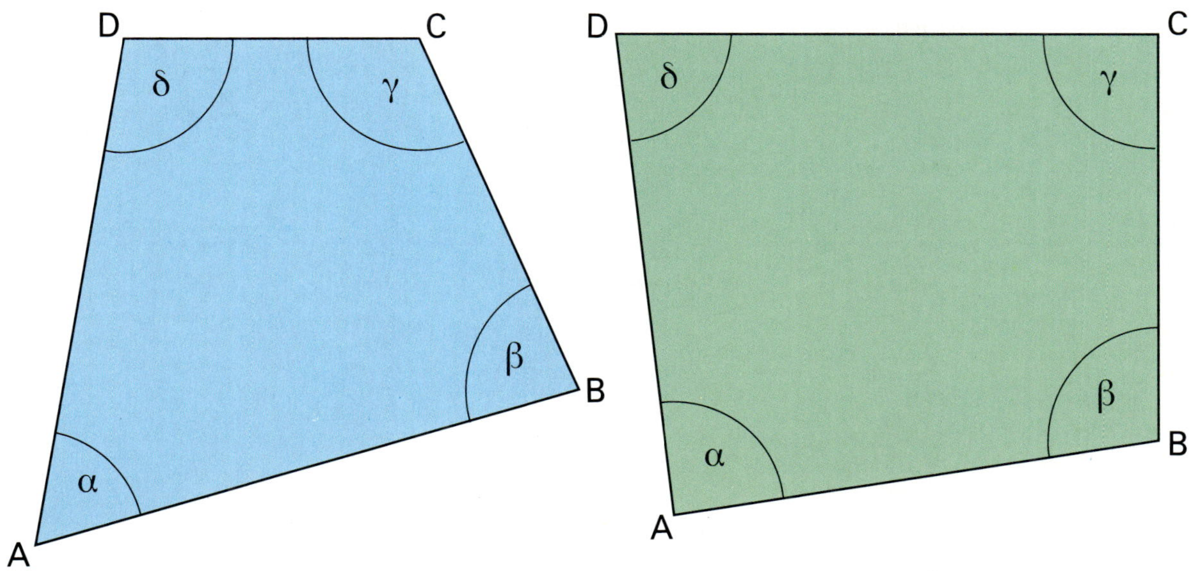

3 Zeichne Dreiecke (Vierecke). Miss die Winkel. Bilde Winkelsummen. Vergleiche.

Wir zeichnen Winkel

So zeichnest du einen Winkel von 35°.

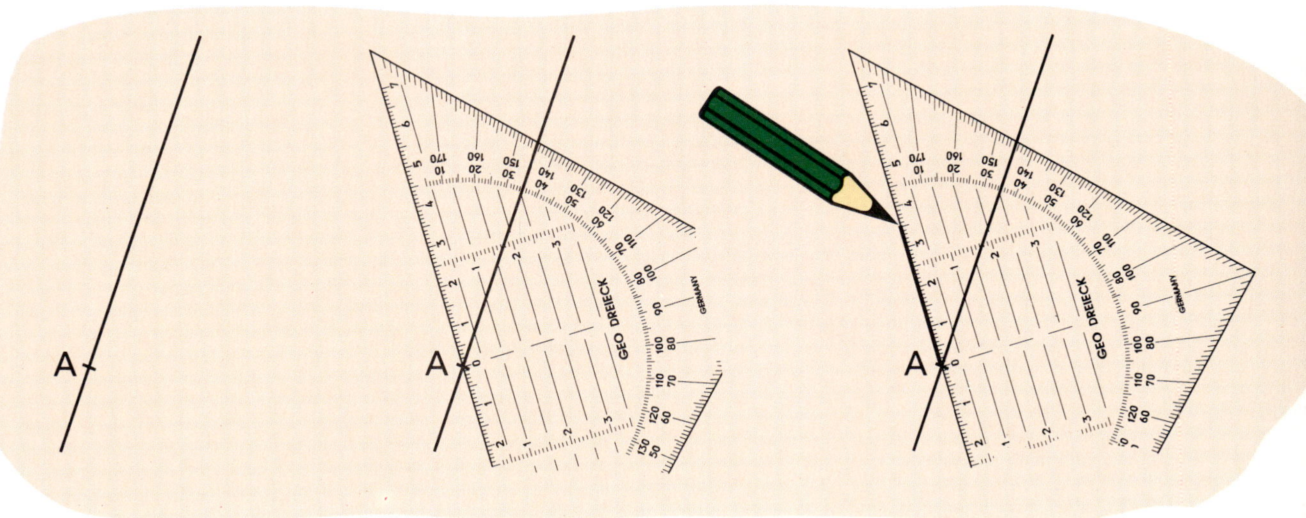

Scheitelpunkt festlegen

Geodreieck mit Markierung im Scheitelpunkt anlegen und auf 35° ausrichten

Anderen Schenkel zeichnen

1

Zeichne die folgenden Winkel.

a) $\alpha = 40°$ c) $\beta = 70°$
b) $\gamma = 10°$ d) $\delta = 80°$

2

Zeichne die folgenden Winkel.

a) $\alpha = 45°$ c) $\beta = 85°$
b) $\gamma = 73°$ d) $\delta = 68°$

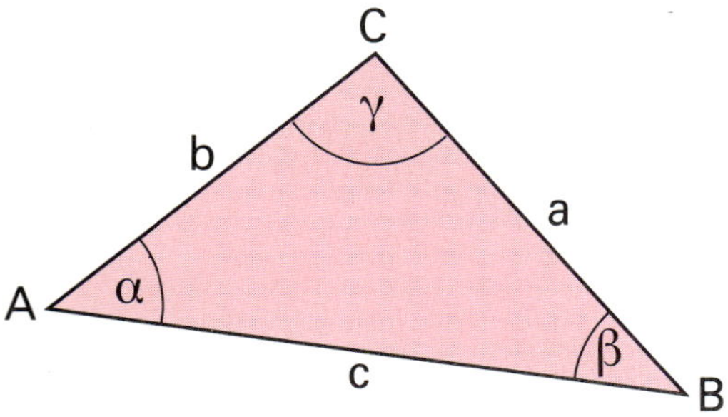

3

Zeichne das Dreieck.

$c = 6$ cm $\alpha = 45°$ $\beta = 50°$

4

Zeichne das Dreieck.

$b = 5$ cm $\alpha = 45°$ $\gamma = 90°$

5

Zeichne das Dreieck.

$a = 7$ cm $\beta = 60°$ $\gamma = 60°$

1

Miss bei dem Dreieck jeden Winkel.
Addiere die Messergebnisse.

2

Zeichne ein beliebiges Dreieck. Miss die Winkel und addiere die Messergebnisse. Vergleiche diese Winkelsumme mit der von Aufgabe **1**.

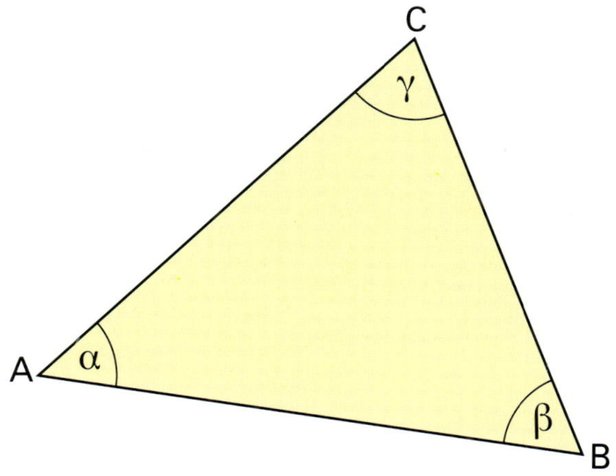

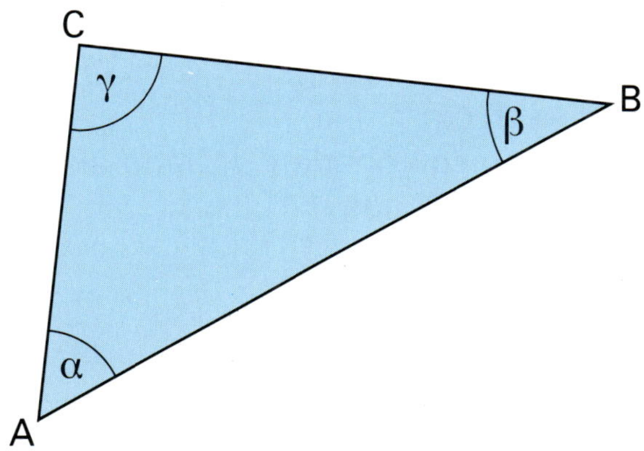

3

Miss bei dem rechtwinkligen Dreieck links jeden Winkel. Welches ist der rechte Winkel? Bilde die Winkelsumme.

4

Zeichne ein gleichseitiges Dreieck.
Jede Seite ist 5 cm lang.
Miss alle Winkel und bilde die Winkelsumme.

5 *

Zeichne einen Kreis mit einem Radius von 5 cm. Lege einen Radius beliebig fest. Zeichne weitere Radien ein. Jeder Radius soll mit dem benachbarten Radius einen Winkel von 30° bilden. Wie viele Radien kannst du einzeichnen?

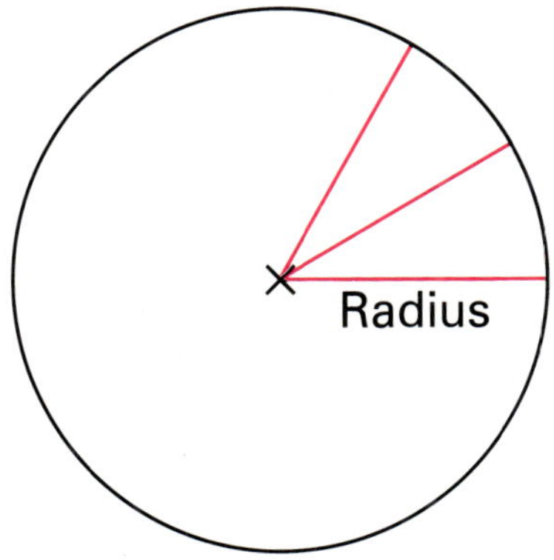

Rechteck und Quadrat

$$u_{▭} = 2 \cdot \ell + 2 \cdot b$$
$$A_{▭} = \ell \cdot b$$

$$u_{\square} = 4 \cdot \ell$$
$$A_{\square} = \ell \cdot \ell$$

1

Zeichne ein Rechteck:
ℓ = 7 cm b = 4 cm
Berechne sowohl den Umfang als auch den Flächeninhalt.

2

Zeichne ein Quadrat:
ℓ = 6 cm
Berechne sowohl den Umfang als auch den Flächeninhalt.

3

Zeichne ein Rechteck:
ℓ = 6 cm b = 5 cm
Berechne sowohl den Umfang als auch den Flächeninhalt.

4

Zeichne ein Quadrat:
ℓ = 5 cm
Berechne sowohl den Umfang als auch den Flächeninhalt.

5

Eine rechteckige Schreibtischplatte mit einer Länge von 1,80 m und einer Breite von 1 m wird furniert und mit einem Umleimer versehen.

a) Wie viel m^2 Furnier wird für die Platte benötigt?

b) Wie lang ist der Umleimer?

6

Ein quadratisches Fenster hat eine Breite von 120 cm. Die Glasscheibe wird erneuert und erhält rundherum eine Gummiabdichtung.

a) Wie groß ist der Flächeninhalt der quadratischen Glasscheibe?

b) Wie lang ist die Gummiabdichtung?

Bestimme den Flächeninhalt und den Umfang.

1

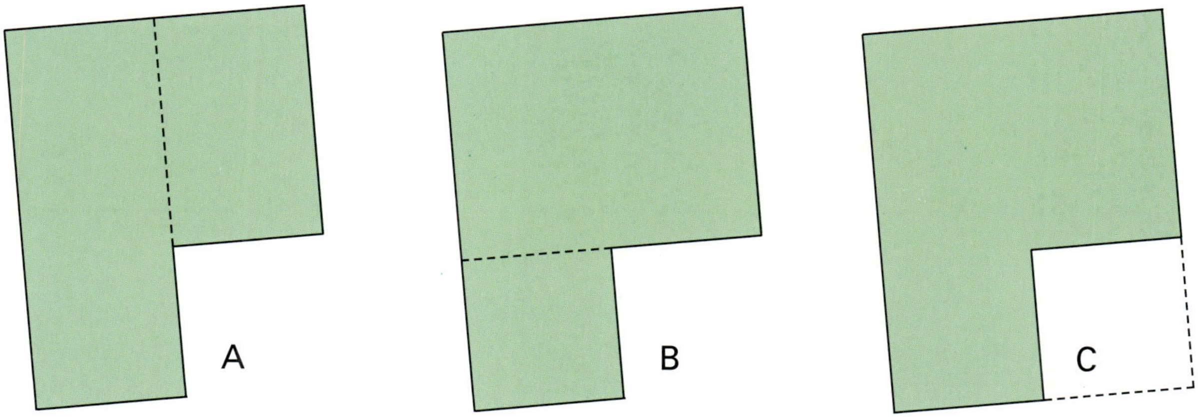

2

3

4

Vierecke im Überblick

Viereck

4 Winkel
4 Seiten

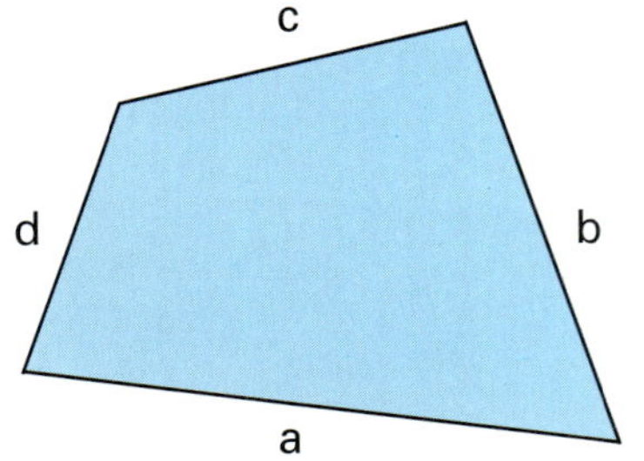

Das Viereck ist eine Fläche mit 4 Seiten.

Trapez

4 Winkel
4 Seiten, davon 2 Seiten zueinander parallel

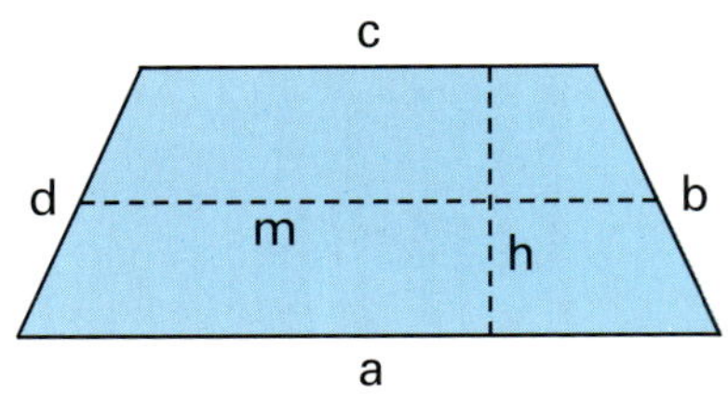

Das Trapez ist ein Viereck, bei dem zwei gegenüberliegende Seiten zueinander parallel sind.

Parallelogramm

4 Winkel
4 Seiten
gegenüberliegende Seiten sind parallel zueinander und gleich lang

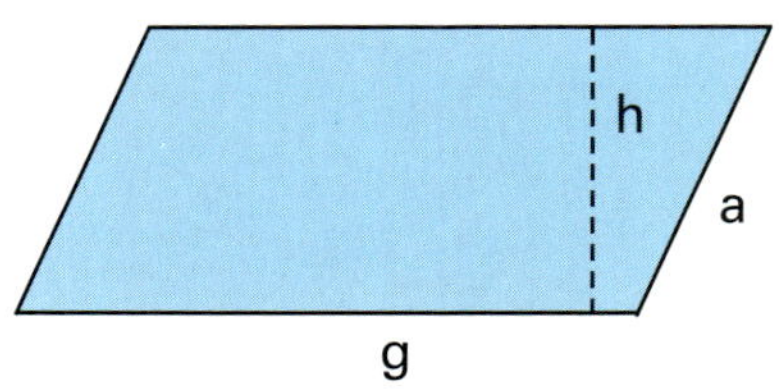

Das Parallelogramm ist ein Trapez, bei dem alle gegenüberliegenden Seiten zueinander parallel sind.

Rechteck

4 rechte Winkel
4 Seiten
gegenüberliegende Seiten sind parallel zueinander und gleich lang

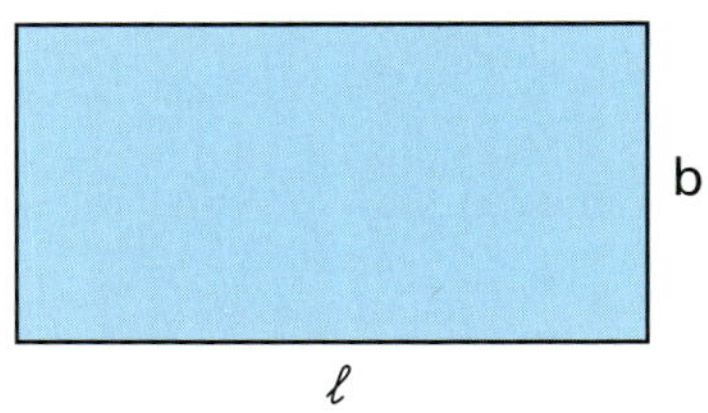

Das Rechteck ist ein Parallelogramm, in dem alle Winkel rechte Winkel sind.

Quadrat

4 rechte Winkel
4 gleich lange Seiten
gegenüberliegende Seiten sind parallel zueinander

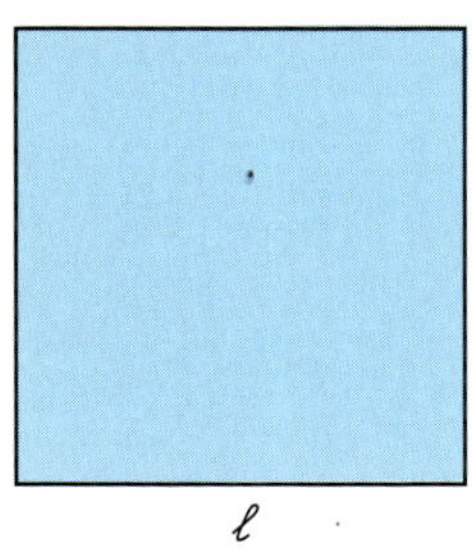

Das Quadrat ist ein Rechteck mit gleich langen Seiten.

Welche Vierecke kannst du erkennen?

Das Parallelogramm

1 Verwandle ein Rechteck in ein Parallelogramm.

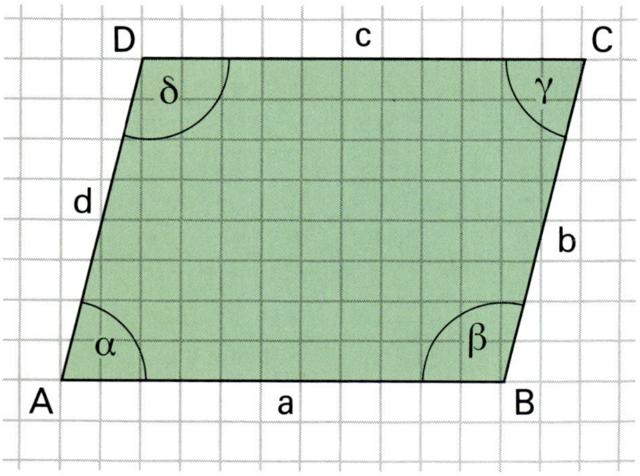

2
Wie heißt die nebenstehend abgebildete Figur?

3
Miss die Seiten a, b, c und d.
Vergleiche. Was stellst du fest?

4
Vergleiche die Winkel α, β, γ und δ miteinander. Was stellst du fest?

Die untere Seite eines Parallelogramms wird Grundseite genannt. Wir bezeichnen sie mit g. Die Höhe h ist der Abstand der Grundseite von der dazu parallelen Seite.

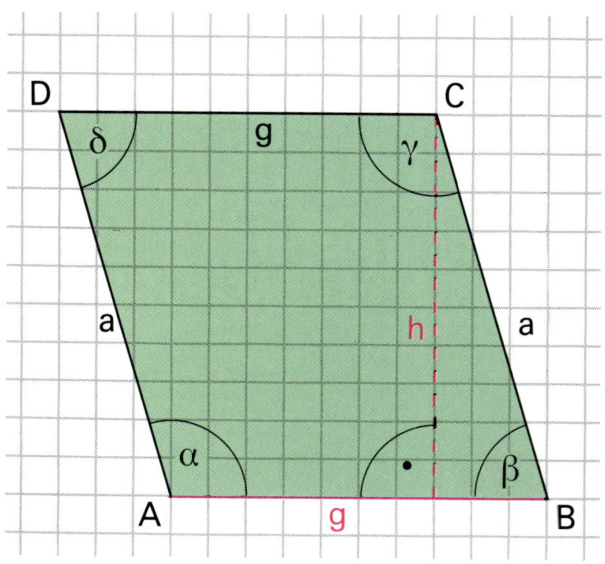

5
Miss die Länge der Grundseite g.

6
Miss die Länge der Höhe h.
Vergleiche sie mit der Länge der Seite a.

1 Verwandle ein Parallelogramm in ein flächengleiches Rechteck.

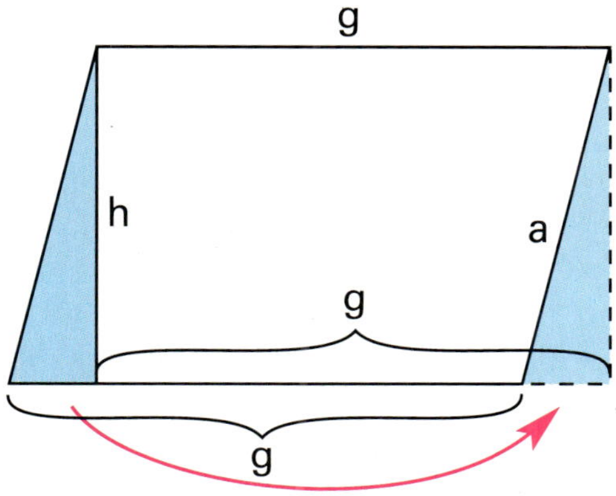

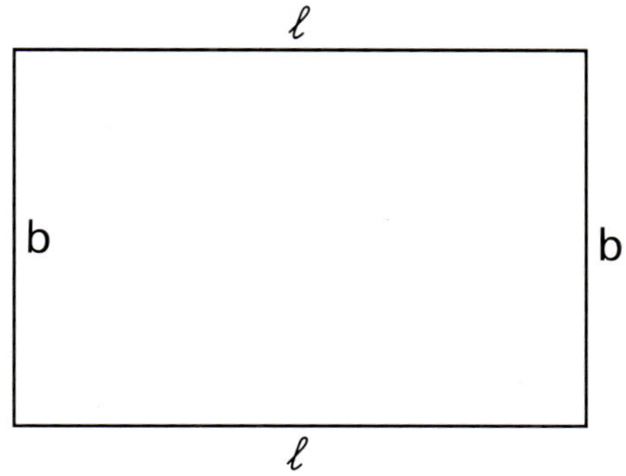

$A_{▱} = g \cdot h$	$A_{▭} = \ell \cdot b$
$u_{▱} = 2 \cdot g + 2 \cdot a$	$u_{▭} = 2 \cdot \ell + 2 \cdot b$

2

Berechne den Flächeninhalt eines Rechtecks mit $\ell = 7$ cm und $b = 4$ cm. Wie lang ist der Umfang?

3

Berechne den Flächeninhalt eines Parallelogramms mit $g = 7$ cm und $h = 4$ cm. Vergleiche mit dem Rechteck von Aufgabe **2**.

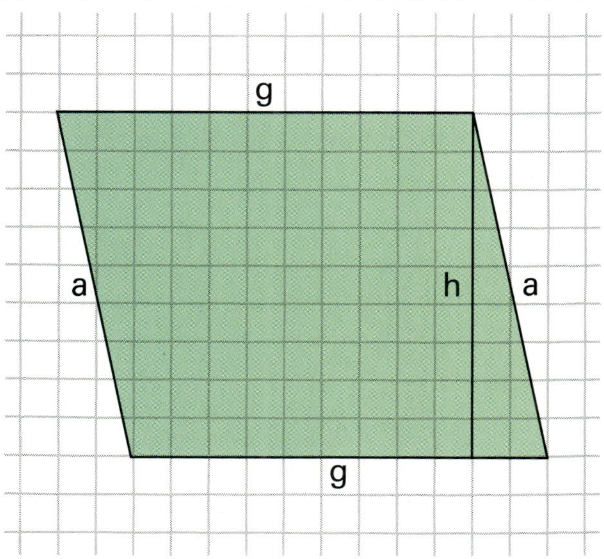

4

Berechne Flächeninhalt und Umfang des Parallelogramms.

5 *

Berechne den Flächeninhalt der Parallelogramme.

a) $g = 6{,}2$ cm $h = 4{,}1$ cm

b) $g = 8{,}1$ cm $h = 3{,}3$ cm

c) $g = 10{,}3$ cm $h = 4{,}5$ cm

d) $g = 8{,}4$ cm $h = 12{,}2$ cm

Das Trapez

1 Verwandle ein Parallelogramm in ein Trapez.

2
Wie heißt die Figur?

3
Welche Seiten sind parallel zueinander?

Die Höhe h ist der Abstand der Seite c von der Seite a.
Die Mittellinie m ist parallel zu den Seiten a und c und schneidet h genau in der Mitte.

4
Miss die Höhe h und die Mittellinie m.

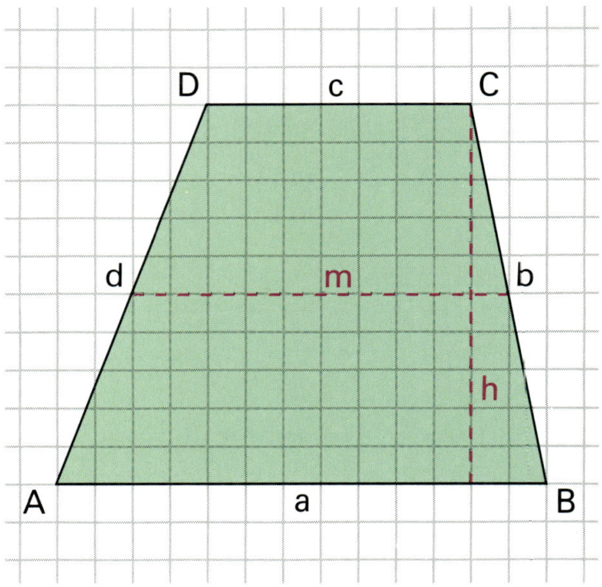

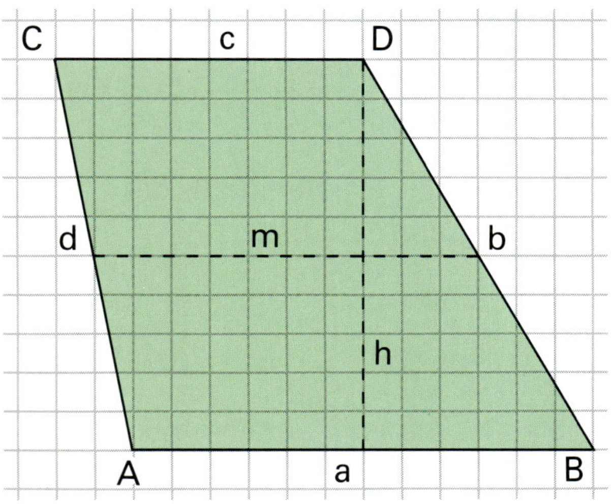

5
Miss die Mittellinie m und die Höhe h des Trapezes.

6
Ermittle den Umfang des Trapezes, indem du die Formel $u_{\text{⏢}} = a + b + c + d$ anwendest.

7
Welche Linien des Trapezes stehen senkrecht zueinander?

1 Verwandle ein Trapez in ein flächengleiches Parallelogramm.

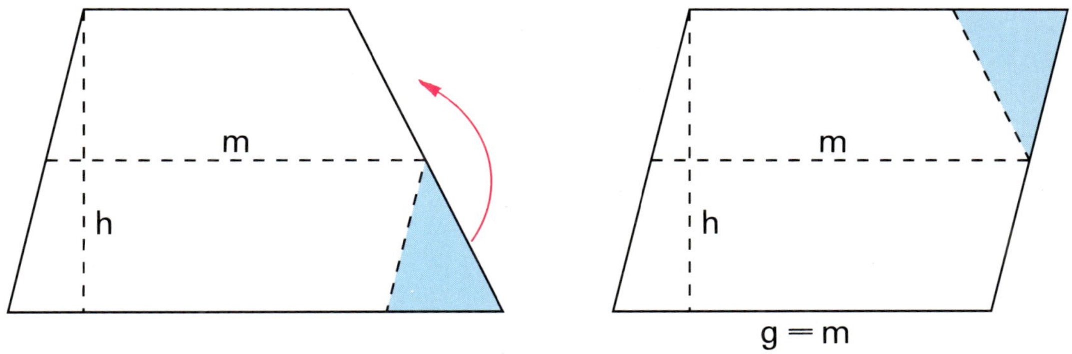

$A_{\text{Trapez}} = m \cdot h$	$A_{\text{Parallelogramm}} = g \cdot h$

2

Berechne den Flächeninhalt der folgenden Trapeze.

a) m = 5,2 cm h = 4,3 cm
b) m = 3,1 cm h = 7,1 cm
c) m = 12,1 cm h = 4,8 cm
d) m = 3,6 cm h = 11,4 cm

3

Berechne den Flächeninhalt der folgenden Parallelogramme.

a) g = 4,2 cm h = 6,1 cm
b) g = 3,5 cm h = 2,1 cm
c) g = 10,7 cm h = 5,8 cm
d) g = 9,4 cm h = 17,3 cm

Ein Rechteck kann man so verändern, dass es nur noch ein Trapez wird.

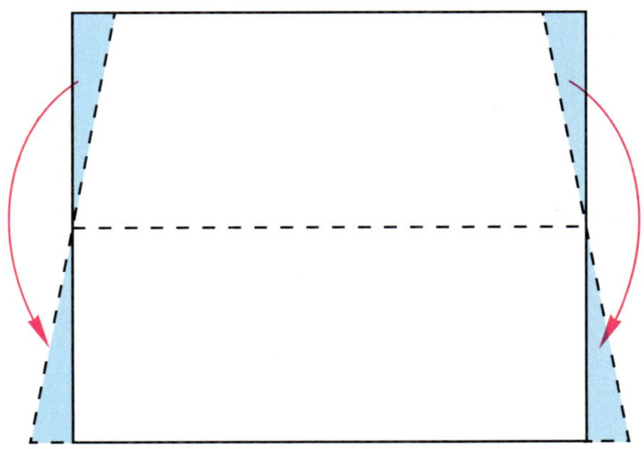

4

Zeichne ein Rechteck und schneide es so, dass nur noch ein flächengleiches Trapez entsteht.

5

Schneide ein Quadrat so, dass nur noch ein flächengleiches Trapez entsteht.

Das Dreieck

1 Zerschneide ein Parallelogramm so von einer Ecke zur gegenüberliegenden Ecke, dass du zwei gleiche Dreiecke erhältst.

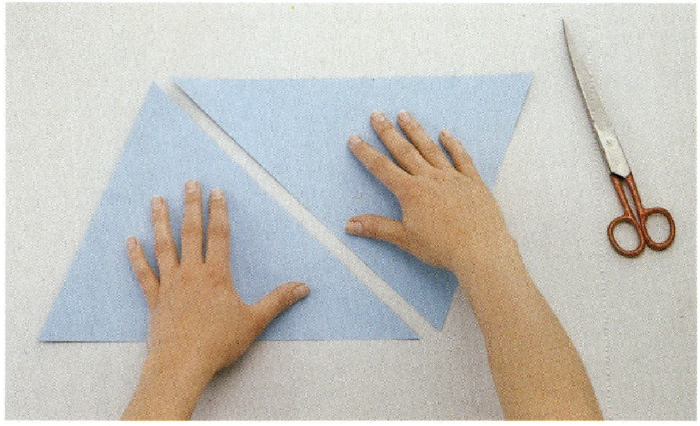

2

Lege die Dreiecke übereinander und prüfe, ob sie die gleiche Fläche haben.

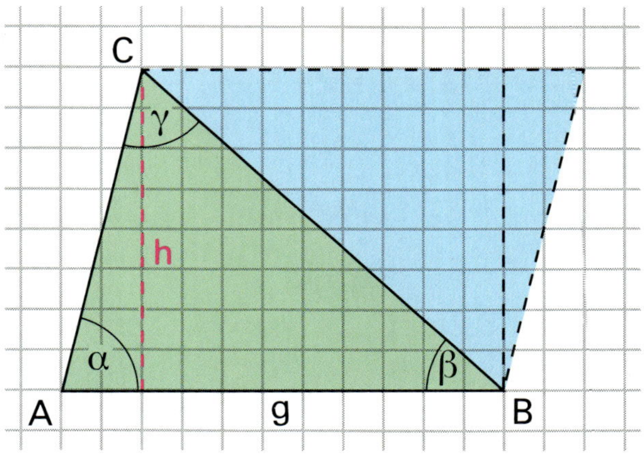

Im Dreieck ist der Abstand eines Punktes von der gegenüberliegenden Grundseite die Höhe h.

3

Miss die Höhe h im Dreieck.

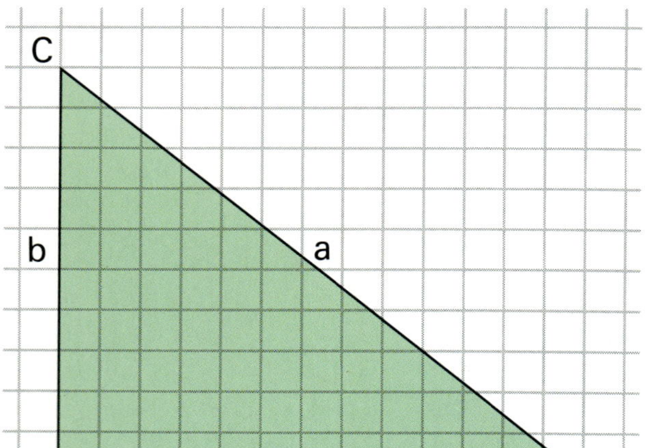

4

Zeichne das links abgebildete Dreieck zweimal in dein Heft.

a) Ziehe bei der ersten Zeichnung Parallelen zu b und c durch die gegenüberliegenden Eckpunkte.

* b) Ziehe bei der zweiten Zeichnung Parallelen zu a und b durch die gegenüberliegenden Eckpunkte. Tip: Zeichne die Parallele durch B nach unten.

Aus einem Parallelogramm entstehen zwei gleich große Dreiecke. Die Fläche jedes Dreiecks ist halb so groß wie die Fläche des Parallelogramms.

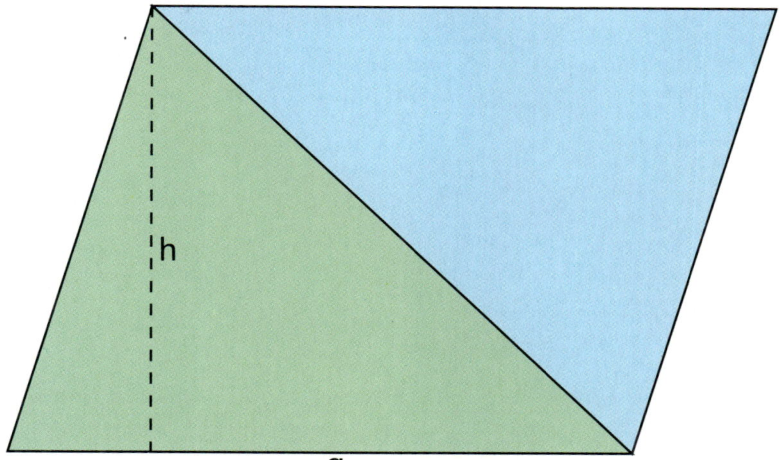

$$A_{▱} = g \cdot h \qquad\qquad A_{\triangle} = \frac{1}{2} \cdot g \cdot h$$

1

Berechne den Flächeninhalt der folgenden Dreiecke.

a) g = 10,3 cm h = 7,4 cm
b) g = 6,1 cm h = 4 cm
c) g = 11,2 cm h = 7,8 cm
d) g = 14,8 cm h = 10,1 cm

2

Zeichne folgende Dreiecke.
Benutze den Zirkel. Miss die Höhen und berechne den Flächeninhalt.

a) a = 4,1 cm b = 6,4 cm c = 7,1 cm
b) a = 3,3 cm b = 4,4 cm c = 5 cm
c) a = 5,2 cm b = 5,2 cm c = 5,2 cm

3

Ein dreieckiges Verkehrszeichen hat eine Grundseite von 90 cm und eine Höhe von 78 cm.
Wie viel cm^2 Blech werden zur Herstellung des Verkehrszeichens benötigt?

4

Zeichne ein Quadrat mit einer Breite von 4,5 cm. Zerlege es in zwei Dreiecke.
Wie groß ist die Fläche des Quadrats?
Wie groß ist die Fläche eines Dreiecks?

In der Schreinerei

Erinnere dich:	1 m = 10 dm	1 dm = 10 cm	

	20 dm ↑	·	8 dm ↑	=	160 dm² ↑	
Umrechnungszahl	10	·	10	=	100	
	↓ 200 cm	·	↓ 80 cm	=	↓ 16 000 cm²	

1

Eine Tischplatte ist 1,30 m lang und 0,80 m breit. Wie viel dm² Furnierholz wird für die Fläche benötigt?

2

Die Rückwand eines Schrankes ist 2,10 m hoch und 3,70 m lang. Bestimme die Fläche der Spanplatte in m² und dm².

3

Ein Flur ist 2,50 m breit und 4,70 m lang. Er soll mit Parkett ausgelegt werden. Wie viel m² Parkett wird dafür benötigt?

4

Bei einer Tür mit 2,15 m Höhe und 0,80 m Breite wird das Furnier erneuert. Berechne den Bedarf in m² und dm².

5 *

Eine Schranktür ist 135 cm hoch und 4,5 dm breit. Sie soll verspiegelt werden. Wie viel dm² Spiegelfläche wird benötigt?

6 *

Die Holzverkleidung einer Wand ist 6 m lang und 250 cm hoch. Berechne die Fläche der Paneele in dm² und m².

Vergleiche 1 mm^2 mit 1 cm^2 sowie 1 cm^2 mit 1 dm^2. Was stellst du fest?

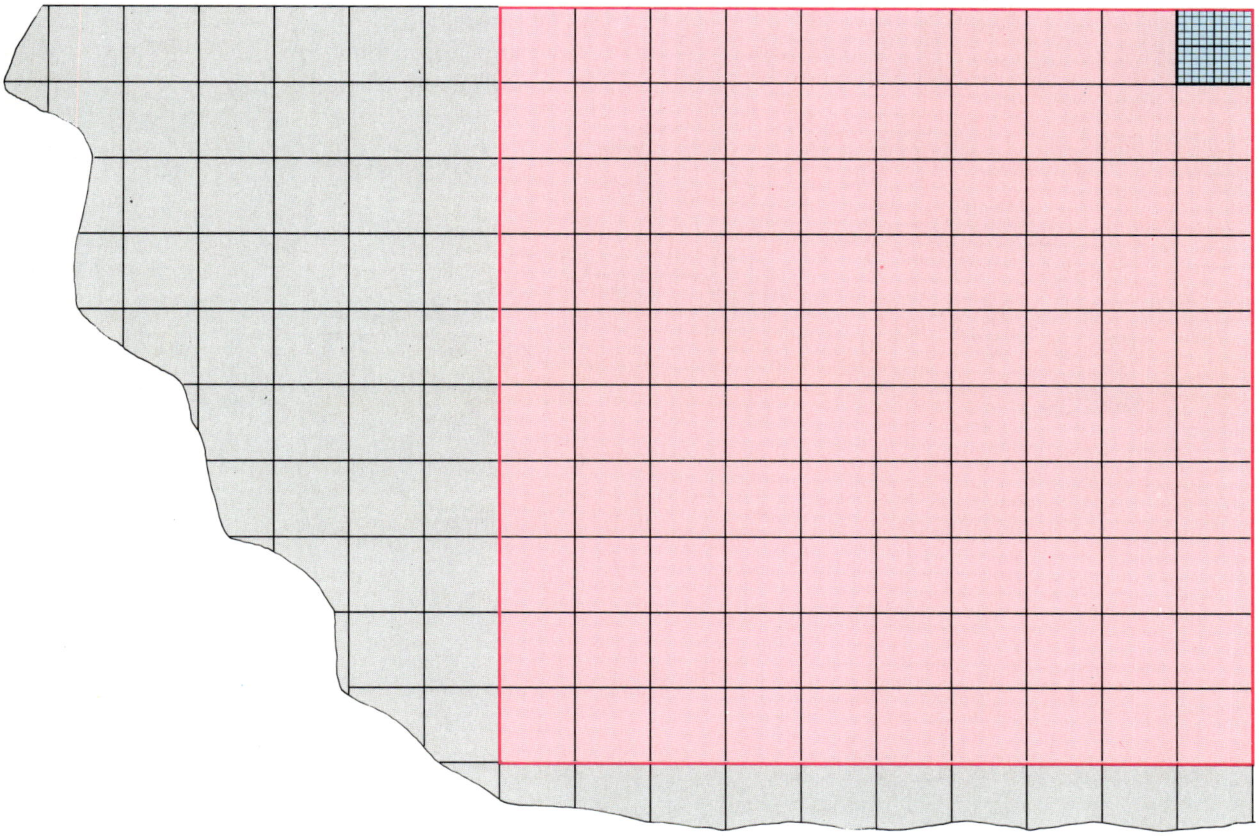

Umrechnungszahl 100

				1 cm^2	=	100 mm^2
		1 dm^2	=	100 cm^2	=	10 000 mm^2
1 m^2	=	100 dm^2	=	10 000 cm^2	=	1 000 000 mm^2

1

Die Regalbretter einer Schrankwand haben jeweils eine Fläche von 2700 cm^2. Gib die Fläche für 8 Bretter in dm^2 an.

2

Die Sitzfläche eines Stuhls beträgt 2100 cm^2. Wie viel dm^2 Holz werden für 6 Sitzflächen benötigt?

3

Ein Türblatt besitzt eine Fläche von 153,7 dm^2. Wie viel m^2 Furnierholz werden für 18 Türblätter benötigt?

4*

Es werden 5 Tischplatten hergestellt. Jede Platte ist 1,20 m lang und 70 cm breit. Wie viel m^2 Holz wird benötigt?

Im Neubaugebiet

Planskizze Neubaugebiet Flurstraße

Maßstab 1:1000

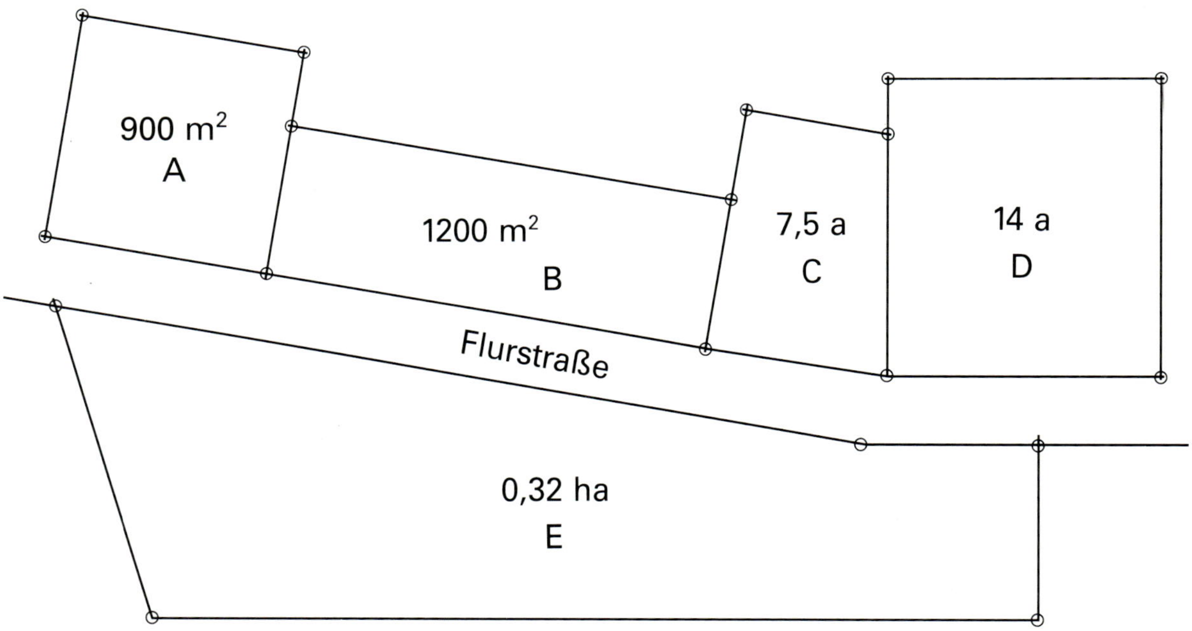

Umwandlungszahl 100

$1\ a = 100\ m^2$

$1\ ha = 100\ a = 10\,000\ m^2$

$1\ km^2 = 100\ ha = 10\,000\ a = 1\,000\,000\ m^2$

1

Zeichne die angegebene Tabelle in dein Heft. Trage alle Grundstücke des Neubaugebiets Flurstraße ein und gib die Grundstücksgrößen in m^2, a und ha an.

Grundstück	m^2	a	ha
A	900	*	*
B	1200	*	*
C	*	7,5	*
D	*	14	*
E	*	*	0,32

2

Wie groß ist die Fläche aller Grundstücke zusammen? Gib die Fläche in km^2 an.

3

Familie Schubert wurde das Grundstück A zum Preis von 220 DM pro m^2 angeboten.
Wie viel DM hätte sie zahlen müssen?

4

Das Grundstück D ist ein Wiesengrundstück und darf nicht bebaut werden. Der Quadratmeter kostet 35 DM.
Wie viel bezahlt die Gemeinde dafür?

5

Auf dem Grundstück E soll ein Gemeindezentrum entstehen. Die Stadt muss 150 DM pro m^2 bezahlen.
Wie teuer ist das Grundstück?

6

Das gesamte Neubaugebiet Flurstraße ist 1,54 km^2 groß, 64 ha entfallen auf Straßen, Plätze und Wald.
Wie viel m^2 können bebaut werden?

7 *

Familie Schubert baut ein Haus auf dem Grundstück C. Das Haus ist 10 m lang und 7 m breit.

a) Wie viel Ar beträgt die bebaute Fläche?

b) Gib die unbebaute Fläche in Hektar an.

c) Das Grundstück kostet 220 DM pro m^2. Wie viel DM muss Familie Schubert bezahlen?

Umfang des Kreises

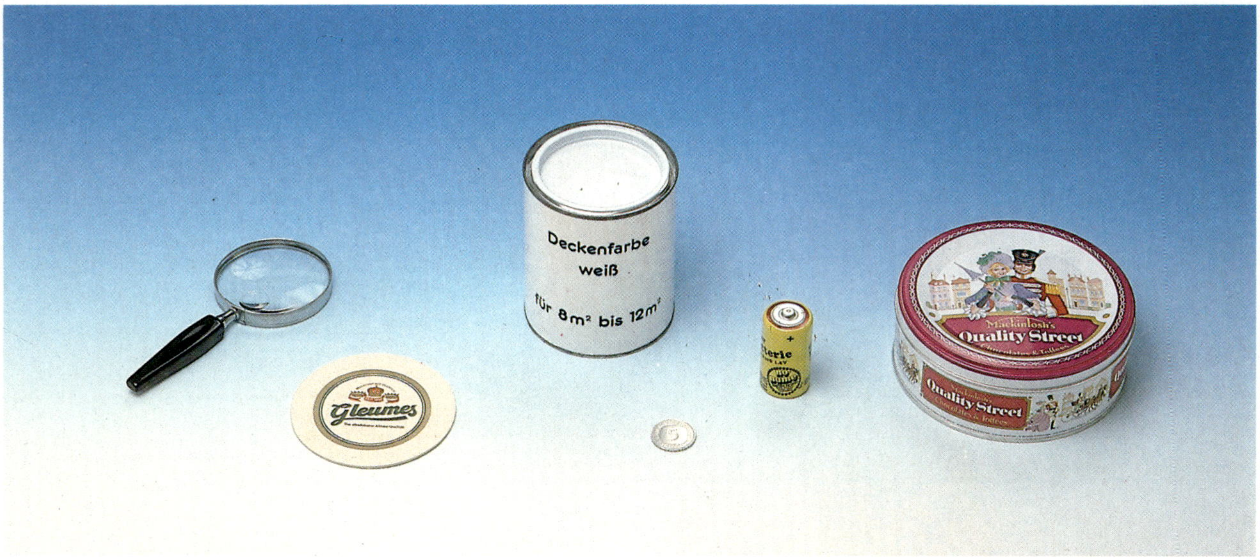

1

Beschaffe dir eine Reihe von kreisförmigen Gegenständen. Miss den Durchmesser mit einem Lineal.

Stelle den Umfang mit einem Bindfaden fest. Schau dir dazu die nebenstehende Zeichnung an.

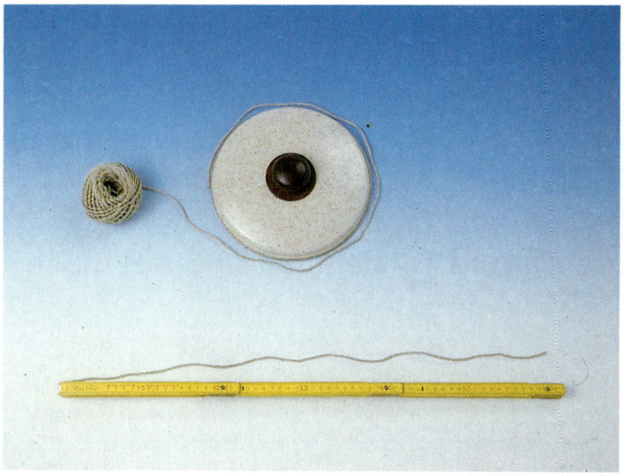

	Umfang u	Durchmesser d	u : d
Waschmitteltrommel	*	*	*
Keksdose	*	*	*
Bierfilz	*	*	*
Batterie	*	*	*
5-DM-Stück	*	*	*
. . . .	*	*	*

2

Stelle eine Tabelle auf (siehe Abbildung). Trage die Messwerte ein. In der dritten Spalte trägst du das Ergebnis u : d ein.

Vergleiche alle Ergebnisse u : d miteinander. Was stellst du fest?

Wenn du immer sorgfältig gemessen hast, ist das Ergebnis u : d immer ungefähr 3,1. Der Umfang ist ungefähr 3,1-mal so lang wie der Durchmesser.

$$u \approx 3{,}1 \cdot d$$

Mathematiker haben festgestellt, dass der Umfang

3,14159265358979323 8...... mal so lang ist wie der Durchmesser.

Diese Zahl bricht hinter dem Komma nicht ab. Sie heißt „pi" und wird mit dem griechischen Buchstaben π geschrieben.

$$u = d \cdot \pi$$

Erinnere dich: $d = 2 \cdot r$

$$u = 2 \cdot r \cdot \pi$$

1

Zeichne folgende Kreise.

a) $d = 5$ cm

b) $d = 7$ cm

c) $d = 4{,}3$ cm

Berechne den Umfang und überprüfe dein Ergebnis durch Nachmessen.

2

Zeichne folgende Kreise.

a) $r = 8$ cm

b) $r = 3$ cm

c) $r = 4{,}9$ cm

Berechne den Umfang und überprüfe dein Ergebnis durch Nachmessen.

Rechne mit dem Taschenrechner. Benutze die Taste mit dem π-Zeichen. Wenn keine π-Taste vorhanden ist, so gib für π immer 3,14 ein.

3

Das Vorderrad eines Fahrrades hat einen Durchmesser von 66 cm. Welchen Weg legt das Rad bei einer Umdrehung zurück?

4

Das Rad eines Skateboards hat einen Durchmesser von 7 cm. Berechne den Umfang.

5

Ein Autorad hat einen Radius von 30 cm. Welchen Weg legt es bei einer Umdrehung zurück?

6

Das Rad eines LKW hat einen Durchmesser von 88 cm. Welchen Weg legt es bei einer Umdrehung zurück?

Kreisflächen

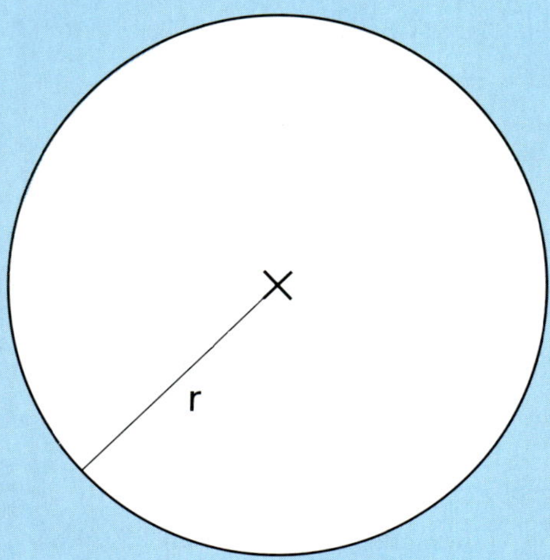

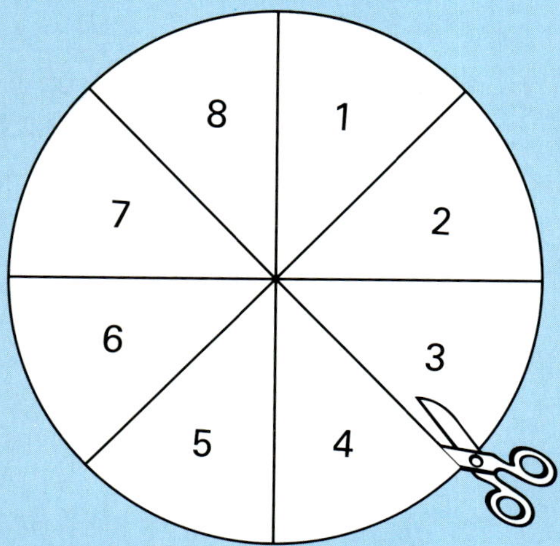

1

Zeichne einen Kreis mit einem Radius von 3 cm (r = 3 cm).

2

Schneide den Kreis aus und schneide ihn in 8 gleich große Stücke.

3

Ordne die Teile so, dass ungefähr ein Parallelogramm entsteht. Vergleiche dazu die Zeichnung unten.

4

Erläutere, warum die Grundseite des Parallelogramms ungefähr die Hälfte des Kreisumfangs ist.

5

Erläutere, warum die Höhe des Parallelogramms ungefähr gleich dem Radius des Kreises ist.

6

Sieh dir den Kasten unten an und erläutere, wie die Formel $A_{\bigcirc} = r \cdot r \cdot \pi$ zustande kommt.

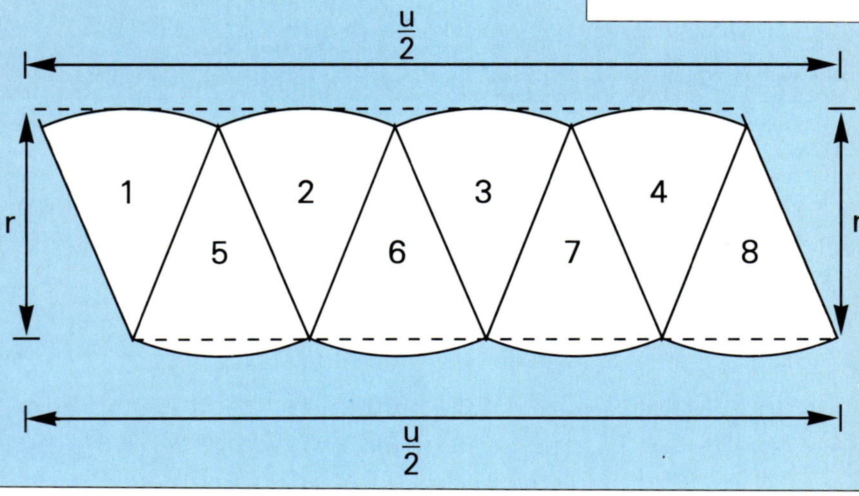

$$A_{\bigcirc} \approx A_{▱}$$

$$A_{\bigcirc} = r \cdot \frac{u}{2}$$

$$A_{\bigcirc} = r \cdot \frac{d \cdot \pi}{2}$$

$$A_{\bigcirc} = r \cdot \frac{2 \cdot r}{2} \cdot \pi$$

$$\mathbf{A_{\bigcirc} = r \cdot r \cdot \pi}$$

1

Berechne den Flächeninhalt der folgenden Kreise:

a) r = 5 cm
b) r = 7 cm
c) r = 3,4 cm
d) r = 1,2 cm

e) d = 6 cm
f) d = 4 cm
g) d = 7,2 cm
h) d = 5,6 cm

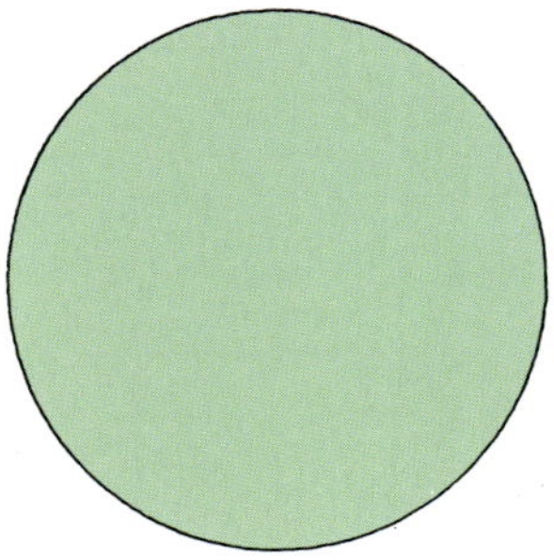

$A_{\circ} = \pi \cdot r \cdot r$

2

Im Stadtpark soll ein kreisrundes Blumenbeet neu bepflanzt werden. Das Beet hat einen Durchmesser von 12 m.

a) Wie groß ist die Fläche des Beetes?
b) Man rechnet mit 6 Pflanzen pro m^2. Wie viele Pflanzen werden benötigt?

3

Aus quadratischen Eisenblechstücken mit einer Seitenlänge von 8 cm werden Böden und Deckel für Konserven gestanzt.

a) Welchen Radius hat die Deckelfläche der Konserve?
b) Wie viel cm^2 Fläche hat die Deckelfläche der Konserve?

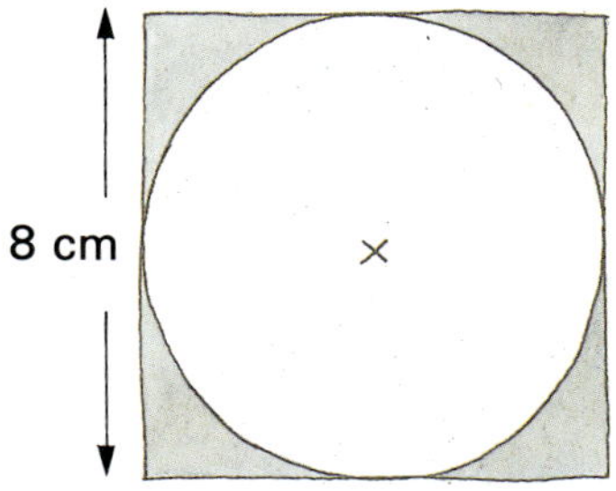

4

Aus quadratischen Blechstücken können runde Verkehrszeichen ausgestanzt werden.

a) Wie viel cm^2 Fläche hat das quadratische Blechstück?
b) Wie viel cm^2 Fläche hat das Verbotszeichen?
c) Wie viel cm^2 Fläche hat der übrig gebliebene Rest?

Technische Zeichnungen

Berechne Flächen und Umfänge der dargestellten Werkstücke (alle Angaben in Millimeter).

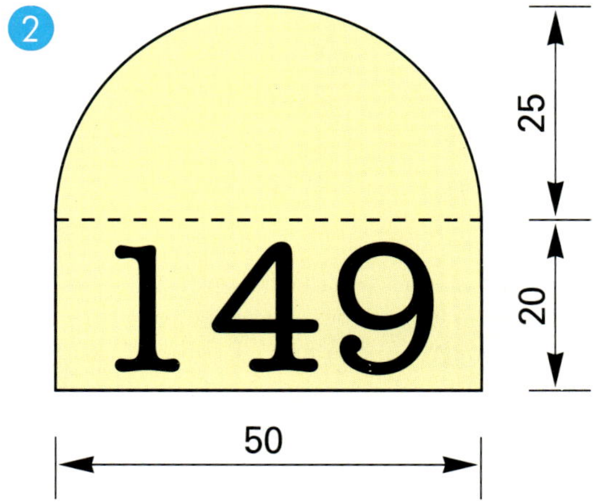

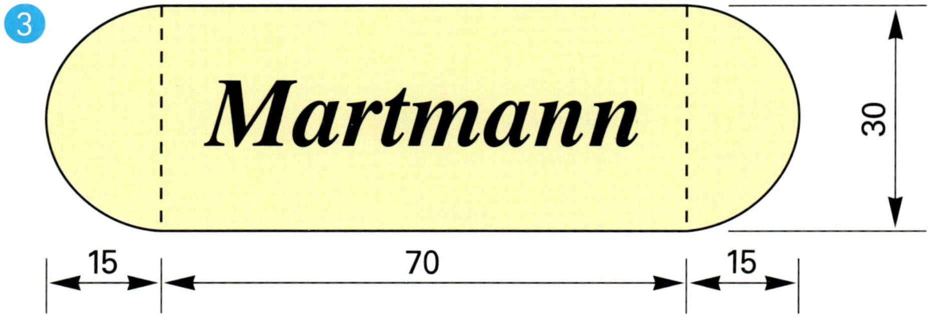

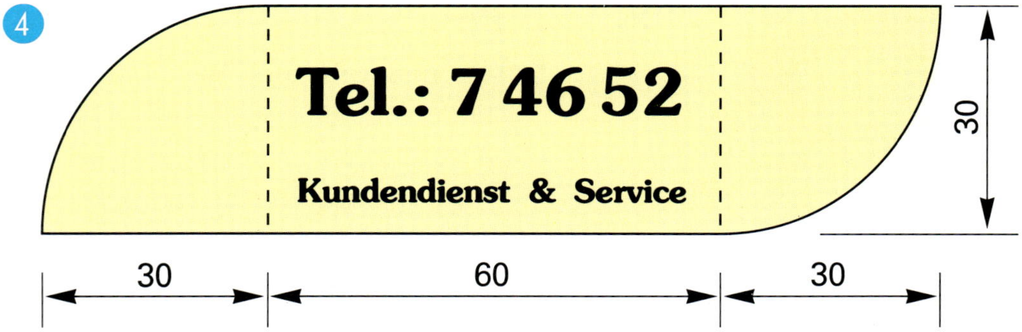

Berechne die Flächen der dargestellten Werkstücke (alle Angaben in Millimeter).

1

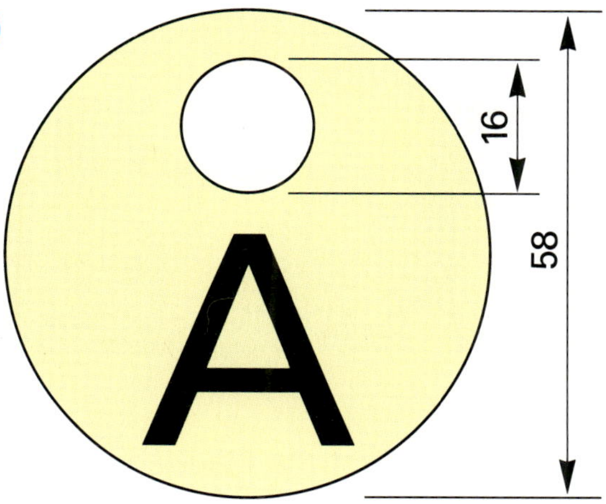

2

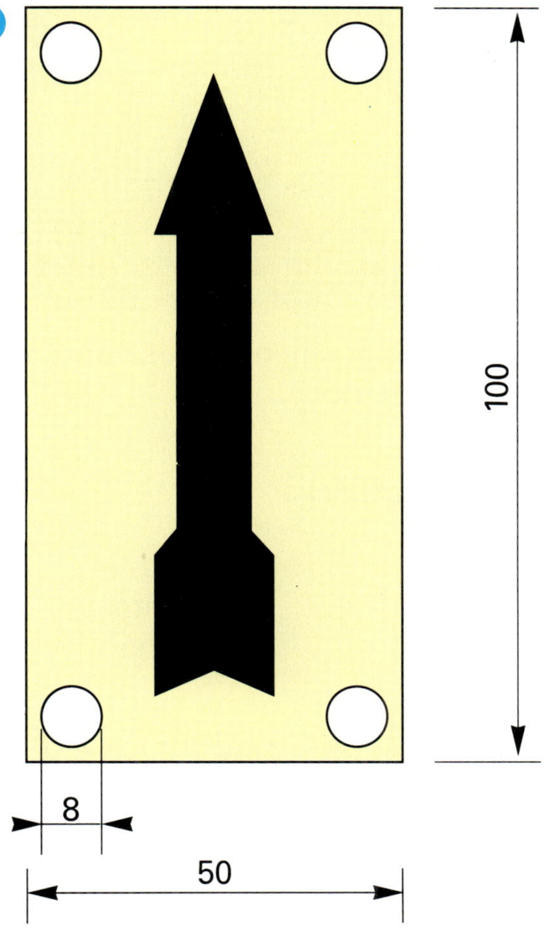

3

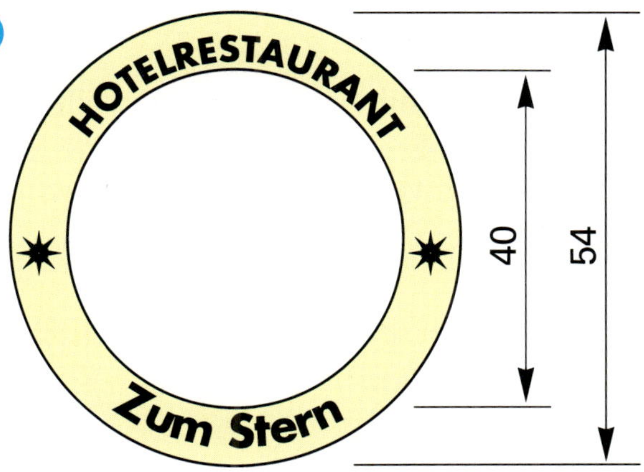

4*

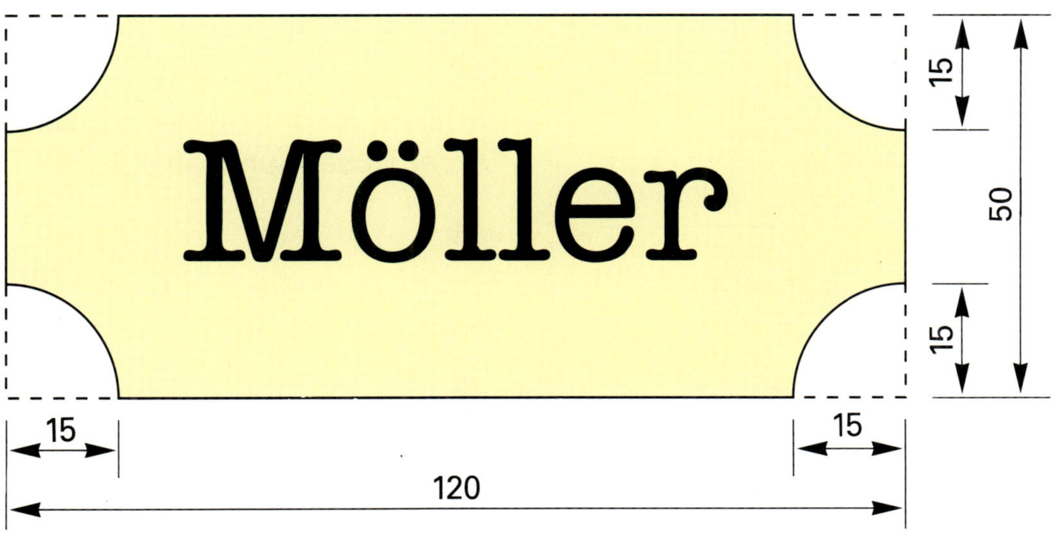

In der Dosenfabrik

Eine Dose hat einen Radius von 3 cm und ist 8 cm hoch.

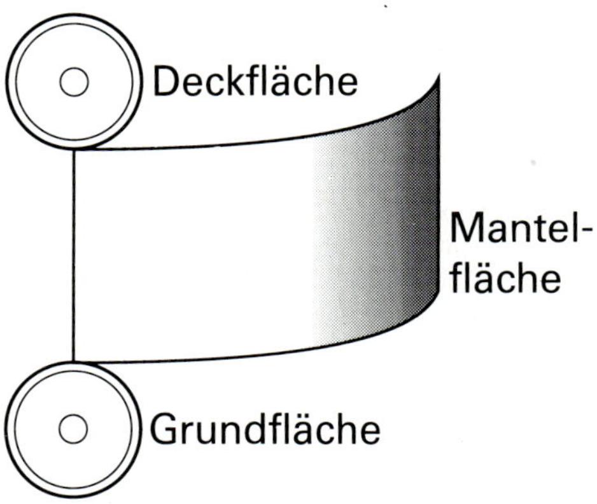

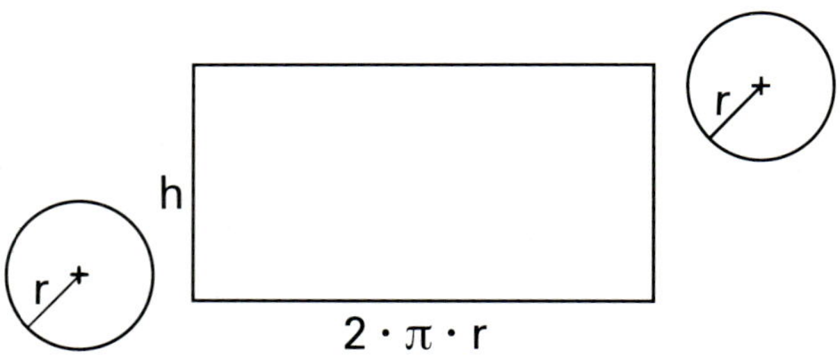

$$A = 2 \cdot A_{\bigcirc} + A_{\square}$$

$$A_{\bigcirc} = r \cdot r \cdot \pi$$

$$A_{\square} = u \cdot h$$

$$A_{\square} = 2 \cdot \pi \cdot r \cdot h$$

1

Berechne zuerst die Flächeninhalte der Grund- und Deckfläche.

2

Die Mantelfläche bildet abgerollt ein Rechteck. Erläutere, warum eine Seite des Mantels die Höhe h der Dose ist.

3

Erkläre, warum die andere Seite der Umfang der Grundfläche ist ($u = 2 \cdot \pi \cdot r$).

4

Berechne die Mantelfläche.

5

Addiere die Teilflächen zur Oberfläche A der Dose (Rundsäule).

6

Erläutere die Formel für die Oberfläche A der Rundsäule.

7

Berechne die Oberflächen der Rundsäulen.

a) r = 4 cm, h = 9 cm
b) r = 5 cm, h = 11 cm
c) r = 4,7 cm, h = 13 cm
d) r = 3,2 cm, h = 8,4 cm

1

Eine Konservendose mit Ravioli ist 12 cm hoch und hat einen Durchmesser von 10 cm. Die Deckfläche wird mit einem runden Etikett vollkommen abgeklebt. Welchen Flächeninhalt hat das Etikett?

2

Die Mantelfläche der Raviolidose wird ebenfalls mit einem Etikett beklebt. Gib die Fläche des Etiketts in cm^2 an.

3

Eine Dose für Kondensmilch wird rundherum mit einem Etikett beklebt. Die Dose ist 7 cm hoch und hat einen Durchmesser von 6,5 cm. Berechne den Flächeninhalt des Etiketts.

4 *

Eine Kondensmilchdose ist 7,5 cm hoch und hat einen Radius von 2,8 cm. Aus wie viel cm^2 Blech besteht die Dose?

5

Eine Konservendose wird rundherum mit einem Etikett beklebt. Die Dose ist 13 cm hoch und hat einen Durchmesser von 11 cm. Berechne den Flächeninhalt des Etiketts.

6 *

In der Konservenfabrik werden stündlich 1200 Dosen hergestellt. Jede Dose ist 12 cm hoch und hat einen Radius von 5 cm. Aus wie viel m^2 Blech bestehen die Dosen?

In der Kartonagenfabrik

1
Wie viele Flächen hat der Karton (die Rechtecksäule)?

2
Wie viele verschieden große Flächen sind vorhanden?

3
Berechne zuerst die Grundfläche und die Deckfläche (gelb).

4
Berechne nun die vier Seitenflächen (grün und blau).

5
Addiere alle Flächen. Du erhältst die Oberfläche der Rechtecksäule.

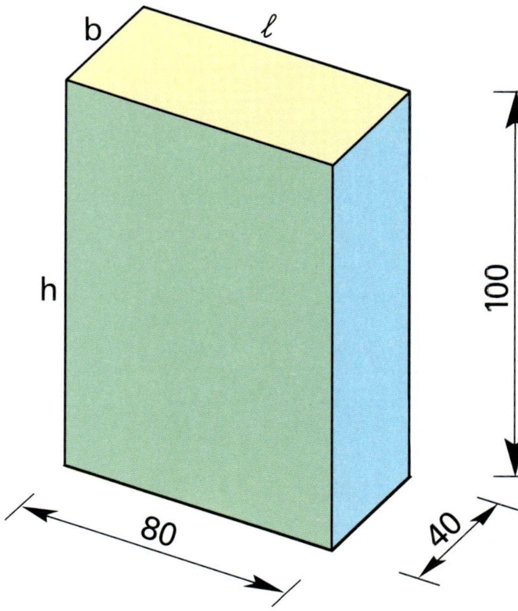

6
Erläutere die Formel zur Berechnung der Oberfläche einer Rechtecksäule.

$$A = 2 \cdot A_{\square} + 2 \cdot A_{\square} + 2 \cdot A_{\square}$$

$$A_{\square} = b \cdot \ell$$
$$A_{\square} = \ell \cdot h$$
$$A_{\square} = b \cdot h$$

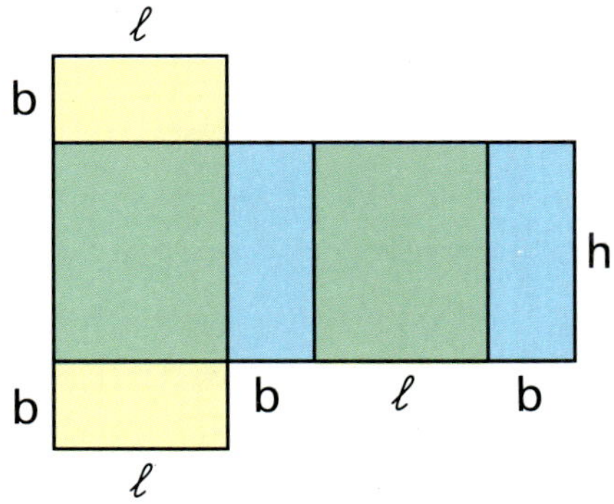

1

Berechne die Deckfläche des abgebildeten Geschenkkartons.

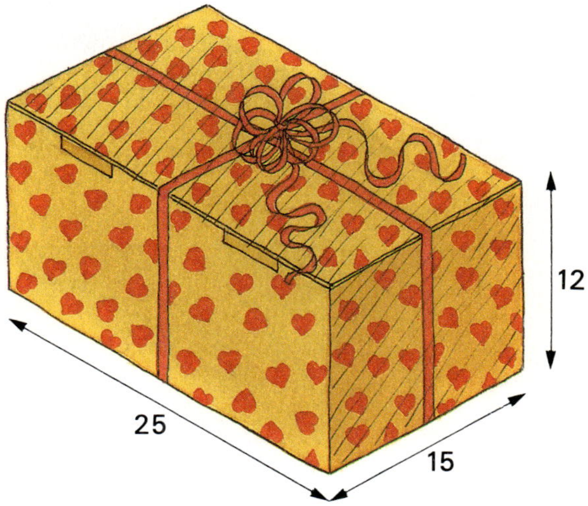

2

Stelle fest, aus wie viel cm^2 Pappe der Geschenkkarton mindestens besteht.

3

Ein Schuhkarton ist 16 cm hoch, 40 cm lang und 23 cm breit.
Stelle fest, aus wie viel cm^2 Pappe der Schuhkarton mindestens besteht.

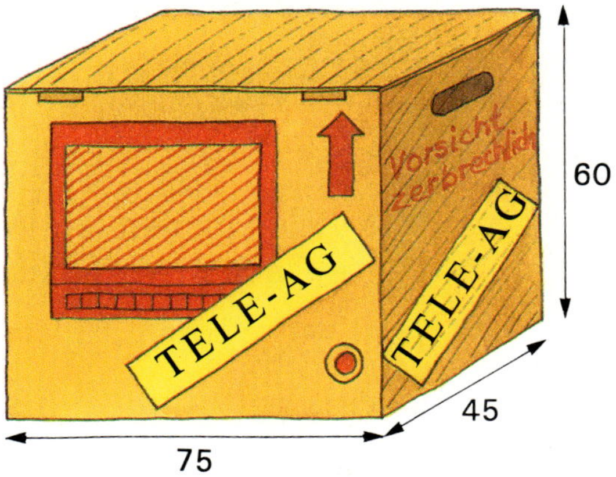

4

Berechne, aus wie viel cm^2 Verpackungsmaterial der abgebildete Karton mindestens besteht.

5

Ein Karton für einen Videorecorder ist 12 cm hoch, 58 cm lang und 32 cm breit. Berechne, wie viel cm^2 Kartonmaterial mindestens benötigt wird.

6 *

Der Karton für die Verpackung einer Waschmaschine hat die Form einer Quadratsäule (eine Säule mit quadratischer Grundfläche). Stelle fest, wie viel cm^2 Karton für die Verpackung mindestens benötigt wird.

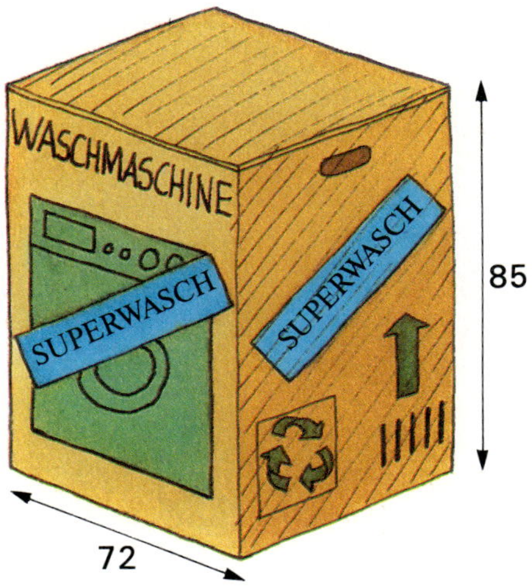

7 *

Berechne die Oberfläche einer Quadratsäule, die 48 cm hoch und 12 cm breit ist.

Würfel

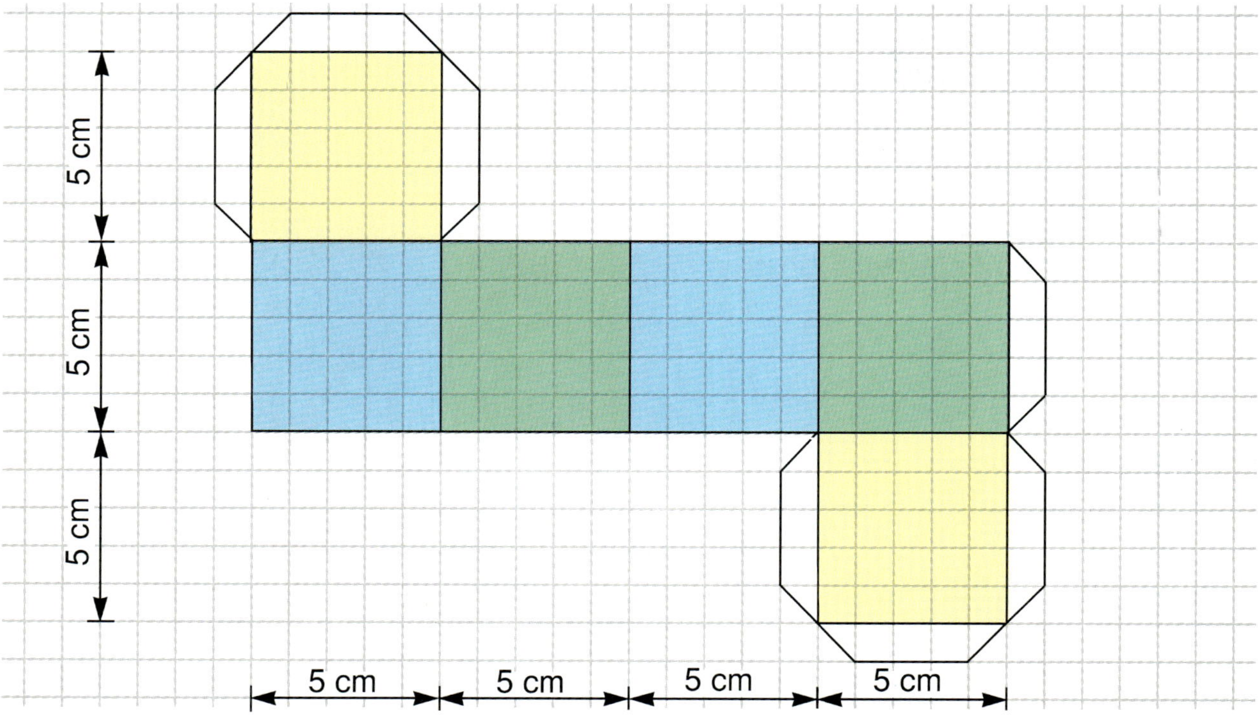

1

Übertrage das Netz auf Karopapier, schneide aus und falte einen Würfel.

2

Stelle fest, wie viele Flächen der Würfel hat. Wie viele Flächen sind gleich?

3

Stelle fest, welche Länge, Breite und Höhe der Würfel hat. Miß dazu am Modell.

4

Berechne die Oberfläche des Würfels nach der Formel für die Oberfläche der Rechtecksäule.

5

Berechne die Oberfläche des Würfels nach der Formel

$$A = 6 \cdot \ell \cdot \ell$$

und vergleiche mit dem Ergebnis von Aufgabe 4.

6*

Erläutere, warum die Oberfläche des Würfels nach der Formel von Aufgabe 5 berechnet werden kann. Schau dir dazu auch die Abbildung oben an.

7

Berechne die Oberfläche eines Würfels mit einer Seitenlänge von 40 cm.

8*

Ein würfelförmiger Geschenkkarton hat eine Oberfläche von 384 cm^2. Berechne zuerst eine Fläche. Berechne dann die Kantenlänge.

Verschiedene Aufteilungen

Verteilung von Land und Wasser auf der Erdoberfläche

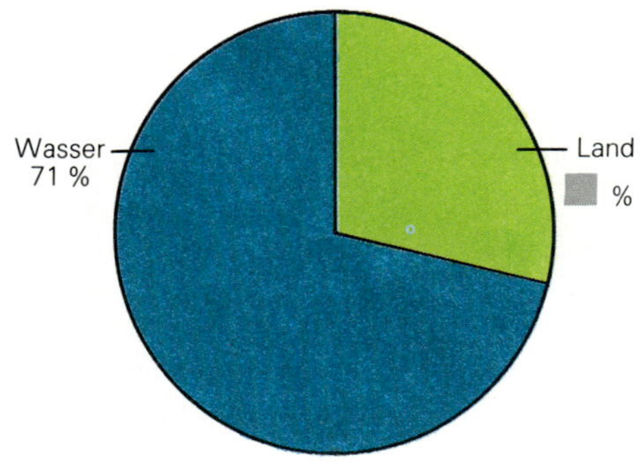

Größe der Weltmeere
(in Prozent der Wasseroberfläche)

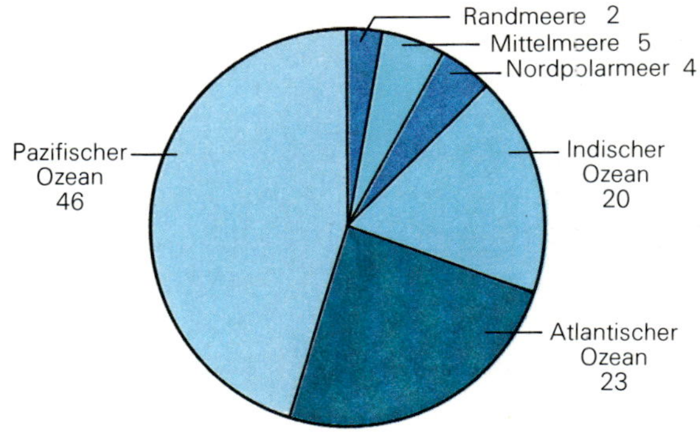

1

a) Wie viel Prozent der Erdoberfläche ist Land?
b) Vergleiche sie mit dem prozentualen Anteil der Wasserfläche.
c) Wie oft passt die Landfläche ungefähr auf die Wasserfläche?

2

a) Welcher Ozean ist der größte?
b) Was fällt dir beim Vergleich der größten Ozeane auf?
c) Ordne die Weltmeere der Größe nach. Beginne dabei mit dem größten Weltmeer.

Größe der Kontinente
(in Prozent der Landoberfläche)

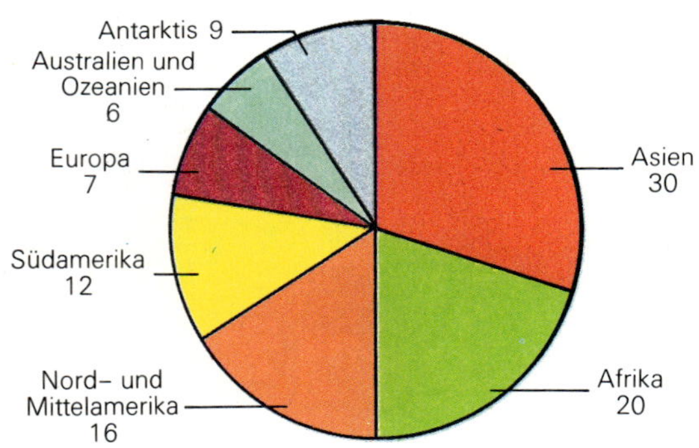

Verteilung der Bevölkerung auf die Erdteile

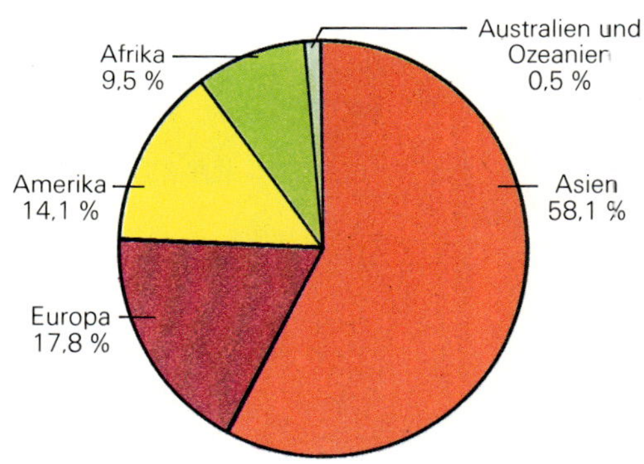

3

a) Ordne die Kontinente der Größe nach.
b) Vergleiche die Größe von Europa mit der Größe von Asien.
c) Vergleiche die Größe der Antarktis mit der Größe von Europa.

4

a) Stelle eine Rangfolge auf.
b) Vergleiche die Bevölkerung Amerikas mit der Bevölkerung Europas.
c) Vergleiche die Bevölkerung Asiens mit der von Europa und Afrika.

Die Weltbevölkerung

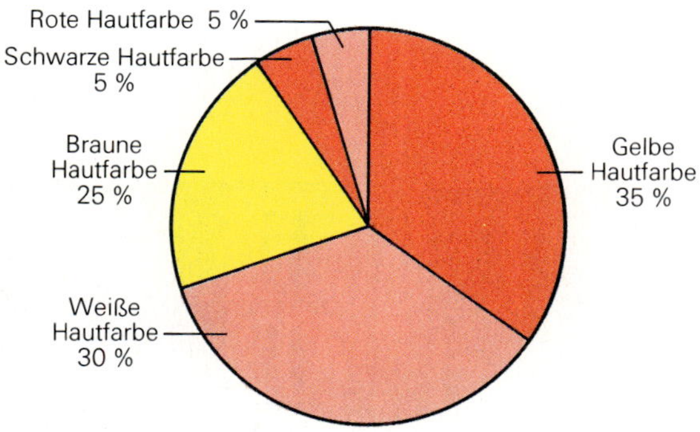

Die Weltreligionen

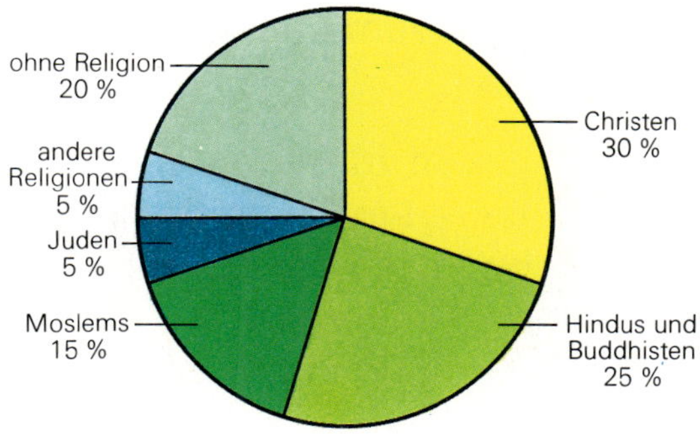

1

a) Wie viele verschiedene Menschengruppen werden unterschieden?
b) Auf welchen Kontinenten leben die Menschen mit weißer Hautfarbe hauptsächlich?
c) Wie müsste die Aufteilung für deine Stadt in etwa lauten?

2

a) Wie viele große Religionen gibt es auf der Welt?
b) Welchen Anteil haben die Menschen ohne Religion in der Welt?
c) Gilt diese Aufteilung auch für deine Stadt? Gib Gründe für deine Aussage an.

Die Flächennutzung in Bayern

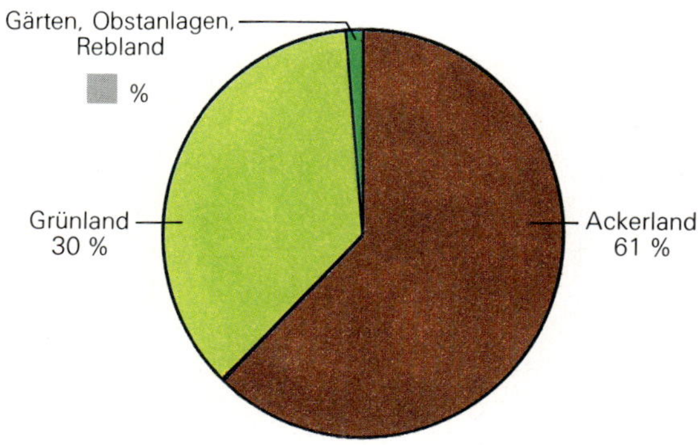

Die Flächennutzung in einer Gemeinde

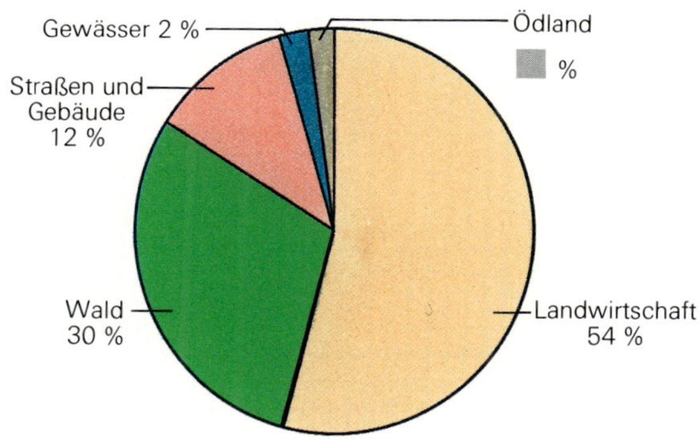

3

a) Wie viel Prozent der Flächennutzung entfällt auf den Bereich Gärten, Obstanlagen, Rebland?
b) Wie könnte die Verteilung bei dir zu Hause sein?

4

a) Wie viel Prozent der Fläche in der Gemeinde entfällt auf Ödland?
b) Wie könntest du dir diese Gemeinde vorstellen? Möchtest du dort wohnen? Begründe deine Aussage.

Verkehrsbefragungen in Münster

Im Jahr 1990 wurden in der westfälischen Stadt Münster 4100 Personen befragt, wie sie zum Einkaufen in die Stadt kommen.

21 % gehen zu Fuß,
34 % fahren mit dem Fahrrad,
7 % benutzen öffentliche Verkehrsmittel,
38 % kommen mit dem Auto.

1

Wie viele Personen gaben bei der Befragung an, dass sie zu Fuß gingen?

21 % von 4100 = ■
1 % von 4100 = 4100 : 100 = 41
21 % von 4100 = 41 · 21 = 861
21 % von 4100 = 861

Antwort Von 4100 Personen gaben 861 an, zu Fuß in die Stadt zu gehen.

C – 4100 – × – 21 – % ■
oder
C – 4100 – × – 21 – ÷ – 100 – = ■
oder
C – 4100 – ÷ – 100 – × – 21 – = ■
oder
C – 21 – ÷ – 100 – × – 4100 – = ■

4100 —$\frac{21}{100}$→ ■

Grundwert *Prozentsatz* *Prozentwert*

4100 —*21 %*→ ■

2

Berechne die Personenzahl der anderen drei Gruppen, die befragt wurden.

3

Berechne die Personenzahl der vier Gruppen bei einer Befragung von 12 500 Personen und gleichen Prozentsätzen.

4

Grundwert	Prozentsatz	Prozentwert
450	8 %	■
280	6 %	■
24	25 %	■
164	35 %	■
2460	14 %	■

16,8 36 6 344,4 57,4 444,4

5

Grundwert	Prozentsatz	Prozentwert
4236	12,5 %	■
3400	4,5 %	■
5080	3,75 %	■
2460	9,5 %	■
4200	5,7 %	■

233,7 190,5 239,4 529,5 467 153

Bei einer Verkehrserhebung in Münster wurden 2100 Personen befragt, zu welchem Zweck sie in die Stadt kommen.

Berufsverkehr	9 %
Einkaufen	22 %
Freizeit	18 %
Schule	20 %
Studium	10 %
Sonst. Erledigungen	21 %

1

Wie viele Personen gaben als Reisezweck den Berufsverkehr an?

2

a) Berechne, wie viele Personen aus anderen Gründen nach Münster kamen?
b) Wie viele Personen gehen in die Schule?
c) Wie viele studieren in Münster?

3

An einem Samstag wurden 3140 Personen in einem Kaufhaus befragt, wie sie in die Stadt gefahren waren:

85 % benutzten ein eigenes Fahrzeug
15 % benutzten öffentliche Verkehrsmittel

a) Wie viele Personen entfallen jeweils auf die beiden Bereiche?
b) 55 Prozent der Käufer benutzten ein Auto.
Wie viele Personen waren das?

4

1990 wurden 920 Bedienstete der Stadt Münster nach ihrem Wohnort befragt. 30 % davon waren Pendler. Wie viele sind das?

5

In Münster werden täglich am Bahnhof ca. 1200 Fahrräder abgestellt. Die Verkehrsplaner wollen für 60 % der Fahrräder Plätze in Parkhäusern schaffen.
a) Wie viele Plätze müssen geschaffen werden?
b) Für wie viele Fahrräder müssen andere Unterbringungsmöglichkeiten geschaffen werden?

Berechne den Prozentwert.

6

1 % von 750
1 % von 300
1 % von 122
1 % von 90

7,5 1,22
3 0,9 7

7

10 % von 48
6 % von 60
15 % von 72
25 % von 90

3,6 10,8
4,8 22,5 3,9

8

7 % von 128
8 % von 96
19 % von 77
15 % von 990

8,96 7,68 14,63
2000 148,5

9

12,4 % von 750
9,5 % von 520
14,2 % von 400
7,1 % von 600

49,4 42,6 56,8
18 93

Aus dem Vereinsleben

1

Tobias wurde im Musikverein mit 34 Stimmen von 40 zum Vorsitzenden gewählt.
Wie viel Prozent der Stimmen sind das?

34 von 40 = ■ %
40 ≙ 100 %
1 ≙ 100 % : 40 = 2,5 %
34 ≙ 2,5 % · 34 = 85 %
34 von 40 ≙ 85 %
≙ entspricht

Antwort Tobias wurde mit 85 % der Stimmen zum Vorsitzenden gewählt.

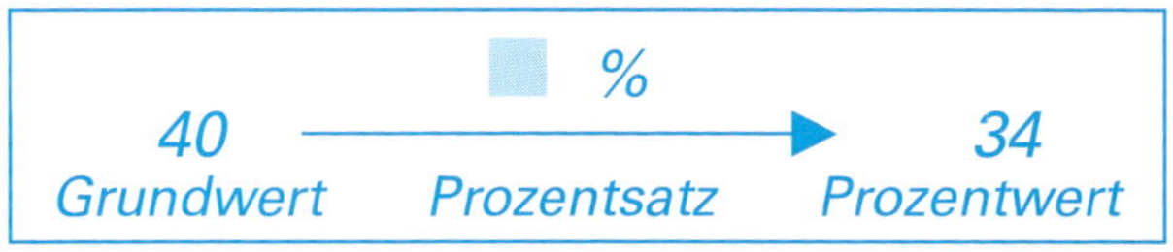

2

Claudia erinnert sich:

1 von 5 $= \frac{1}{5}$
sie rechnet:
34 von 40 $= \frac{34}{40}$
$\frac{34}{40} = 0{,}85$
$0{,}85 = \frac{85}{100};\ \frac{85}{100} = 85\ \%$

3

Bei der Sprecherwahl einer Schwimmgruppe wurde Vera mit 18 Stimmen von 25 gewählt.

a) Mit wie viel Prozent der Stimmen wurde sie zur Sprecherin gewählt?
b) Wie viel Prozent der Stimmen bekam sie bei der Wahl zur Sprecherin nicht?
c) Vergleiche beide Prozentsätze. Erreichte sie ein gutes Ergebnis?

4

Ein Judoverein hat 240 Mitglieder, 144 davon sind Jugendliche.
Wie hoch ist der prozentuale Anteil der Jugendlichen?

5

Bei einem Wasserballturnier konnten 24 von 60 gemeldeten Teilnehmern wegen eines Sturms nicht kommen.
Wie viel % der Teilnehmer fehlten?

Wie viel Prozent sind es?

6	7	8	9
3 von 25	6 von 150	48 von 60	33 von 300
6 von 120	24 von 60	62 von 310	342 von 456
15 von 250	21 von 420	42 von 140	152 von 950
18 von 600	24 von 400	135 von 225	54 von 450
27 von 450	39 von 780	180 von 600	65 von 260

Schwimmwettbewerb in Ulm
Liste der Preisträger

Gruppe *Neptun*
8 von 40 Teilnehmern
Gruppe *Wasserfreunde*
14 von 35 Teilnehmern
Gruppe *Weißer Delphin*
20 von 84 Teilnehmern
Gruppe *Seerobben*
18 von 60 Teilnehmern

1

Welche Gruppe schnitt beim Wettbewerb am besten ab? Berechne hierzu den prozentualen Anteil der Gewinner aus jeder Gruppe. Benutze den Taschenrechner.

8 von 40 = ■ %

C – 8 – ÷ – 40 – % ■
oder
C – 8 – ÷ – 40 – × – 100 – = ■
oder
C – 8 – × – 100 – ÷ – 40 – = ■

Antwort *Gruppe Neptun erhielt für 20 % der Teilnehmer Preise.*

2

Beim historischen Jahrmarkt in Freiburg wurden 1320 Senioren zu einer Nachmittagsveranstaltung eingeladen. Davon erschienen 1122. Wie viel Prozent der Eingeladenen kamen?

3

Ein Trommlerchor hat 225 Mitglieder, 36 Aktive, 72 Fördermitglieder und 117 Passive.
Wie viel Prozent entfallen auf jede Gruppe?

4

Bei einer Kaninchenschau in Jülich wurden 3680 Freikarten ausgegeben. 2024 Personen nutzten dieses Angebot. Wie viel Prozent der Freikarten wurden benutzt?

5

Bei einer Katzenschau in Leverkusen kämpften 540 Tiere um einen Schönheitstitel. 162 Tiere kamen aus dem Bestand des Leverkusener Vereins. Wie viel Prozent sind das?

Berechne den Prozentsatz.

6

Grundwert	420	155	128	325	450
Prozentwert	84	31	64	65	27

7

Grundwert	980	135	460	1380	2000
Prozentwert	147	27	115	410	483

Volksfeste

1

Beim Straßenfest vor dem Magdeburger Dom sollen Lose verkauft werden. Es sind 252 Gewinne vorgesehen. Das sind 9 % aller Lose. Wie viele Lose müssen gedruckt werden?

9 % von ■ = 252
9 % ≙ 252
1 % ≙ 252 : 9 = 28
100 % ≙ 28 · 100 = 2800
9 % von 2800 = 252

Antwort Es müssen 2800 Lose gedruckt werden.

9 %
■ ⟶ 225
Grundwert Prozentsatz Prozentwert

2

Auf dem Wildpferdemarkt in Dülmen wurden 124 Pferde verkauft. Das waren 31 % der aufgetriebenen Pferde. Wie viele Pferde waren es insgesamt?

3

Beim Striezelmarkt in Dresden kamen an einem Sonntag 12800 Besucher. Das waren 32 % aller Besucher einer Woche. Wie viele Besucher kamen in einer Woche?

4

Auf dem Häwelmarkt in Neustadt an der Weinstraße kann man Töpferwaren aller Art kaufen. 24 Verkäufer kamen aus der näheren Umgebung; das sind 30 % der Verkäufer. Wie viele Verkäufer sind es insgesamt?

5

Zu einer Puppenausstellung in Frankfurt am Main wurden 12480 Karten an Kinder verkauft. Das waren 64 Prozent der verkauften Karten.
Wie viele Eintrittskarten wurden insgesamt verkauft?

Berechne den Grundwert.

6

1 % = 4
1 % = 6
1 % = 12
1 % = 40
1 % = 243

400	600	24300
4000	300	1200

7

10 % = 63
20 % = 34
50 % = 90
25 % = 120
40 % = 340

480	610	630
170	180	850

8

8 % = 34
3 % = 54
7 % = 91
6 % = 345
18 % = 423

2350	1800	5750
425	1410	1300

9

15 % = 147
42 % = 189
36 % = 270
28 % = 448
23 % = 483

1210	750	980
450	1600	2100

Der Flachsmarkt wird jedes Jahr zu Pfingsten in Krefeld aufgebaut. Hier gibt es viele alte Handwerksgruppen, die ihre Tradition aufleben lassen.

1

In einem Jahr kamen 38 000 Besucher. Das waren 95 % der erwarteten Gäste. Wie viele Besucher wurden erwartet? Rechne mit dem Taschenrechner.

95 % von ▢ = 38 000

C – 38000 – ÷ – 95 – % ▢

C – 38000 – ÷ – 95 – × – 100 – = ▢

Antwort
Erwartet wurden 40 000 Besucher.

2

Die Feengrotte in Saalfeld hatte in einem regenreichen Sommer nur 36 100 Besucher. Das waren nur 38 Prozent der durchschnittlichen Besucherzahl, die sonst gezählt wird. Wie viele Besucher hat die Tropfsteinhöhle in der Regel bei normalem Wetter?

3

Zu den Passionsspielen in Oberammergau kamen 1970 121 125 Zuschauer. Das waren 85 % der Zuschauer von 1980. Wie viele Zuschauer kamen 1980 zu den Passionsspielen nach Oberammergau?

4

Das Salzbergwerk in Berchtesgaden wurde an einem Sonntag von 2040 Personen besucht. Das waren 48 % der Besucher einer Woche. Wie viele Besucher kommen in einer Woche?

5

Eine Schule besucht das Deutsche Bergbaumuseum in Bochum. Der Lehrer erhält für die Schüler und Schülerinnen 8 % Ermäßigung. Das macht 90 DM aus. Wie viel DM muss er bezahlen?

6

Im Sommer kommen durchschnittlich 42 800 Besucher mit dem Bus zum Freilichtmuseum in Kommern (Eifel). Das sind 80 % der Besucher. Wie viele Besucher kommen insgesamt?

Berechne den Grundwert.

7

Prozentsatz	6 %	12 %	18 %	40 %	25 %
Prozentwert	108	408	171	48	52
Prozentsatz	14,2 %	7,5 %	12,5 %	24,25 %	65 %
Prozentwert	781	600	400	606,25	260

8

Prozentsatz	25 %	8 %	7 %	18 %	17 %
Prozentwert	128	16	56	45	408
Prozentsatz	13 %	14 %	17 %	41 %	12 %
Prozentwert	585	322	969	3198	360

Ausgaben einer Familie

1

Berechne, wie viel DM in einem Vierpersonenhaushalt mit einem Monatseinkommen von 4500 DM für Essen und Trinken durchschnittlich ausgegeben wurden?
Was ist gegeben? Was ist gesucht?

4500 DM —24,1 %→ ■ DM
Grundwert — Prozentsatz — Prozentwert

24,1 % von 4500 DM = ■ DM

[C]–[4500]–[×]–[24.1]–[%] ■

[C]–[4500]–[×]–[24.1]–[÷]–[100]–[=] ■

Antwort Es wurden 1084,50 DM für Essen und Trinken ausgegeben.

Verteilung der Ausgaben eines Vierpersonenhaushalts (1990)

Essen und Trinken	24,1 %
Bekleidung und Schuhe	8,1 %
Miete, Strom, Heizung	26,9 %
Möbel, Reparaturen	7,2 %
Körper- und Gesundheitspflege	3,7 %
Auto, Verkehr, Post	15,9 %
Bildung, Freizeit, Unterhaltung	10,6 %
Reisen, Versicherungen u. a.	3,5 %
	100 %

2

Für welchen Bereich wurde das meiste Geld ausgegeben?

3

Vergleiche die Ausgaben für Essen und Trinken mit den Ausgaben für Bekleidung und Schuhe.

4

Herr Tüffers hat im Juli ein Einkommen von 3860 DM. Er legt 378,28 DM für Bildung, Freizeit und Unterhaltung an. Wie viel Prozent sind das vom gesamten Einkommen?

3860 DM —■ %→ 378,28 DM
Grundwert — Prozentsatz — Prozentwert

378,28 DM von 3860 DM = ■ %

[C]–[378.28]–[÷]–[3860]–[%] ■

[C]–[378.28]–[÷]–[3860]–[×]–[100]–[=] ■

Antwort Herr Tüffers legt 9,8 % seines Einkommens für Bildung, Freizeit und Unterhaltung an.

5

Claudia verdient monatlich 1980 DM. In einem Monat hat sie 73,26 DM für Körper- und Gesundheitspflege ausgegeben. Wie viel Prozent waren das vom Monatseinkommen?

6

Johannes erhält 1260 DM. Er hat monatlich im Durchschnitt 202,86 DM Kosten für Fahrgeld. Wie viel Prozent sind das vom Monatseinkommen?

7

Familie Kranz aus Hannover hat eine preiswerte Wohnung. Sie bezahlt dafür 18 Prozent des Einkommens.
Wie viel DM macht das bei einem Einkommen von 4820 DM aus?

1

Familie Koch bezahlt monatlich 1248 DM für Miete, Strom und Heizung. Das sind 26 % ihres Einkommens. Hans meint, dann hat Familie Koch ein gutes Einkommen. Wie hoch ist es? Was ist gegeben? Was ist gesucht?

■ DM —26 %→ 1248 DM

Grundwert Prozentsatz Prozentwert

26 % von ■ DM = 1248 DM

[C]–[1248]–[÷]–[26]–[%] ■

[C]–[1248]–[÷]–[26]–[×]–[100]–[=] ■

Antwort Familie Koch hat ein Monatseinkommen von 4800 DM.

2*

Sybille verdient bald eigenes Geld. Sie möchte nicht mehr als 20 % für ihre Wohnung anlegen. Ihre Freundin hat ihr eine Wohnung für 390 DM Monatsmiete angeboten. Wie viel DM muss Sybille mindestens verdienen, damit sie die Miete bezahlen kann?

3*

Frau Weiß richtet ihr Wohnzimmer neu ein. Insgesamt bezahlt sie 28000 DM dafür. Für die elegante Sitzgruppe mit Tisch hat sie 11760 DM bezahlt. Wie viel Prozent macht das aus?

4*

Frau Wegner möchte ein Haus kaufen. Sie besitzt bereits eine Wohnung in diesem Haus. Diese ist 96000 DM wert. Das entspricht 25 % des Wertes des Hauses. Wie viel DM ist das Haus wert?

5*

Eine Maklerin vermittelt den Kauf eines Hauses. Dafür erhält sie vom Käufer des Hauses 3 % der Kaufsumme als Provision. Sie bekommt 10500 DM. Wie viel DM hat der Käufer für das Haus bezahlt?

6*

Familie Brose hat eine neue Kücheneinrichtung zum Preis von 16750 DM bestellt. 28 Prozent des Rechnungsbetrages entfallen auf Kühlschrank, Spülmaschine und Elektroherd. Wie viel DM kosten diese Geräte zusammen?

Berechne die fehlenden Angaben.

7

Grundwert	7600	3800	2700	4800	3800
Prozentsatz	24 %	*	14 %	*	*
Prozentwert	*	266	*	144	418

8

Grundwert	32	*	450	*	450
Prozentsatz	75 %	64 %	8 %	18 %	*
Prozentwert	*	1728	*	324	54

Zur Million und darüber

E = Einerwürfel	=	1 E
Z = Zehnerstange	=	10 E
H = Hunderterplatte	=	100 E
T = Tausenderwürfel	=	1 000 E
ZT = Zehntausenderstange	=	10 000 E
HT = Hunderttausenderplatte	=	100 000 E
M = Millionenwürfel	=	1 000 000 E

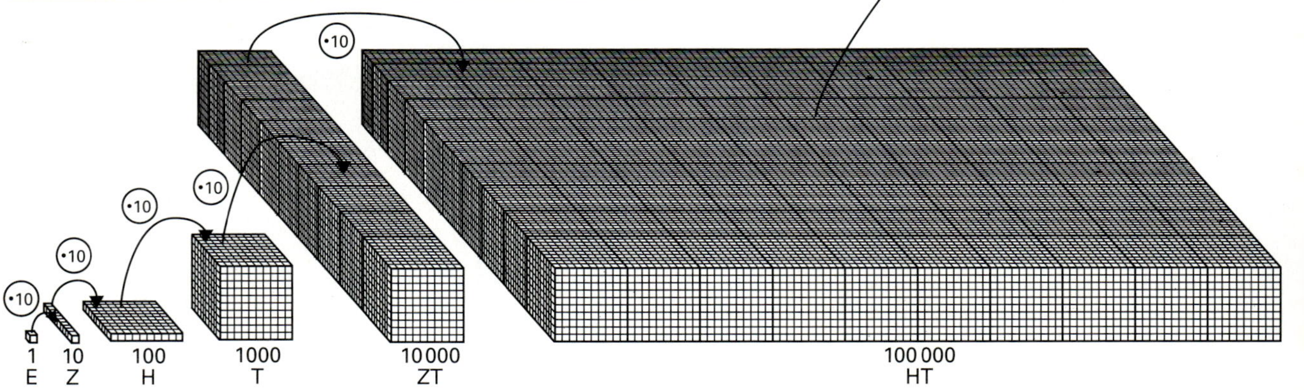

1

Erkläre die Zeichnung, beachte die Pfeile.

$1 \cdot 10 = ■$
$10 \cdot 10 = ■$
$100 \cdot 10 = ■$

Setze die Reihe fort.

2

Schreibe diese Reihen weiter.

1 000 000 : 10 = 100 000
100 000 : 10 = 10 000
10 000 : 10 = 1 000

Bilde weitere Reihen, indem du durch 100 und durch 1 000 teilst.

3

Lies aus der Zeichnung ab.

a) Wie viele Tausenderwürfel hat eine Zehntausenderstange?
b) Wie viele Zehntausenderstangen hat eine Hunderttausenderplatte?
c) Wie viele Hunderttausenderplatten hat ein Millionenwürfel?

4

Löse mit Hilfe der Zeichnung.

a) Wie viele Einer haben zwei Zehntausenderstangen?
b) Wie viele Einer haben drei Hunderttausenderplatten?
c) Wie viele Einer haben drei Millionenwürfel?

5*

a) Wie viele Tausender hat ein Millionenwürfel?
b) Wie viele Tausender haben vier Millionenwürfel? Wie viele haben zehn Millionenwürfel?

6

Wie heißen diese Zahlen?

a) 1 000 10 000 100 000 1 000 000 10 000 000 100 000 11 000 1 100
b) 15 000 150 000 15 000 000 1 500 1 500 000 150 15 150

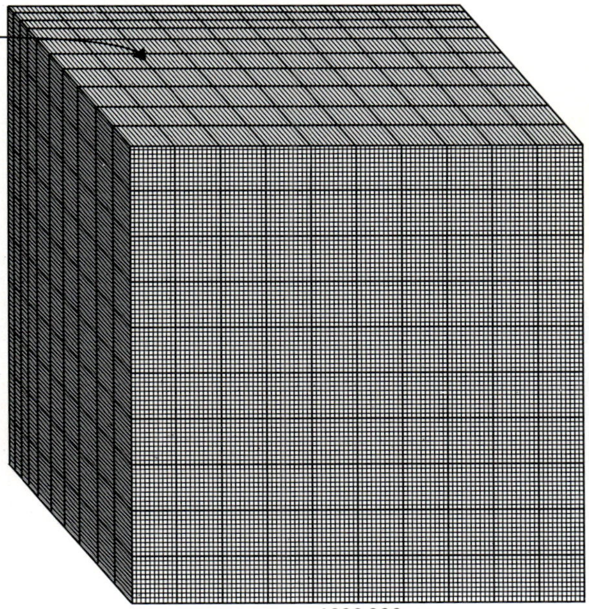

10 E = 1 Z
10 Z = 1 H
10 H = 1 T
10 T = 1 ZT
10 ZT = 1 HT
10 HT = 1 M

Millionen			Tausender			Einer		
HM	ZM	M	HT	ZT	T	H	Z	E
1	2	0	0	0	0	0	0	0
		4	2	0	0	0	0	0
		5	6	0	0	4	8	0
			4	8	0	3	6	9
		1	0	0	0	6	0	0

1

Lies die Zahlen aus der Stellentafel. Zeichne dann auch eine Stellentafel und trage die folgenden Zahlen ein.

a) 4 567 876   34 567 777   606 000
b) 45 000   432 000   2 067   405 637
c) 762 194   14 005   32 171 319

2

Schreibe mit Ziffern.

zweihundertvierzehntausendsechshundert
fünfzehntausendvierhundertachtzehn
eine Million siebenhunderttausend
zweiunddreißig Millionen vierhundert
zwei Millionen fünfhundertsechzigtausend

3

Zerlege in Millionen (M), Tausender (T) und Einer (E).

42 736 054 = 42 M + 736 T + 54 E

a) 43 560 726   3 430 261
b) 4 230 785   463 205

4

Fasse mit Ziffern die Millionen, Tausender und Einer zusammen.

67 M + 248 T + 103 E = 67 248 103

a) 18 M + 36 T + 264 E; 6 M + 4 T + 9 E
b) 8 M + 205 T + 276 E; 1 M + 26 T + 39 E

5

Große Zahlen werden oft auf ganze Millionen oder Bruchteile davon gerundet.

36 456 000 ≈ 36 000 000

Runde auf Hunderttausender.

546 000   450 000   234 800   124 678   456 600

6

Runde auf Millionen.

a) 43 746 000   5 700 000   6 830 000
b) 47 685 194   72 165 431   98 732 000
c) 26 840 000   1 374 000   3 695 000
d) 6 472 158   6 543 651   1 530 000
e) 4 999 999   9 227 395   2 746 211

Zählwerke

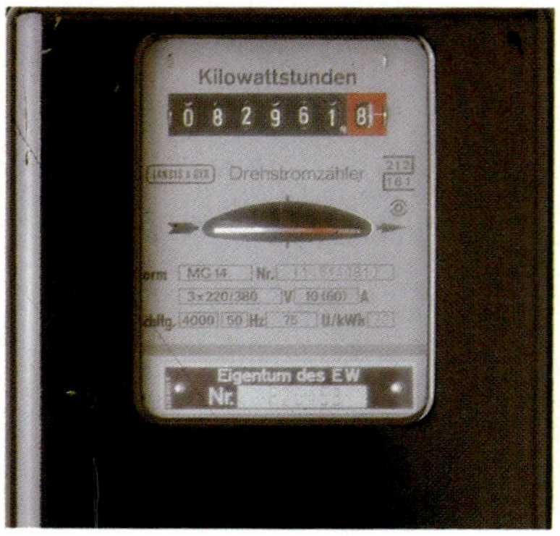

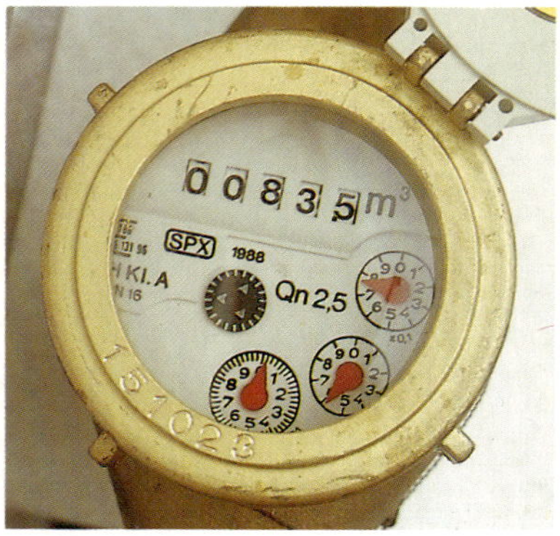

Der Verbrauch von Strom, Wasser oder Gas wird durch besondere Zähler oder Uhren festgehalten.

1

Lies und schreibe die Zahlen aus den abgebildeten Zählwerken auf.

3

Welches ist die höchste Zahl, die ein Auto auf dem Kilometerzähler anzeigen kann?

4

Hier findest du Angaben auf Kilometerzählern.

a) 014 529 090 345 089 089

b) 099 679 099 099

Welche Zahlen werden als nächste angezeigt? Schreibe sie auf.

5

Gib von den folgenden Zahlen immer die vorangegangene Zahl (Vorgänger) und die nachfolgende Zahl (Nachfolger) an.

a) 10 000 70 999 199 999

b) 20 199 348 99 000

c) 46 200 48 329 7 104

d) 1 000 000 62 141 3 144

e) 9 999 42 165 13

f) 482 691 4 26 149

g) 4 241 16 299 7 001

2

Lies zu Hause die Zahlstände von Wasseruhr, Gasuhr und Stromzähler ab.

6

Schreibe jeweils die nachfolgenden fünf Zahlen auf.

a) 518 50 520 4 089 123 456

b) 140 765 896 786

7

Schreibe jeweils die vorhergehenden fünf Zahlen auf.

a) 809 654 1 809 567 506 175

b) 178 3 076 30 999 125 676

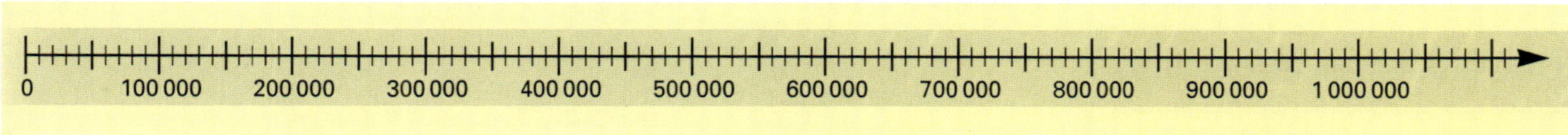

1

Welche Zahlen sind an diesem Zahlenstrahl benannt?

2*

Welche Zahlen werden durch die anderen Striche am Zahlenstrahl markiert?

3

Setze die Reihen fort.

a) 100 000 110 000 120 000 ... 200 000
b) 150 000 200 000 250 000 ... 1 000 000
c) 1 000 000 990 000 980 000 ... 900 000
d) 600 000 595 000 590 000 ... 550 000

4

Ordne der Größe nach.

a) 40 000 30 000 90 000 60 000
b) 55 000 43 000 56 000 31 400
c) 210 400 100 020 76 400 400 167
d) 260 860 300 400 1 000 000 40 000

5

Nenne alle Hunderttausender zwischen den angegebenen Zahlen.

a) 600 000 und 1 000 000
b) 100 000 und 500 000
c) 400 000 und 900 000
d) 200 000 und 1 000 000
e) 300 000 und 800 000
f) 800 000 und 200 000

6

Welche Zahl kommt vor 500 000, vor 200 000, vor 800 000?

7

Gib die vorhergehenden und nachfolgenden Hunderttausender an.

a) 200 000 600 000 800 000
b) 400 000 700 000 1 000 000

8

Nenne die Zahl dazwischen.

100 000	■	100 002	324 485	■	324 487
470 246	■	470 248	222 200	■	222 198
1 400 318	■	1 400 320	7 149	■	7 151
1 000 000	■	999 998	84 499	■	84 501

9

Nenne die Zahl davor und danach.

■	571 265	■	■	199 999	■
■	40 000 000	■	■	2 500 000	■
■	200 000	■	■	1 000 000	■
■	400 100	■	■	40 600	■

Die Bundesrepublik Deutschland

1

In welchem Bundesland liegen die meisten Großstädte? Schreibe sie mit der Angabe der Einwohnerzahl auf.

2

In welchen Bundesländern liegen keine Städte mit über 500 000 Einwohnern? Schreibe sie auf.

3

Schreibe die Großstädte mit über 1 Million Einwohnern auf.

4

Schreibe die Städte mit über 500 000 Einwohnern auf.

5

Schreibe die Großstadt auf, die deinem Wohnort am nächsten liegt. Erfrage die Einwohnerzahl bei deinem Lehrer.

6

Schreibe die Landeshauptstadt aus deinem Bundesland auf und gib an, wie viele Einwohner sie ungefähr hat.

Fläche und Bevölkerung nach Bundesländern Stand: 30.6.1990

Bundesland	*Fläche in km²*	*Bevölkerung in Millionen*	*Hauptstadt*
Baden-Württemberg ○	35 751	9,46	Stuttgart
Bayern ○	70 553	11,07	München
Berlin	883	3,34	Berlin
Brandenburg	29 059	2,61	Potsdam
Bremen ✻	404	0,66	Bremen
Hamburg ✻	755	1,61	Hamburg
Hessen ○	21 114	5,58	Wiesbaden
Mecklenburg-Vorpommern	23 838	1,95	Schwerin
Niedersachsen ✻	47 439	7,19	Hannover
Nordrhein-Westfalen	34 068	16,90	Düsseldorf
Rheinland-Pfalz ○	19 848	3,66	Mainz
Saarland ○	2 569	1,05	Saarbrücken
Sachsen	18 337	4,84	Dresden
Sachsen-Anhalt	20 445	2,92	Magdeburg
Schleswig-Holstein ✻	15 728	2,57	Kiel
Thüringen	16 251	2,65	Erfurt

1
Wie viele Bundesländer hat die Bundesrepublik? Welche kennst du?

2
Manche Bundesländer bestehen nur aus einer Stadt. Welche sind es?

3
Stelle für die Bundesländer Ranglisten von 1 bis 16 auf
a) nach der Fläche
b) nach der Bevölkerungszahl.

4
Wie viele Einwohner leben insgesamt in Nordwestdeutschland (✻)? Vergleiche das Ergebnis mit der Einwohnerzahl von Nordrhein-Westfalen.

5
Berechne die Fläche von Nordwestdeutschland (✻).

6
Berechne die Bevölkerungszahl von Süddeutschland (○).

Einwohnerzahlen

1

Im Jahr 1990 hatte die Stadt Köln 987 580 Einwohner. Wie viele Einwohner fehlten der Stadt, um Millionenstadt zu werden?

2

Die Stadt Hamburg hat 1,62 Mio. Einwohner. Wie viele Einwohner fehlen der Stadt an 2 Millionen Einwohnern?

3

Mannheim hat 480 000 Einwohner. Wie viele Einwohner fehlen an einer Million?

Ergänze zum nächsten Tausender.

4

2 300 + ■ = 3 000
4 200 + ■ = 5 000
3 600 + ■ = 4 000
7 100 + ■ = 8 000

5

4 870 + ■ = 5 000
7 266 + ■ = 8 000
8 340 + ■ = 9 000
3 215 + ■ = 4 000

6

18 400 + ■ = 19 000
12 300 + ■ = 13 000
16 200 + ■ = 17 000
17 100 + ■ = 18 000

Ergänze zum nächsten Zehntausender.

7

18 000 + ■ = 20 000
23 000 + ■ = 30 000
27 000 + ■ = 30 000

8

46 000 + ■ = 50 000
32 000 + ■ = 40 000
69 000 + ■ = 70 000

9

41 700 + ■ = 50 000
86 200 + ■ = 90 000
78 100 + ■ = 80 000

Ergänze zum nächsten Hunderttausender.

10

210 000 + ■ = 300 000
430 000 + ■ = 500 000
620 000 + ■ = 700 000
810 000 + ■ = 900 000

11

426 000 + ■ = 500 000
534 000 + ■ = 600 000
491 000 + ■ = 500 000
217 000 + ■ = 300 000

12

390 630 + ■ = 400 000
520 720 + ■ = 600 000
468 340 + ■ = 500 000
526 750 + ■ = 600 000

Ergänze zur Million.

13

600 000 + ■ = 1 000 000
400 000 + ■ = 1 000 000
300 000 + ■ = 1 000 000
100 000 + ■ = 1 000 000

14

360 000 + ■ = 1 000 000
760 000 + ■ = 1 000 000
840 000 + ■ = 1 000 000
960 000 + ■ = 1 000 000

15

269 000 + ■ = 1 000 000
463 000 + ■ = 1 000 000
854 000 + ■ = 1 000 000
268 000 + ■ = 1 000 000

1

Die BENELUX-Länder sind die Länder Belgien, Niederlande und Luxemburg. Wie viele Einwohner haben die BENELUX-Länder?

2

Wie viele Einwohner hat die Iberische Halbinsel (Spanien und Portugal)?

3

Schottland hat 5,2 Mio. Einwohner. Wie viele Einwohner hat Großbritannien ohne Schottland?

4

240 000 + 300 000
420 000 + 800 000
580 000 + 400 000
760 000 + 500 000
870 000 + 600 000

Die Länder der Europäischen Gemeinschaft (Stand 1992)

Land	Bevölkerungszahl
Belgien	9 900 000
Deutschland	79 100 000
Dänemark	5 100 000
Frankreich	56 000 000
Griechenland	10 000 000
Großbritannien	57 100 000
Irland	3 500 000
Italien	57 500 000
Luxemburg	400 000
Niederlande	14 300 000
Portugal	10 300 000
Spanien	38 800 000

Rechne schriftlich; kontrolliere mit dem Taschenrechner.

Millionen			*Tausender*			*Einer*		
H	*Z*	*E*	*H*	*Z*	*E*	*H*	*Z*	*E*
		5	*6*	*4*	*0*	*0*	*0*	*0*
	+		*5*	*3*	*0*	*0*	*0*	*0*
		6	*1*	*7*	*0*	*0*	*0*	*0*

Millionen			*Tausender*			*Einer*		
H	*Z*	*E*	*H*	*Z*	*E*	*H*	*Z*	*E*
	1	*2*	*3*	*4*	*0*	*6*	*2*	*3*
	–	*3*	*1*	*1*	*3*	*4*	*2*	*1*
		9	*2*	*2*	*7*	*2*	*0*	*2*

5

1 320 000 + 150 000
2 630 000 + 360 000
4 410 000 + 240 000
3 720 000 + 470 000
2 540 000 + 150 000

6

4 267 000 – 420 000
5 200 000 – 350 000
5 400 000 – 460 000
1 200 000 – 540 000
4 300 000 – 360 000

7

45 300 000 – 1 230 430
54 600 000 – 240 000
37 200 000 – 2 100 000

8*

683 527 + 1 514 629
2 862 489 + 757 835
1 243 406 + 3 254 319

9*

1 462 003 – 423 567
2 439 762 – 486 354
443 965 – 326 543

Containerschiffe

In den großen Häfen wie Hamburg oder Bremen werden heute die meisten Güter in Containerschiffen verfrachtet. Dadurch werden die Liegezeiten in den Häfen verkürzt. In Hamburg verlässt jedes Schiff innerhalb von 24 Stunden wieder den Hafen. Die Kosten für die Liegeplätze an der Hafenkaimauer sind viel höher als für die Liegeplätze an den Dückdalben (Dückdalben sind Pfeiler in einem Hafen zum Festmachen von Schiffen). Die Liegezeit kostet pro Stunde am Kai 1200 DM. Das Entladen eines Containers kostet 180 DM bis 390 DM.

1

In Hamburg können in einer Stunde 425 Container entladen werden. Wie viel DM fließen in die Kasse des Container-Terminals, wenn für jeden Container 285 DM berechnet werden?

Aufgabe $425 \cdot 285 = \square$

Lösung $425 \cdot 285$

850
3400
2125
121125

Antwort *In einer Stunde fließen 121125 DM in die Kasse des Container-Terminals, wenn alle Entladegeräte im Einsatz sind.*

2

Ein Frachter hat 450 Container an Bord. Zum Entladen müssen pro Container 218 DM Gebühren bezahlt werden. Welcher Betrag muss insgesamt bezahlt werden, um den Frachter zu entladen?

3

Ein Frachter kommt um 18.10 Uhr im Hamburger Hafen an. Er verlässt ihn am nächsten Tag um 11.10 Uhr.
Wie viel DM muss der Reeder an die Hafenverwaltung bezahlen?

4

Ein Frachter bleibt 8 Stunden am Dückdalben. Hierfür muss er 375 DM pro Stunde bezahlen. Wie viel DM Liegegebühren muss der Reeder bezahlen?

Benutze den Taschenrechner.

5

$632 \cdot 410$
$349 \cdot 320$
$768 \cdot 260$
$973 \cdot 540$

6

$4683 \cdot 650$
$7239 \cdot 270$
$3472 \cdot 890$
$5743 \cdot 980$

7

$385 \cdot 265$
$435 \cdot 127$
$269 \cdot 346$
$592 \cdot 278$

8

$1307 \cdot 568$
$3402 \cdot 726$
$4603 \cdot 207$
$4039 \cdot 340$

9

$400 \cdot 600$
$700 \cdot 800$
$900 \cdot 900$
$300 \cdot 400$

10

$421 \cdot 365$
$444 \cdot 666$
$808 \cdot 777$
$999 \cdot 222$

11

$406 \cdot 440$
$503 \cdot 220$
$207 \cdot 330$
$306 \cdot 660$

12

$4560 \cdot 261$
$3570 \cdot 126$
$8650 \cdot 621$
$4230 \cdot 112$

„Helgoland“	1 260 Container
„Stella Maria“	1 764 Container
„Schleswig“	1 512 Container
„Kiel“	2 016 Container

1

Berechne die Löschzeit (Entladezeit) der Helgoland, wenn in einer Stunde 84 Container gelöscht werden.

Aufgabe 1 260 : 84 = ▢

Lösung 1 260 : 84 = 15

```
1260 : 84 = 15
 84
 420
 420
   0
```

Antwort
Die Löschzeit beträgt 15 Stunden.

2

Berechne die Löschzeiten für die übrigen Schiffe.

3

Berechne die Löschzeiten für alle Schiffe, wenn in einer Stunde 126 Container gelöscht werden.

4

Ein Güterzug kann 105 Container aufnehmen. Wie viele Güterzüge sind notwendig, um die Helgoland zu entladen?

Benutze den Taschenrechner.

5

18 600 : 600
29 500 : 500
34 300 : 700
13 860 : 220
24 820 : 340

6

9 984 : 624
4 968 : 276
9 780 : 815
6 273 : 369
8 478 : 471

7

13 992 : 583
17 468 : 794
11 908 : 458
20 725 : 829
12 198 : 642

8

15 435 : 245
22 848 : 672
24 192 : 432
27 898 : 754
24 016 : 632

9

82 944 : 24
222 096 : 48
219 994 : 58
427 196 : 76
222 672 : 48

3456 4627 3946
3793 5621 4639

10

208 446 : 42
223 901 : 43
459 392 : 74
301 112 : 76
295 911 : 49

6039 3962 6208
5207 4963 2441

11

380 952 : 72
620 318 : 86
227 682 : 42
230 138 : 46
327 703 : 43

7621 5421 5291
5003 7213 6316

12

244 288 : 44
218 526 : 33
406 463 : 89
533 304 : 54
269 568 : 78

5552 4567 3456
6622 9876 2131

Von Banken und Sparkassen

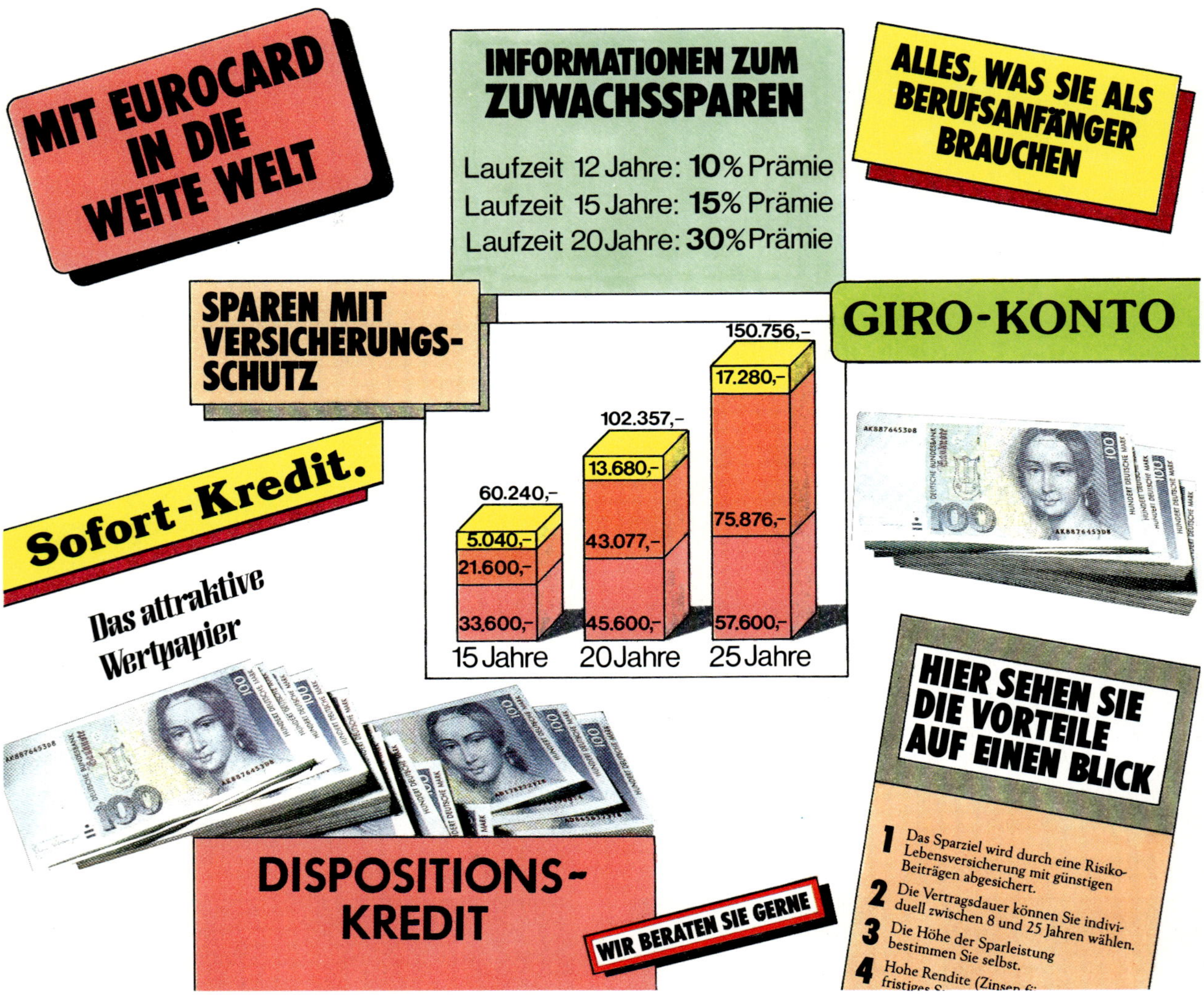

Bei Banken und Sparkassen kann man gespartes Geld anlegen. Dafür kann man Sparbücher, Sparbriefe oder Festgeldanlagen nutzen. Gespartes Geld bringt Gewinn. Das sind die Zinsen. Der Zinssatz gibt an, wie viel Prozent Zinsen man in einem Jahr bekommt. Der Betrag, für den man Zinsen bekommt, ist das Kapital.

1

Vera hat auf ihrem Sparbuch 750 DM eingezahlt. Sie erhält 3,5 % Zinsen. Wie viel DM Zinsen erhält sie nach einem Jahr?

750 DM —3,5 %→ ■ DM
Kapital — Zinssatz — Zinsen
3,5 % von 750 DM = ■ DM

[C] [750] [×] [3.5] [%] ■

[C] [750] [×] [3.5] [÷] [100] [=] ■

[C] [750] [×] [0.035] [=] ■

Antwort Vera erhält 26,25 DM Zinsen.
Erkläre die drei Lösungsmöglichkeiten.

3

Kurt erhält zur Konfirmation 648 DM. Er zahlt das Geld auf ein Sparbuch und erhält 3,5 Prozent Zinsen. Berechne die Höhe der Zinsen.

5

Familie Nowak will für Helena ein Zimmer einrichten. Dafür nehmen sie einen Kredit von 4800 DM zu 11 % Zinsen auf. Berechne die Zinsen, die für ein Jahr bezahlt werden müssen.

Bei Banken und Sparkassen kann man Geld leihen. Das geliehene Geld heißt Darlehen oder Kredit. Für ein Darlehen oder einen Kredit muß man Zinsen bezahlen. Die Zinsen sind immer höher als man selbst für angelegtes Geld bekommt. Der Zinssatz gibt an, wie viel Prozent Zinsen man in einem Jahr bezahlen muss.

2

Für den Kauf eines neuen Wagens leiht sich Herr Sand 12000 DM von der Sparkasse. Sie berechnet 9 % Zinsen im Jahr. Wie viel DM macht das an Zinsen?

12000 DM —9 %→ ■ DM
Darlehen — Zinssatz — Zinsen
9 % von 12000 DM = ■ DM

[C] [12000] [×] [9] [%] ■

[C] [12000] [×] [9] [÷] [100] [=] ■

[C] [12000] [×] [0.09] [=] ■

Antwort Herr Sand muss für das Darlehen im Jahr 1080 DM Zinsen bezahlen.

4

Eva erhält zum 18. Geburtstag von der Großmutter ein Sparbuch mit 800 DM. Die Bank zahlt 4,5 % Zinsen. Berechne die Höhe der Zinsen für ein Jahr.

6

Ralf möchte sich eine neue Stereoanlage kaufen. Er nimmt dafür einen Kredit über 3200 DM auf. Die Sparkasse verlangt dafür 11,5 % Zinsen. Berechne die Zinsen für ein Jahr.

Zinseinkünfte, Zinszahlungen

ZINSSÄTZE DER BÜRGERBANK — 18. Mai 1992	
Guthaben auf dem Girokonto	0,5 %
Sparverträge mit gesetzlicher Kündigung (3 Monate)	3,5 %
Spareinlagen mit einjähriger Kündigung	5 %
Termingelder für ein Jahr (Mindestbetrag 10 000 DM)	8 %

Banken und Sparkassen bieten ihren Kunden verschiedene Zinsbeträge an. Manche Banken bezahlen Zinsen für das Geld auf dem Girokonto.
Bei Sparkonten richtet sich der Zinssatz nach der Kündigungszeit, die man mit der Bank vereinbaren kann. Größere Beträge kann man als Termingeld für einen bestimmten Zeitraum fest anlegen.

1

Herr Broich rechnet aus, wie viel DM Zinsen er erhält, wenn er für ein Jahr 2 000 DM auf seinem Girokonto hat. Lies aus der Tabelle den Zinssatz ab und rechne.

2

Frau Koch möchte berechnen, wie viel DM Zinsen sie erhält, wenn sie für ein Jahr 6 000 DM auf ihrem Sparkonto mit gesetzlicher Kündigung hat. Lies den Zinssatz ab und rechne.

3

Berechne den Zinssatz für ein Kapital von 15 000 DM in einem Jahr auf einem Girokonto, auf einem Sparbuch mit einjähriger Kündigung und als Termingeld.

4

Martin zahlt 12 000 DM auf ein Sparbuch ein. Wie viel DM Zinsen wird er bei gesetzlicher bzw. bei einjähriger Kündigung in einem Jahr bekommen?

Die Deutsche Bundesbank bietet den Bürgern *Bundesschatzbriefe* zum Kauf an. Diese erhält man bei Banken oder Sparkassen.
Kauft man einen Bundesschatzbrief, Mindestbetrag ist 100 DM, so leiht man der Bundesbank dieses Geld. Hierfür erhält man Zinsen.
Beim Typ A werden die Zinsen zu dem bei der Ausgabe festgelegten Termin ausgezahlt. Beim Typ B werden die Zinsen dem Guthaben nach einem Jahr zugerechnet.
Der Zinssatz ist nicht immer gleich.

BUNDESSCHATZBRIEFE Typ A — Zinssätze Ausg. 1992 Nr. 3	
7,5 %	im 1. Jahr
8 %	im 2. Jahr
8 %	im 3. Jahr
8,25 %	im 4. Jahr
8,25 %	im 5. Jahr
8,5 %	im 6. Jahr
8,5 %	im 7. Jahr

5

Gib die Zinsen für einen Bundesschatzbrief in Höhe von 2 500 DM für das erste Jahr und alle weiteren Jahre an.

Das Hypothekendarlehen ist eine bewährte Form bei der Baufinanzierung. Banken und Sparkassen bieten solche Hypotheken an. Zur Absicherung wird hierzu im Grundbuch ein Pfandrecht eingetragen.
Die Summen und vor allem die Zeiträume, in denen die geliehenen Gelder zurückgezahlt werden müssen, werden vor Vertragsbeginn mit den Geldinstituten ausgehandelt und festgelegt. Dadurch kann sich der Kunde vor überraschenden und größeren Zinsschwankungen schützen.

1
Warum nehmen Geldinstitute bei Darlehen, Krediten und Hypotheken höhere Zinsen, als sie selbst für Spareinlagen bezahlen?

2
Wofür werden Kredite oder Darlehen aufgenommen? Wofür werden Hypotheken aufgenommen? Wie unterscheiden sie sich von Krediten?

3
Herr Sieben nimmt zur Finanzierung seines Hausbaus eine Hypothek über 210 000 DM zu 9 % auf. Wie viel DM Zinsen muss er dafür pro Jahr bezahlen?

4
Ein Gärtner vereinbart zum Bau neuer Glashäuser eine Hypothek über 280 000 DM. Hierfür muss er jährlich 11,5 % Zinsen zahlen. Wie viel DM Zinsen macht das im ersten Jahr aus?

5
Familie Sabary schließt für den Hausbau mit einer Bank einen Hypothekenvertrag über 85 000 DM zu einem Zinssatz von 9,25 % ab.
Wie viel DM Zinsen fallen jährlich an?

6
Zur Finanzierung ihres neuen Hauses schließt Familie Gaffermann bei Geldinstituten drei verschiedene Hypotheken ab.
I. Hypothek 90 000 DM Zinssatz 6,5 %,
II. Hypothek 76 000 DM Zinssatz 7,5 %,
III. Hypothek 54 000 DM Zinssatz 12 %.
Wie viel DM Zinsen sind für die drei Hypotheken zu bezahlen? Rechne alle drei Hypotheken zusammen.

7
Eine Sparkasse bietet einem Bauherren einen Kredit über 125 000 DM zu 8 % an. Wie viel DM Zinsen sind nach einem Jahr zu zahlen?

Große Geldbeträge

Zinsen sind steuerpflichtig. Zinserträge müssen dem Finanzamt bei der Lohn- und Einkommensteuererklärung mitgeteilt werden.

1

Herr Bergmann hat einen größeren Geldbetrag geerbt. Er hat ihn bei einer Bank zu einem Zinssatz von 9,5 % angelegt. Er erhält nach Ablauf des ersten Jahres 23 750 DM Zinsen. Welchen Betrag hat Herr Bergmann angelegt?

	9,5 %	
■ DM	⟶	*23 750 DM*
Kapital	*Zinssatz*	*Zinsen*
9,5 % von	*■ DM*	*= 23 750 DM*

Antwort Herr Bergmann hat ■ DM angelegt.

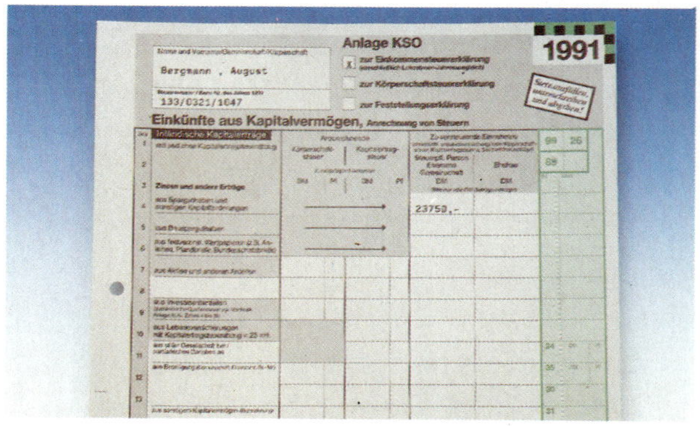

2

Julia erhält nach Ablauf eines Jahres für ihr Guthaben 70 DM Zinsen. Das Sparguthaben war mit 3,5 % verzinst. Wie hoch ist das Sparguthaben?

3

Eine Bank zahlte bei einem Zinssatz von 5 % einem Kunden 280 DM Zinsen. Wie hoch war die Spareinlage?

4

Frau Schwarz erhält für ihr Festgeld nach einem Jahr 3 250 DM Zinsen. Welches Kapital hat sie bei einem Zinssatz von 6,5 % angelegt?

6

Herr Moll hat Bundesschatzbriefe zu 7 % angelegt. Er erhält dafür 2 800 DM Zinsen. Welchen Betrag hat er als Bundesschatzbriefe angelegt?

8*

Als zusätzliche Altersversorgung hat Familie Plum ein Kapital zu 10 % festgelegt. Wie viel DM hat sie festgelegt, wenn sie monatlich 1 000 DM Zinsen erhält. (Berechne zuerst die Jahreszinsen.)

5

Die Sparkasse zahlt Herrn Sommer 4 800 DM Zinsen. Er hat einen Zinssatz von 7,5 % vereinbart.
Welchen Betrag hat er angelegt?

7

Wie viel DM müsste Herr Moll in Bundesschatzbriefen anlegen, um nach Ablauf eines Jahres bei einem Zinssatz von 8 % 2 800 DM zu bekommen?

9*

Ein Sportler will von den Zinsen seines Vermögens leben. Er erhält monatlich 3 500 DM Zinsen. Er hat sein Geld zu 8 % angelegt.
Wie hoch ist sein Kapital?

1

Für die Renovierung eines Einfamilienhauses hat Frau Müller eine Hypothek aufgenommen. Die Hypothek wurde mit 9,5 % verzinst. Nach Ablauf eines Jahres zahlte sie 1140 DM Zinsen.
Wie hoch war die Hypothek?

2

Zur Finanzierung seines Hausbaus hat Herr Zilonka mehrere Hypotheken aufgenommen. Er bezahlt:

I. Hypothek (Zinssatz 10,5 %) 2100 DM Zinsen,
II. Hypothek (Zinssatz 12 %) 1800 DM Zinsen,
III. Hypothek (Zinssatz 12,5 %) 1250 DM Zinsen.

Berechne die Höhe der drei verschiedenen Hypotheken und die Gesamtzinsen.

3

Firma Menzel plant einen Umbau und beabsichtigt, eine Hypothek aufzunehmen. Die jährlichen Zinsen liegen derzeit bei 12,5 %. Firma Menzel will nicht mehr als 70 000 DM an Zinsen zahlen. Bis zu welcher Höhe kann die Firma eine Hypothek aufnehmen?

4

Firma Nagy plant einen Erweiterungsbau. Hierzu will sie eine Hypothek aufnehmen. Die jährlichen Kosten sollen höchstens 70 000 DM betragen. Die Bank gibt eine Hypothek zu einem Zinssatz von 8,75 %. Bis zu welcher Höhe kann Firma Nagy eine Hypothek aufnehmen?

5

Herr Niepel will ein Fertighaus erstehen. Er nimmt hierzu eine Hypothek zu einem Zinssatz von 9,5 % auf. Er muss monatlich 2 565 DM Zinsen bezahlen.

a) Wie viel DM Zinsen muss er im Jahr bezahlen?
b) Wie hoch ist die Hypothek?

6

Frau Hecker hat ihr Lebensmittelgeschäft aufgegeben und die Räume verkauft. Den Erlös hat sie bei einer Sparkasse zu einem Zinssatz von 8,5 % angelegt. Sie erhält 34 000 DM Zinsen. Für welchen Betrag hat sie die Geschäftsräume verkauft?

Geliehenes Geld

Kleinkredit

besonders günstig

Auszahlung sofort
Bearbeitung mit geringem Aufpreis

für 500 DM	62,50 DM	Jahreszinsen
für 1000 DM	150,– DM	Jahreszinsen
für 5000 DM	850,– DM	Jahreszinsen

Geld leihen kann teuer werden. Darum muss man jedes Angebot prüfen und mit anderen Angeboten vergleichen.

Berechne die Zinsangebote aus der Anzeige.

500 DM —— ■ % ——▶ *62,50 DM*
Kredit — *Zinssatz* — *Zinsen*

62,50 DM von 500 DM = ■ %
62,50 : 500 = ■ %

[C] [62.5] [÷] [500] [%] ■

oder

[C] [62.5] [÷] [500] [×] [100] [=] ■

Antwort Es wird für einen Kredit von 500 DM für ein Jahr ein Zinssatz von ■ berechnet.

1

Frau Martin kauft einen Wagen auf Kredit. Sie muss 21 000 DM finanzieren und bezahlt jährlich 1890 DM Zinsen. Welchen Zinssatz muss sie für den Kredit bezahlen?

2

Zur Einrichtung seiner Zahnarztpraxis hat Herr Dr. Eckstein einen Kredit von 250 000 DM aufgenommen. Hierfür muss er im ersten Jahr 23 250 DM Zinsen bezahlen. Wie hoch ist der Zinssatz?

3

Herr Feldhege will für die Renovierung seiner Wohnung ein Darlehen von 19 000 DM aufnehmen. Die Bank bietet den Kredit zu 1482 DM Jahreszinsen. Berechne den Zinssatz, der für den Kredit vereinbart wurde.

4

Schreinermeister Jansen muss zur Modernisierung seines Betriebes einen Kredit über 42 000 DM aufnehmen. Die zu zahlenden Jahreszinsen betragen 3 045 DM. Welchen Zinssatz hat Schreinermeister Jansen zu zahlen?

5*

Eine Bank wirbt mit diesen Angeboten:

8 000,– Kredit 640,– Zinsen	6 000,– Kredit 480,– Zinsen + 30,– Bearbeitung

Welches Angebot ist günstiger?

6

Eine Sparkasse gewährt ein Hypothekendarlehen von 124 000 DM für 9 920 DM Jahreszinsen. Eine benachbarte Bank bietet ein Hypothekendarlehen über 125 000 DM für 10 250 DM Jahreszinsen an. Vergleiche die Angebote.

1

Für ein Sparguthaben von 2400 DM erhält Frau Pöttgens nach Ablauf eines Jahres 96 DM Zinsen. Zu welchem Zinssatz hat sie ihr Geld angelegt?

2

Tim erhält für sein Sparguthaben in Höhe von 1250 DM nach einem Jahr 37,50 DM Zinsen. Claudia hat ihr Sparguthaben in Höhe von 1640 DM auf einem Konto mit einjähriger Kündigung angelegt. Sie erhält 82 DM Zinsen. Berechne den Zinssatz.

3

Herr Wondorf hat drei Bausparverträge beliehen. Hierfür bezahlt er unterschiedliche Zinssätze.

I. Bausparvertrag über 80000 DM (4800 DM Jahreszinsen),
II. Bausparvertrag über 40000 DM (1400 DM Jahreszinsen),
III. Bausparvertrag über 25000 DM (1500 DM Jahreszinsen).

Welcher Zinssatz wird für jeden Bausparvertrag berechnet?

4

Herr Braun hat einen Kredit über 75000 DM aufgenommen. Er muss dafür monatlich 781,25 DM zahlen.

a) Berechne die Jahreszinsen und den Zinssatz.
b) Im folgenden Jahr wurden die Zinsen erhöht. So musste Herr Braun monatlich 825 DM Zinsen bezahlen. Wie hoch war jetzt der Zinssatz? Wie viel DM Zinsen muss er jetzt im Jahr mehr bezahlen?

Berechne den Zinssatz

5

Darlehen	Zinsen
15000 DM	1350 DM
6000 DM	480 DM
12000 DM	1440 DM
36000 DM	2880 DM
25000 DM	2750 DM

12 %   8 %   13 %
8 %   11 %   9 %

6

Darlehen	Zinsen
30000 DM	2400 DM
120000 DM	10800 DM
9000 DM	630 DM
50000 DM	4000 DM
2000 DM	200 DM

6 %   8 %   10 %
8 %   7 %   9 %

7

Darlehen	Zinsen
4000 DM	200 DM
8000 DM	400 DM
15000 DM	900 DM
20000 DM	1000 DM
5000 DM	300 DM

5 %   6 %   6 %
5 %   5 %   7 %

8

Darlehen	Zinsen
150000 DM	9000 DM
75000 DM	6000 DM
200000 DM	12000 DM
180000 DM	18000 DM
2500 DM	175 DM

8 %   6 %   6 %
7 %   10 %   5 %

Die europäische Währungseinheit

Innerhalb der *Europäischen Gemeinschaft* machen ausländische Banken und Sparkassen immer häufiger Finanzangebote. Diese Angebote beziehen sich neuerdings oft auf die gemeinsame Währung der Europäischen Gemeinschaft. Sie trägt den Namen „Euro" als Symbol für die europäische Währungsunion.
100 Euro = 197 DM (Stand 1997)

1

Eine belgische Bank macht in einer Zeitung dieses Angebot:

12 % Zinsen pro Jahr
Einzahlung 20 000 Euro

a) Berechne den Zinsgewinn in Euro.
b) Berechne den Zinsgewinn in DM.

2

Eine luxemburgische Bank wirbt mit diesem Angebot:

10,5 % Zinsen pro Jahr
Mindesteinzahlung 12 000 Euro

a) Berechne den Zinsgewinn in Euro.
b) Berechne den Zinsgewinn in DM.

3

Herr Solf aus Flensburg erhält bei einer dänischen Bank jährlich 779 Euro Zinsen. Er hat sein Sparguthaben zu 9,5 % verzinst. Berechne den Betrag des Sparguthabens.

4

Herr Hamm bekommt für seine Wertpapiere in einer französischen Bank 11 % Zinsen. Das macht im Jahr 924 Euro aus. Welchen Betrag hat Herr Hamm angelegt?

5

Frau Hockstein aus Trier kauft in einer französischen Bank Wertpapiere für 6 000 Euro. Hierfür erhält sie jährlich 12 % Zinsen. Berechne den Zinsgewinn in Euro und DM.

6

Herr Rasch aus Emden legt im Nachbarland Holland 15 000 Euro bei einer niederländischen Bank für 12,5 % an. Berechne die Jahreszinsen in Euro und in DM.

Berechne die Zinsen nach Ablauf eines Jahres.

7

Zinssatz	5 %			
Kapital	2 000 Euro	2 500 Euro	4 200 Euro	12 000 Euro
Kapital	125 Euro	210 Euro	600 Euro	800 Euro

8

Zinssatz	2 %	2,5 %	3 %	5,5 %
Kapital	250 Euro	750 Euro	1250 Euro	2 250 Euro
Kapital	312 Euro	375 Euro	500 Euro	423 Euro

Wer ein Haus bauen oder kaufen will, schließt oft einen *Bausparvertrag* ab. Meistens wird Bausparen vom Staat und vom Arbeitgeber gefördert. Man spart mehrere Jahre Geld an und kann später von der *Bausparkasse* ein Baudarlehen bekommen. Die Zinssätze für Baudarlehen sind in der Regel günstiger als Hypothekendarlehen.

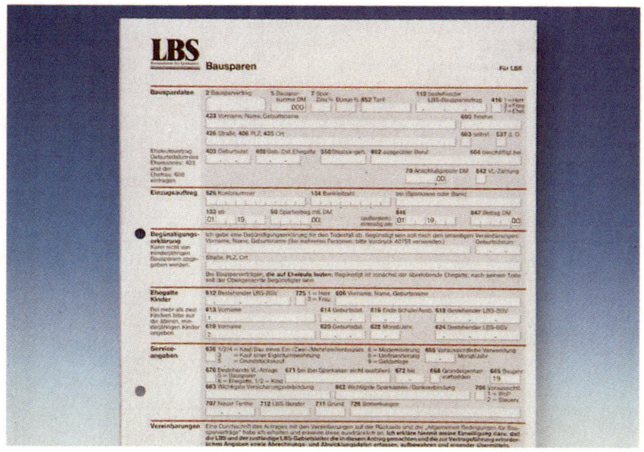

1

Für ein Darlehen über 50 000 DM berechnet die Bausparkasse 2 500 DM, die Sparkasse 6 750 DM und die Bank 6 600 DM Jahreszinsen.
Wie hoch sind jeweils die Zinssätze?

2

Familie Elschenbroich beantragte bei der Bausparkasse ein Darlehen über 52 000 DM. Die Jahreszinsen wurden mit 5 720 DM berechnet. Zu welchem Zinssatz wurde das Darlehen gegeben?

3 *

Ein Bauherr kann monatlich 2 100 DM für Zinsen aufbringen. Die Bausparkasse kann ein Baudarlehen für 5,25 % gewähren. Wie hoch ist der Betrag des Baudarlehens?

4

Familie Funken muss für ein Bauspardarlehen jährlich 6 000 DM Zinsen bezahlen. Sie hat einen Bausparvertrag zu 5 % abgeschlossen.
Wie hoch ist die Vertragssumme?

5 *

Herr Ring zahlt monatlich 125 DM Zinsen an seine Bank. Das Darlehen ist mit 15 % verzinst. Wie viel DM Zinsen zahlt Herr Ring im Kalenderjahr und wie hoch ist das Darlehen?

6 *

Familie Nonn bezahlt ebenfalls 6 000 DM Jahreszinsen für ein Darlehen bei einer Bank. Dieses Darlehen ist zu einem Zinssatz von 12,5 % fest vereinbart. Wie hoch ist das Darlehen?

Was musst du hier berechnen?

7

Darlehen	3 600 DM	5 200 DM	4 750 DM	7 300 DM
Zinsen	108 DM	364 DM	142,50 DM	657 DM

8

Kredit	4 500 DM	5 600 DM	8 000 DM	10 000 DM
Zinssatz	5,5 %	13,5 %	7,5 %	9 %

Übungsaufgaben

Berechne die Guthabenzinsen.

1

Kapital	Zinssatz	Zinsen
250 DM	5 %	■ DM
730 DM	7 %	■ DM
460 DM	4 %	■ DM
890 DM	8 %	■ DM
640 DM	6 %	■ DM
780 DM	8 %	■ DM

71,20 DM 38,40 DM 42,60 DM
62,40 DM 12,50 DM 51,10 DM 18,40 DM

2

Kapital	Zinssatz	Zinsen
560 DM	4 %	■ DM
630 DM	3 %	■ DM
470 DM	7 %	■ DM
960 DM	5 %	■ DM
780 DM	9 %	■ DM
650 DM	8 %	■ DM

70,20 DM 18,90 DM 22,40 DM
52 DM 32,90 DM 48 DM 63 DM

Berechne die Zinssätze.

3

Kapital	Zinssatz	Zinsen
7 500 DM	■ %	375 DM
23 500 DM	■ %	1 645 DM
95 000 DM	■ %	5 700 DM
48 500 DM	■ %	4 365 DM
78 000 DM	■ %	7 020 DM
52 000 DM	■ %	3 640 DM

7 % 9 % 7 % 8 % 9 % 5 % 6 %

4

Kapital	Zinssatz	Zinsen
2 500 DM	■ %	100 DM
16 500 DM	■ %	1 320 DM
8 500 DM	■ %	510 DM
24 500 DM	■ %	2 205 DM
96 000 DM	■ %	4 800 DM
72 000 DM	■ %	4 320 DM

6 % 9 % 5 % 4 % 6 % 8 % 7 %

Berechne das Kapital.

5

Kapital	Zinssatz	Zinsen
■ DM	3 %	282 DM
■ DM	8 %	330 DM
■ DM	5 %	259 DM
■ DM	4 %	274 DM
■ DM	6 %	381 DM
■ DM	7 %	238 DM

4 125 DM 9 400 DM 6 850 DM 5 180 DM
6 350 DM 7 630 DM 3 400 DM

6

Kapital	Zinssatz	Zinsen
■ DM	6 %	588 DM
■ DM	9 %	765 DM
■ DM	8 %	230 DM
■ DM	7 %	525 DM
■ DM	10 %	2 500 DM
■ DM	12 %	4 320 DM

6 350 DM 8 500 DM 2 875 DM 9 800 DM
25 000 DM 36 000 DM 7 500 DM

1

In der Spritzgussabteilung der Firma Schüller werden täglich 12 000 Plastikteile für Waschmaschinen hergestellt. Wie viele Teile sind mangelhaft?

Gegeben: Grundwert G
Prozentsatz p %
Gesucht: Prozentwert P

Grundwert = G **Prozentwert = P** **Prozentsatz = p %**

Berechnung des Prozentwertes

Rechnen mit dem Dreisatz

$100\,\% \triangleq 12\,000$

$1\,\% \triangleq \frac{12\,000}{100} = 120$

$8\,\% \triangleq 120 \cdot 8 = 960$

Rechnen mit der Formel

$P = G \cdot p\,\%$

$P = 12\,000 \cdot \frac{8}{100} = \frac{96\,000}{100}$

$P = 960$

Antwort 960 Plastikteile sind unbrauchbar.

Berechne den Prozentwert P nach der Formel.

2	3	4	5
6 % von 300 St.	12 % von 250 St.	4 % von 525 St.	10 % von 8 000 St.
25 % von 340 St.	30 % von 430 St.	18 % von 200 St.	20 % von 8 000 St.
55 % von 820 St.	65 % von 920 St.	47 % von 800 St.	40 % von 8 000 St.
75 % von 480 St.	82 % von 650 St.	92 % von 350 St.	80 % von 8 000 St.
95 % von 560 St.	44 % von 725 St.	25 % von 240 St.	50 % von 8 000 St.

Berechne den Prozentwert P mit dem Taschenrechner.

23,5 % von 750 : ON/C — 750 — × — 23.5 — % — 176.25

6	7	8	9*
3,5 % von 460	8,2 % von 136	6,4 % von 78	9,1 % von 260,7
2,8 % von 280	25,4 % von 641	50,2 % von 831	27,3 % von 509,3
35,2 % von 730	46,3 % von 985	84,7 % von 507	58,6 % von 700,8
61,9 % von 510	75,9 % von 362	99,9 % von 253	43,5 % von 0,6

Wir rechnen mit Formeln

1

Familie Hochberg hat ausgerechnet, dass der Einbau von Thermopane-Fenstern 450 ℓ Heizöl jährlich spart.
Wie viel Liter Heizöl wurden bisher gebraucht?

Gegeben: Prozentwert P
Prozentsatz p %
Gesucht: Grundwert G

Berechnung des Grundwerts

Rechnen mit dem Dreisatz

$$5\,\% \mathrel{\hat=} 450$$

$$1\,\% \mathrel{\hat=} \frac{450}{5} = 90$$

$$100\,\% \mathrel{\hat=} 90 \cdot 100 = 9000$$

Rechnen mit der Formel

$$G = \frac{P}{p\,\%}$$

$$G = \frac{450}{\frac{5}{100}} = \frac{450}{0{,}05}$$

$$G = 9000$$

Antwort Bisher wurden jährlich 9000 ℓ Heizöl gebraucht.

Berechne den Grundwert G nach der Formel. Runde, wenn nötig.

2	3	4	5
3 % = 69 ℓ	35 % = 420 ℓ	7 % = 350 cm³	10 % = 2 000 cm³
12 % = 960 ℓ	51 % = 6 120 ℓ	24 % = 720 cm³	50 % = 2 000 cm³
25 % = 3 000 ℓ	84 % = 4 200 ℓ	58 % = 2 900 cm³	30 % = 2 000 cm³
75 % = 12 000 ℓ	67 % = 670 ℓ	36 % = 5 040 cm³	60 % = 2 000 cm³
33 % = 693 ℓ	92 % = 1 380 ℓ	85 % = 1 700 cm³	90 % = 2 000 cm³

Berechne den Grundwert G mit dem Taschenrechner.

8 % = 63,5 ℓ [ON/C] [63.5] [÷] [8] [%] [793.75]

6	7	8	9
5 % = 3,75	6 % = 0,2	4 % = 23,5	10 % = 0,6
23 % = 20,5	15 % = 5,75	25 % = 50,3	50 % = 0,6
49 % = 350	90 % = 126,8	75 % = 120,7	20 % = 0,6
80 % = 29,25	45 % = 95	90 % = 48,2	40 % = 0,6
36 % = 0,8	30 % = 0,09	12 % = 3,15	80 % = 0,6

1

Eine Dose des Fertiggerichtes „Linsen mit Speck" enthält eine Fleischeinwaage von 350 Gramm.
Wie viel Prozent Fleisch enthält das Fertiggericht?

Gegeben: Grundwert G
Prozentwert P
Gesucht: Prozentsatz p %

Berechnung des Prozentsatzes

Rechnen mit dem Dreisatz

$1000\,g \mathrel{\hat{=}} 100\,\%$

$1\,g \mathrel{\hat{=}} \frac{100}{1000}\,\% = \frac{1}{10}\,\%$

$350\,g \mathrel{\hat{=}} \frac{1 \cdot 350}{10}\,\% = 35\,\%$

Rechnen mit der Formel

$p\,\% = \frac{P}{G}$

$p\,\% = \frac{350}{1000} = \frac{35}{100}$

$p\,\% = 35$

Antwort Das Fertiggericht enthält 35 % Fleischeinwaage.

2 Berechne den Prozentsatz p % der Einwaage.

A

Fruchteinwaage 870 g

B

Fruchteinwaage 1000 g

C

Fruchteinwaage 330 g

D

Gemüseeinwaage 450 g

E

Pilzeinwaage 320 g

F

Fleischeinwaage 280 g

Übertrage die Tabellen in dein Heft und fülle sie aus.

3

Grundwert G	Prozentwert P	Prozentsatz p %
820	49,2	■
385	■	5 %
■	35,25	25 %
2639	■	12 %
730,4	109,56	■
■	3,0	75 %

4

Grundwert G	Prozentwert P	Prozentsatz p %
85,9	■	3 %
■	450	65 %
235,75	94,3	■
3840	■	7,5 %
■	1820	99 %
12 050	■	8,4 %

Rund ums Auto

1

Bei einer Verkehrskontrolle wurden 425 LKW überprüft. Bei 17 Fahrzeugen wurden Mängel festgestellt. Wie viel Prozent der überprüften Fahrzeuge sind das?
Gegeben: Grundwert G
Prozentwert P
Gesucht: Prozentsatz p %

2

Bei einer Verkehrskontrolle wurden 36 PKW wegen schwerer Mängel stillgelegt. Das waren 4 % der überprüften Fahrzeuge. Wie viele Fahrzeuge wurden überprüft?
Gegeben: Prozentwert P
Prozentsatz p %
Gesucht: Grundwert

3

Von 280 LKW hatten 5 % abgefahrene Reifen. Wie viele Fahrzeuge sind das?
Gegeben: Grundwert G
Prozentsatz p %
Gesucht: Prozentwert P

4

Von 400 überprüften PKW hatten 4 % Rostschäden. Wie viele PKW sind das?
Gegeben: Grundwert G
Prozentsatz p %
Gesucht: Prozentwert P

5

Eine TÜV-Prüfstelle hat 60 PKW untersucht. 85 % der Fahrzeuge wiesen keine Mängel auf und erhielten die Plakette. Wie viele Fahrzeuge waren das?

6

Von den überprüften Motorrädern wurden 21 zur Nachprüfung bestellt. Das waren 6 % der geprüften Motorräder. Wie viele Motorräder wurden untersucht?

7*

Eine TÜV-Prüfstelle untersuchte im März 4400 Fahrzeuge, davon 1320 LKW, 2420 PKW und 660 Motorräder. Berechne den Prozentsatz für jede Fahrzeugart.

8*

Von den untersuchten Fahrzeugen hatten 15 % der LKW, 20 % der PKW und 10 % der Motorräder leichte Mängel. Wie viele Fahrzeuge insgesamt hatten einen Schaden?

1

Bei einer Automobilfirma werden jährlich 120 000 Mittelklassewagen gefertigt. 35 % der Wagen sind mit einer modernen Klimaanlage ausgestattet.
Wie viele Fahrzeuge sind das?

2*

Ein Autowerk fertigt jährlich 126 000 Mittelklassewagen und 49 000 Kleinwagen.
a) Berechne die Gesamtproduktion.
b) Berechne den prozentualen Anteil beider Wagenarten an der Gesamtproduktion.

3*

Wegen steigender Nachfrage wurde die Produktion von Mofas stark erhöht.
Eine Firma stellte 1996 7 500 Mofas her.
1997 waren es 2 700 Mofas mehr.
Wie viel Prozent betrug die Steigerung?

4

Eine Firma produzierte 1996 9 000 Motorräder. 1997 wurde die Produktion um 15 % gesteigert.
Wie viele Motorräder wurden 1997 von dieser Firma hergestellt?

5

Die Autowerkstatt Fiedler berechnet für Reparaturen 1250 DM. Dazu müssen noch 15 % Mehrwertsteuer gerechnet werden.
Berechne den Endpreis.

6

Frau Schaller bezahlt für die Inspektion ihres Wagens 728 DM. Dazu kommen noch 15 % Mehrwertsteuer.
Berechne den Endpreis.

Die Tabelle zeigt, dass ein Auto in den ersten Jahren stark an Wert verliert.

Fabrikat	Neupreis	Gebrauchtwagenpreis für Baujahr			
Stand 1992	in DM	1991	1990	1989	1988
Audi 80 S	31 225	23 700	21 600	19 200	17 100
Fiat Panda	12 090	10 100	8 900	8 000	7 050
Ford Fiesta C	16 480	13 700	12 350	11 250	—
Opel Vectra	26 045	20 800	18 150	16 200	14 800
VW Passat CL	29 600	23 800	21 300	19 100	17 050

7

a) Berechne die Wertminderung im ersten Jahr für jedes angegebene Auto.
b) Wie viel Prozent des Neupreises ist das jeweils?
c) Berechne die Wertminderung nach 2 Jahren (4 Jahren).
d) Wie viel Prozent des Neupreises ist das jeweils?

8

Herr Engler will seinen Ford Fiesta, Baujahr 1989, verkaufen.
a) Mit wie viel Prozent Verlust zum Neupreis muss er rechnen?
b) Der Wertverlust ist bei Kleinwagen am geringsten. Überprüfe, wie du diese Feststellung mit Hilfe der Prozentrechnung nachweisen kannst.

Kfz-Versicherungen

Für jedes Auto oder Motorrad muss eine Haftpflichtversicherung abgeschlossen werden. Ohne diese Versicherung wird das Fahrzeug nicht zugelassen.
Wenn der Fahrer einen Unfall verschuldet hat, zahlt die Versicherung den Sach- oder Personenschaden.

Kfz-Haftpflichtversicherung Jahresbeitrag in DM

Auszug aus dem Angebot einer Versicherungsgesellschaft

	Städte über 300 000 Einwohner			Regierungs- und Verwaltungsbezirke		
Die Höhe der Versicherungsbeiträge ist abhängig vom Wohnort.	Regionalklasse I Stadt	Regionalklasse II Stadt	Regionalklasse III Stadt	Regionalklasse I Land	Regionalklasse II Land	Regionalklasse III Land
	Bielefeld, Bremen, Duisburg, Hannover, Köln, Nürnberg, Stuttgart	Bochum, Düsseldorf, Dortmund, Essen, Mannheim, Wuppertal	Berlin, Frankfurt, Hamburg, München	Braunschweig, Detmold, Hannover, Kassel, Lüneburg, Stuttgart, Tübingen	Arnsberg, Freiburg, Gießen, Karlsruhe, Münster, Trier, Ems	Darmstadt, Düsseldorf, Köln, Saar
Tarifklasse (TK) 12	508,60	547,10	573,20	470,00	499,20	532,40
13	613,60	659,60	692,50	566,20	602,40	642,00
14	804,10	865,30	907,40	741,70	788,90	841,40
15	884,10	950,80	996,20	815,70	867,50	924,80

1
Thomas Bauer aus Frankfurt fährt einen Kleinwagen in der TK 12. Entnimm der Tabelle, wie viel DM er jährlich für die Haftpflichtversicherung bezahlen muss.

2
Familie Schober aus Schöningen, Kreis Braunschweig, fährt einen Mittelklassewagen in der TK 15.
Wie hoch ist der Jahresbeitrag?

3
Vergleiche die Beiträge der Regionalklasse II Stadt und Land für einen Wagen in der TK 13. Wie viel Prozent Nachlass erhält die Regionalklasse Land?

4
Vergleiche die Beiträge der Regionalklasse I Stadt und Land für einen Wagen in der TK 15. Wie viel Prozent teurer ist die Regionalklasse Stadt?

5
Bei halbjährlicher Zahlung wird 3 % Zuschlag erhoben. Wie hoch ist dann der Jahresbeitrag für einen Wagen in der TK 14, Regionalklasse II Stadt?

6
Bei vierteljährlicher Zahlung wird 5 % Zuschlag erhoben. Wie hoch ist dann der Jahresbeitrag für einen Wagen in der TK 15, Regionalklasse III Land?

Mofa- und Mopedversicherung

Bei einem Unfall können hohe Kosten entstehen, vor allem, wenn Personen verletzt wurden. Bei unbegrenzter Versicherungssumme zahlt die Versicherung den gesamten Schaden. Spare nicht am falschen Fleck!

Mofa, Moped, Mokick, Roller			
Versicherungsbeiträge für	1 Jahr	$\frac{1}{2}$ Jahr	1 Monat
Unbegrenzte Versicherungssumme	92,30	55,40	13,80
2 Millionen DM Versicherungssumme	91,40	54,80	13,70
1 Million DM Versicherungssumme	91,10	54,70	13,70

1

Karola Wolter versichert ihr Moped für die Zeit vom 1.4.—30.9. für 1 Million DM Versicherungsschutz. Was würde der unbegrenzte Versicherungsschutz kosten? Lohnt die Ersparnis das Risiko?

2

Paul Burger will seinen Roller für 4 Monate versichern. Er wählt den Versicherungsschutz bis 2 Millionen DM.
a) Was muss er zahlen?
b) Was kostet der unbegrenzte Schutz?

Wer unfallfrei fährt, wird belohnt!

Zeit	*Nachlass*
2 Jahre	15 %
3 Jahre	30 %
4 Jahre	35 %
5 Jahre	40 %

Zeit	*Nachlass*
6 Jahre	45 %
7 Jahre	50 %
8; 9 Jahre	55 %
10 Jahre	60 %

3

Aldo Covello aus Dortmund fährt seit 4 Jahren unfallfrei einen Mittelklassewagen in der TK 15.
a) Wie hoch ist der Nachlass?
b) Wie viel DM Versicherung muss Aldo zahlen?

4

Angelika Ferber aus Bergfeld, Kreis Gießen, fährt seit 8 Jahren unfallfrei einen Wagen in der TK 13.
a) Wie hoch ist der Nachlass?
b) Wie viel DM Versicherung muss Angelika zahlen?

Auf dem Geldmarkt

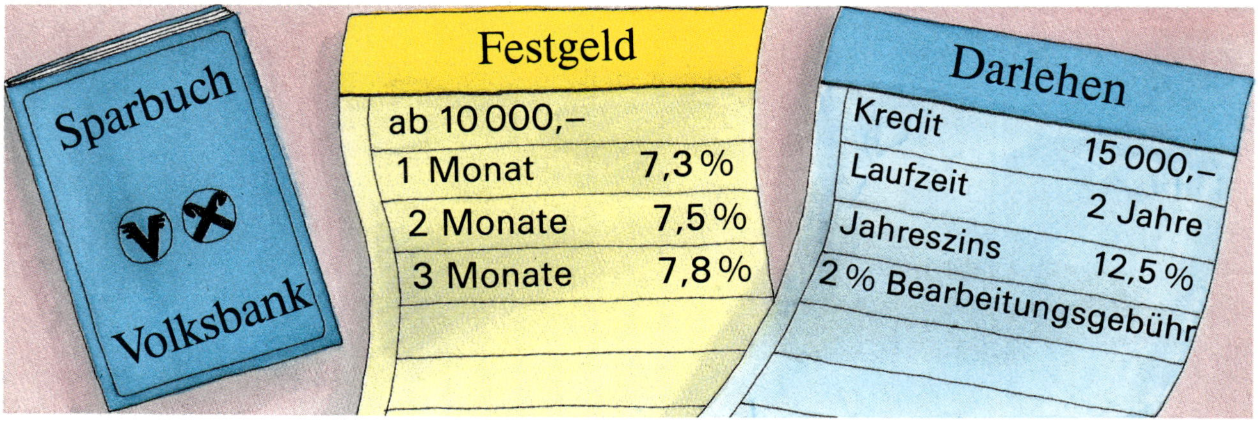

Erinnere dich:

Geld, das man spart oder anlegt, heißt Kapital.
Geld, das man leiht, heißt Darlehen oder Kredit.
Für das Kapital (K) bekommt man Zinsen (Z), für einen Kredit (K) muss man Zinsen zahlen.
Der Zinssatz z% gibt an, wie viel Zinsen man in einem Jahr bekommt oder zahlen muss.

K = Kapital oder Kredit	Z = Zinsen	z% = Zinssatz
K ≙ Grundwert G	Z ≙ Prozentwert P	z% ≙ Prozentsatz p%

1

Frau Haber hat ein Sparguthaben von 8 300 DM. Sie erhält 518,75 DM Zinsen. Berechne den Zinssatz.

Gegeben: Kapital K
Zinsen Z
Gesucht: Zinssatz z%

2

Isolde hat auf ihrem Sparbuch 1250 DM. Sie erhält 43,75 DM Zinsen. Berechne den Zinssatz.

Gegeben: Kapital K
Zinsen Z
Gesucht: Zinssatz z%

3

Frau Köhler hat zum Kauf einer Kücheneinrichtung einen Kredit von 8 000 DM zu einem Zinssatz von 12 % aufgenommen. Wie viel Zinsen muss sie zahlen?

Gegeben: Kapital K
Zinssatz z%
Gesucht: Zinsen Z

4

Kaufmann Möller will einen Lieferwagen kaufen und nimmt dazu einen Kredit von 15 000 DM zu einem Zinssatz von 11,5 % auf. Wie viel Zinsen muss er zahlen?

Gegeben: Kapital K
Zinssatz z%
Gesucht: Zinsen Z

Übertrage die Tabellen in dein Heft und fülle sie aus.

1

K	z %	Z
DM		DM
950	4,5	■
1000	7	■
760	2,5	■
4500	8	■
380	3,5	■

2

K	z %	Z
DM		DM
5720	■	457,60
4900	■	303,80
10000	■	500
25000	■	2250
3800	■	247

3

K	z %	Z
DM		DM
■	12	1176
■	3,5	70
■	9	1620
■	8,5	585,50
■	7,5	487,50

Benutze den Taschenrechner.

4

K	z %	Z
DM		DM
6900	3,5	■
3800	6,5	■
25000	■	2750
8600	■	301

5

K	z %	Z
DM		DM
12000	8,5	■
5700	■	342
■	7,5	600
600	2,5	■

6

K	z %	Z
DM		DM
■	2,5	18,75
1500	3	■
■	9,5	2850
4000	■	240

7*

Ein Sparguthaben von 7600 DM ist nach einem Jahr mit den Zinsen auf 7995,20 DM angewachsen. Berechne den Zinssatz.

8*

Frank und Sabine bekommen für ihr gespartes Geld 4,5 % Zinsen. Frank erhält 23,40 DM, Sabine 30,60 DM. Wie viel Geld hat Frank gespart, wie viel Sabine?

9*

Für ein Darlehen müssen vierteljährlich 191,25 DM Zinsen bezahlt werden. Der Zinssatz ist 8 %. Wie viel DM beträgt das Darlehen?

10*

Frau Schiffel hat 12000 DM als Festgeld zu einem Zinssatz von 7,8 % angelegt. Wie viel Zinsen erhält sie nach 3 Monaten?

11

Prüfe die Angebote sorgfältig! Welches Angebot ist günstiger?

Darlehen sofort!
10000,- DM
13,25 %

DARLEHEN
10000,- DM
nur 11,5 %
Bearbeitungsgebühr 200,- DM

Löhne und Renten

Löhne und Gehälter werden zwischen Arbeitgebern und Arbeitnehmern in Tarifrunden ausgehandelt. Gewerkschaften und Arbeitgeberverbände vertreten die Interessen ihrer Mitglieder.
Die Tarifverträge gelten meist für den Zeitraum von einem Jahr.

1

Bei den Tarifverhandlungen wurden 6,5 % Lohnerhöhung ausgehandelt. Berechne das neue Einkommen.

Bisheriges Einkommen 2400 DM

1 % ≙ 2400 : 100 = 24

6,5 % ≙ 24 · 6,5 = 156

2400 + 156 = 2556

Neues Einkommen 2556 DM

2

Berechne das neue Einkommen bei einer Lohnerhöhung von 4,8 %.

Bisheriges Einkommen

a)	b)	c)
1356 DM	1635 DM	1926 DM
2047 DM	2384 DM	2785 DM
3120 DM	3429 DM	3672 DM
3670 DM	3965 DM	3894 DM

3

Die Renten wurden 1992 um 2,7 % erhöht. Berechne die neuen Rentenbeträge.

Bisherige Rente

a)	b)	c)
896 DM	965 DM	984 DM
1245 DM	1437 DM	1623 DM
1986 DM	2068 DM	2175 DM
2315 DM	2392 DM	2593 DM

4

Ehepaar Wolf arbeitet in der gleichen Firma. Das gemeinsame Einkommen beträgt 6260 DM. Wie hoch ist das Einkommen nach einer Lohnerhöhung von 5,2 %?

5

Frau Maas verdient als Halbtagsbeschäftigte 1720 DM.
Wie hoch ist ihr Einkommen nach einer Lohnerhöhung von 6,4 %?

6

Herr Bauer ist arbeitslos. Er verdiente zuletzt 3140 DM. Das Arbeitslosengeld beträgt 68 % des letzten Verdienstes. Wie viel Geld erhält Herr Bauer?

7

Frau Dolsky wird Rentnerin. Zuletzt verdiente sie monatlich 2970 DM. Sie erhält 64 % ihres letzten Einkommens als Rente. Wie viel DM sind das?

1

Ehepaar Seufert hatte bisher ein gemeinsames Einkommen von 5370 DM. Nach der Lohnerhöhung verdienen sie 268,50 DM mehr. Wieviel Prozent betrug die Lohnerhöhung?

Bisheriges Einkommen 5370 DM
Lohnerhöhung 268,50 DM
5370 DM ≙ 100 %
268,50 DM ≙ ? %
268,50 : 5370 = 0,05

$$0{,}05 = \frac{5}{100} = 5\,\%$$

Lohnerhöhung 5 %

2

Frau Esser hatte bisher ein monatliches Einkommen von 2870 DM. Nach einer Lohnerhöhung erhält sie 160,72 DM mehr. Wie viel Prozent betrug diese Erhöhung?

3

Herr Schaurer erhielt bisher eine Rente von 2140 DM. Nach einer Rentenerhöhung erhält er 74,90 DM mehr. Wie viel Prozent betrug die Rentenerhöhung?

Bei Tarifverhandlungen wird häufig ein Mindestbetrag ausgehandelt. Dies ist für kleine Einkommen günstiger.

4*

Sabine Scheller verdient als Auszubildende 970 DM. Die Lohnerhöhung beträgt 4,5 %. Der Mindestbetrag wurde auf 90 DM festgesetzt.

a) Erhält Sabine die Lohnerhöhung entsprechend dem Prozentsatz von 4,5 % oder den Mindestbetrag?
b) Wie hoch ist Sabines neuer Lohn nach der Erhöhung?

5*

Frau Gerlach verdient als Halbtagskraft 1320 DM. Die Lohnerhöhung beträgt 5,8 %. Der Mindestbetrag wurde auf 70 DM festgelegt.

a) Erhält Frau Gerlach die Lohnerhöhung entsprechend dem Prozentsatz von 5,8 % oder den Mindestbetrag?
b) Wie hoch ist das neue Einkommen von Frau Gerlach?

6*

Herr Hamann verdient 3860 DM, Frau Hamann verdient als Halbtagskraft 1160 DM. Herr Hamann erhält 3,9 % Lohnerhöhung. Frau Hamann erhält den Mindestbetrag von 60 DM. Berechne das neue Familieneinkommen.

7*

Frau Sahin verdient als Reinigungshilfe 720 DM. Herr Sahin erhält mit Schichtzulage 2950 DM. Die Lohnerhöhung beträgt 5,5 %. Der Mindestbetrag wurde bei 120 DM festgelegt. Berechne das neue Familieneinkommen.

Steuern und Sozialabgaben

Jeder Arbeitnehmer muss von seinem Einkommen Steuern und Sozialabgaben zahlen. An Steuern müssen Lohnsteuer und evtl. Kirchensteuer gezahlt werden. Sozialabgaben sind: Krankenversicherung, Rentenversicherung, Pflegeversicherung und Arbeitslosenversicherung.
Das Einkommen vor Abzug von Steuern und Sozialabgaben nennt man Bruttoverdienst. Der Betrag, der nach Abzug von Steuern und Sozialabgaben ausgezahlt wird, heißt Nettoverdienst.

Personal-Nr.	Monat	Kirchen-steuer	Lohnsteuer-klasse	Kranken-tage	Gesamtstunden	Urlaubstage lfd. Monat	Resturlaub	monatl. Steuerfrei- bzw. Hinzurechnungsbetrag
4359	2		I					

Verdienstarten	Stunden	%-Satz	Stundensatz	Betrag	steuer-frei	soz.-vers.-frei
GEHALT PAUL BORGER				3008,65		

soz.-vers.-pflicht. Verdienst	steuerpflichtiger Verdienst	Bruttoverdienst
3008,65	3008,65	3008,65

Lohnsteuer	Kirchensteuer	Krankenversicherung	Rentenversicherung	Pflegeversicherung	Arbeitslosenversicherung
406,16		218,13	288,83	25,57	97,78

Bankanschrift	Bankkonto-Nr.	Bankleitzahl	Nettoverdienst
Bürger-Bank	31 62 45	600 620 18	1971,62

1

Herr Borger überprüft seine Gehaltsabrechnung.

a) Stelle fest, ob die Gehaltsstelle richtig gerechnet hat.

Bruttoverdienst − Summe der Abzüge = Nettoverdienst

b) Wie viel Prozent des Bruttoverdienstes betragen die Abzüge?

2

Frau Heider hat ein Bruttoeinkommen von 2465 DM. Ihre Abzüge betragen:

Krankenversicherung	178,71 DM
Rentenversicherung	236,64 DM
Pflegeversicherung	20,95 DM
Arbeitslosenversicherung	80,11 DM

Wie viel Prozent des Bruttoeinkommens betragen die Abzüge?

Die Prozentsätze der Abzüge für Sozialabgaben betrugen 1996:

Krankenversicherung:	14,5 %	(Arbeitgeber 7,25 % Arbeitnehmer 7,25 %)
Rentenversicherung:	19,2 %	(Arbeitgeber 9,6 % Arbeitnehmer 9,6 %)
Pflegeversicherung:	1,7 %	(Arbeitgeber 0,85 % Arbeitnehmer 0,85 %)
Arbeitslosenversicherung:	6,5 %	(Arbeitgeber 3,25 % Arbeitnehmer 3,25 %)

Arbeitgeber und Arbeitnehmer zahlen je die Hälfte der Sozialabgaben.

3

Herr Maus verdient monatlich 3150 DM. Berechne seine Sozialabgaben.

4

Frau Loß verdient monatlich 2745 DM. Berechne ihre Sozialabgaben.

Die Höhe der Lohnsteuer ist abhängig vom Familienstand (ledig, verheiratet, verwitwet, geschieden) und von der Kinderzahl.

Auszüge aus der Lohnsteuertabelle 1996

Monatslohn	Steuerkl. I ledig, verw. gesch.	Steuerkl. II ledig, verw. gesch. mit Kind	Steuerkl. III verh.
2497,65–2502,14	244,00	116,16	–
2502,15–2506,64	245,25	117,41	–
2506,65–2511,14	246,50	118,58	–
3001,65–3006,14	404,91	271,58	53,83
3006,15–3010,64	406,16	272,83	53,83
3010,65–3015,14	407,50	274,08	56,16
3802,65–3807,14	649,08	507,83	222,83
3807,15–3811,64	650,50	509,16	222,83
3811,65–3816,14	651,91	510,50	225,16

Kindergeld 1996

1. Kind	200 DM
2. Kind	200 DM
3. Kind	300 DM
4. Kind	350 DM
jedes weitere Kind	350 DM

Das Kindergeld wird zum Nettoverdienst dazugerechnet und vom Arbeitgeber ausgezahlt.

1

Herr Beck verdient 3001,90 DM.
a) Wie viel Lohnsteuer muss er als Lediger zahlen?
b) Wie hoch ist die Lohnsteuer nach der Heirat?

2

Frau Schmelz, verwitwet, kinderlos, verdient 2504,80 DM.
a) Wie viel Lohnsteuer muss sie zahlen?
b) Wie viel Lohnsteuer zahlt sie nach der Wiederverheiratung?

3

Herr Weber, verheiratet, zwei Kinder, hat ein Bruttoeinkommen von 3008,75 DM.
a) Ermittle die Lohnsteuer.
b) Berechne die Sozialabgaben.
c) Errechne den Nettoverdienst.

4

Frau Solbach, geschieden, ein Kind, hat ein Bruttoeinkommen von 2500,80 DM.
a) Ermittle die Lohnsteuer.
b) Berechne die Sozialabgaben.
c) Errechne den Nettoverdienst.

5

Herr Assam, verheiratet, kinderlos, verdient 3805,60 DM.
a) Errechne das Nettoeinkommen.
b) Wie hoch ist der Prozentsatz der Abzüge?

6

Herr Föller, ledig, verdient auch 3805,60 DM.
a) Errechne das Nettoeinkommen.
b) Vergleiche die Abzüge von Herrn Assam mit denen von Herrn Föller.

Unterwegs mit der Bundesbahn

Der Hauptbahnhof Köln ist der größte Reisebahnhof Deutschlands. Täglich passieren 1050 Züge den Bahnhof und befördern durchschnittlich 150 000 Personen. Das „Verkehrskreuz des Westens" verbindet Nordeuropa mit Süditalien, Frankreich und die Benelux-Länder mit Osteuropa.

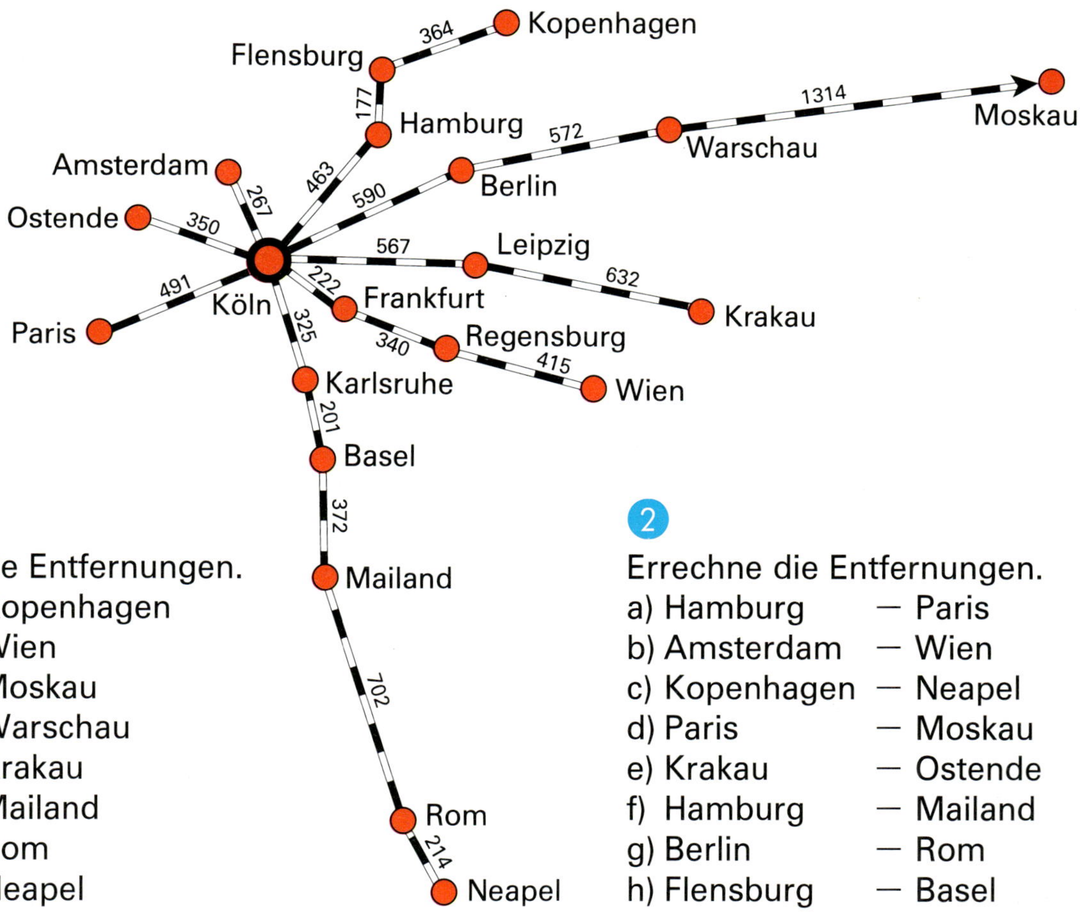

1

Errechne die Entfernungen.

a) Köln — Kopenhagen
b) Köln — Wien
c) Köln — Moskau
d) Köln — Warschau
e) Köln — Krakau
f) Köln — Mailand
g) Köln — Rom
h) Köln — Neapel

2

Errechne die Entfernungen.

a) Hamburg — Paris
b) Amsterdam — Wien
c) Kopenhagen — Neapel
d) Paris — Moskau
e) Krakau — Ostende
f) Hamburg — Mailand
g) Berlin — Rom
h) Flensburg — Basel

Auszug aus dem Fahrplan des Euro-City EC 5 „Verdi“
Dortmund — Köln — Basel — Mailand.

km	Ankunft		Abfahrt
0		Dortmund	5.38
18	5.48	Bochum	5.59
I	I	I	I
107	6.50	Köln	7.00
141	7.18	Bonn	7.20
I	I	I	I
291	8.42	Mainz	8.44
361	9.23	Mannheim	9.32
422	9.58	Karlsruhe	10.00
I	I	I	I
619	11.45	Basel	12.07
I	I	I	I
914	16.03	Lugano	16.06
I	I	I	I
991	17.35	Mailand	

Auszug aus dem Fahrplan des Euro-City EC 28 „Prinz Eugen“
Wien — Regensburg — Köln — Kiel.

km	Ankunft		Abfahrt
0		Wien	8.00
60	8.40	St. Pölten	8.41
190	9.46	Linz	9.48
I	I	I	I
298	10.57	Passau	11.00
I	I	I	I
415	12.03	Regensburg	12.05
I	I	I	I
754	15.38	Frankfurt	15.50
I	I	I	I
978	18.05	Köln	18.09
I	I	I	I
1151	19.54	Münster	19.56
I	I	I	I
1439	22.06	Hamburg	22.09
I	I	I	I
1550	23.35	Kiel	

1

Berechne die Fahrzeit des EC „Verdi“ für die Strecke Dortmund — Mailand.

2

Berechne die Fahrzeit des EC „Prinz Eugen“ für die Strecke Wien — Kiel.

3

Wie viel Bahn-km beträgt
a) die Strecke Mainz — Mailand?
b) die Strecke Wien — Münster?

4

Berechne die Durchschnittsgeschwindigkeit beider Züge. Erkläre die unterschiedlichen Ergebnisse.

5

Frau Schiefel fährt mit dem EC „Verdi“ von Bonn nach Basel.
Wie lange ist sie unterwegs?

6

Herr Vaupel fährt mit dem EC „Prinz Eugen“ von Passau nach Münster.
Wie lange ist er unterwegs?

7*

Der D-Zug 667 fährt die Strecke Basel — Mailand in 6 Stunden 45 Minuten.
a) In welcher Zeit fährt der EC „Verdi“ diese Strecke?
b) Wie viel Zeit spart man, wenn man mit dem EC fährt?

8

Der D-Zug 520 fährt die Strecke Wien — Passau in 3 Stunden 22 Minuten.
a) In welcher Zeit fährt der EC „Prinz Eugen“ diese Strecke?
b) Wie viel Zeit spart man, wenn man mit dem EC fährt?

Weg-Zeit-Geschwindigkeit

1*

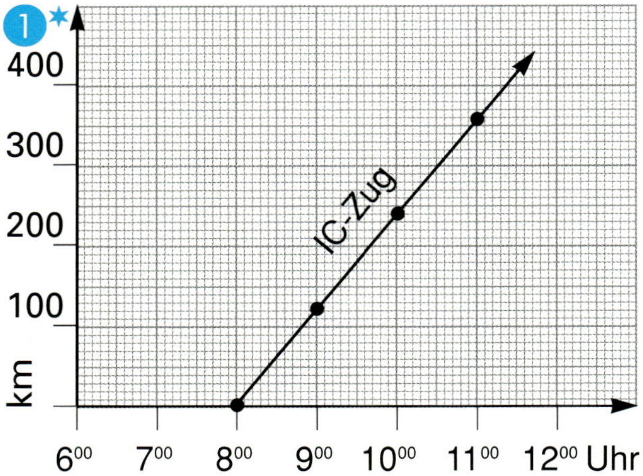

Erläutere das Weg-Zeit-Diagramm.

a) Wann verlässt der IC den Ausgangsbahnhof?

b) Wie viel Kilometer hat der IC nach 3 Stunden zurückgelegt?

c) Berechne die Durchschnittsgeschwindigkeit nach der Formel $\frac{\text{Weg}}{\text{Zeit}} \left(\text{in } \frac{\text{km}}{\text{h}}\right)$.

2*

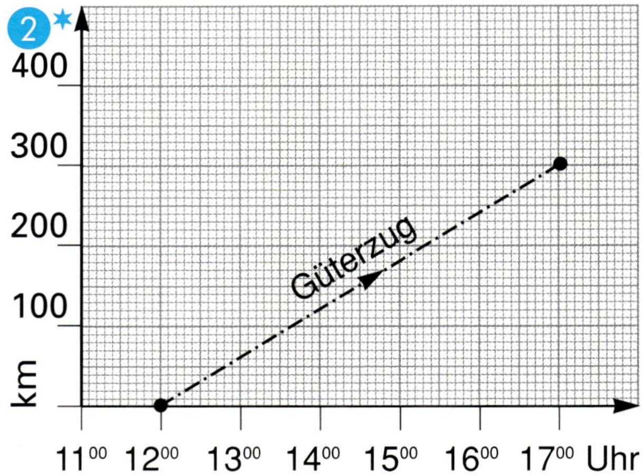

Erläutere das Weg-Zeit-Diagramm.

a) Wann verlässt der Güterzug den Ausgangsbahnhof?

b) Wann kommt er am Zielbahnhof an?

c) Wie viel Kilometer hat der Güterzug zurückgelegt?

d) Berechne die Durchschnittsgeschwindigkeit.

3*

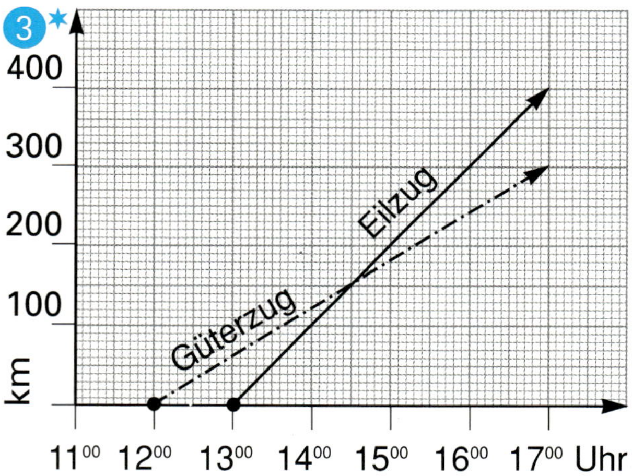

Erläutere das Weg-Zeit-Diagramm.

a) Wann verlässt der Güterzug den Ausgangsbahnhof?

b) Wann fährt der Eilzug ab?

c) Um wie viel Uhr überholt der Eilzug den Güterzug?

d) Berechne die Durchschnittsgeschwindigkeit beider Züge.

4*

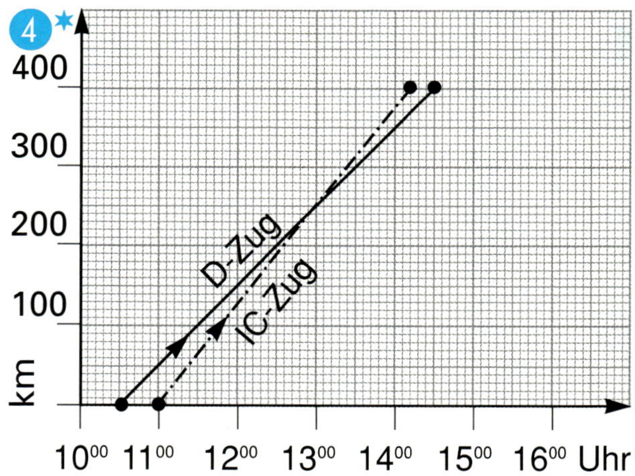

Der D-Zug startet um 10^{30}, der IC-Zug um 11^{00} von Frankfurt nach Münster.

a) Wann erreicht der D-Zug Münster?

b) Wann erreicht der IC-Zug Münster?

c) Wann überholt der IC-Zug den D-Zug?

d) Berechne die Durchschnittsgeschwindigkeit beider Züge.

Abfahrt (DB) Freiburg (Breisgau) Hbf

Departures Depart Partenze

Omnibusse siehe besonderen Aushangfahrplan

Zeit	Zug	Verlauf	Gleis
8.00			
8.04	D 279 🚲 [1]	Basel Bad Bf 8.38–Basel SBB 8.45–Zürich 10.00–**Chur 11.37**	2
8.05	E 3454	Denzlingen 8.11–Emmendingen 8.16–Kenzingen 8.25–Herbolzheim 8.28–Lahr 8.38–**Offenburg 8.49**	4
8.08	E 3463 🚲 ①	Bad Krozingen 8.17–Müllheim 8.28–Bad Bellingen 8.37–Haltingen 8.54–Weil (Rh) 8.57–**Basel Bad Bf 9.00**	3
⚒ 8.09	4506 2. Kl. 🚲	Denzlingen 8.17–**Elzach 8.52** Hält nicht bis Gundelfingen 8.14	5 nördl.
8.12	E 3609	Alle Halte bis Titisee 8.48– (⚒ Bus Neustadt 9.17) Feldberg-Bärental 8.58– (⑥ u. † Bus Feldberg 9.15) **Seebrugg 9.15**	5 südl.
8.36	E 3456	Denzlingen 8.41–Emmendingen 8.46–Kenzingen 8.55–Herbolzheim 8.58–Lahr 9.06–**Offenburg 9.18**	1
⚒ 8.36	5565 2. Kl. 🚲	Gottenheim 8.49–**Breisach 9.04**	4
8.42	E 3611 🚲	Alle Halte bis Titisee 9.18–**Neustadt 9.25** (*RSB* Ulm 12.44)	5
8.56	IC 502 🍴	*Schauinsland* Offenburg 9.24–Karlsruhe 9.57–Mannheim 10.26 (①–⑥ nicht 25. XII.–1. I., 18.–20. IV. *ICE* Hamburg-Altona 15.04) Bonn 12.37–Köln 12.59–Wuppertal-Elberfeld 13.40–Dortmund 14.20–Bielefeld 15.08–**Hannover 15.59**	1
9.00			
9.03 (① bis ⑥ nicht 25. XII.–1. I., 18.–20. IV.)	IC 571 🍴	*Breisgau* Basel Bad Bf 9.38–**Basel SBB 9.45** (*EC* Rom 21.00)	2
9.03	E 3458 🚲 ③	Denzlingen 9.10–Emmendingen 9.16–Kenzingen 9.25–Herbolzheim 9.29–Lahr 9.38–**Offenburg 9.50**	4
⚒ 9.07	4508 2. Kl. 🚲	**Elzach 9.52**	5
9.08	E 3403 🚲 ①	Bad Krozingen 9.19–Müllheim 9.30–Bad Bellingen 9.40–Haltingen 9.56–Weil (Rh) 9.59–**Basel Bad Bf 10.02**	3
9.12	E 3613 ⚒ 🚲	Alle Halte bis Titisee 9.48– (Bus Neustadt 10.17) Feldberg-Bärental 9.59– (Bus Feldberg 10.15) **Seebrugg 10.16**	6
⚒ 9.13	8008 2. Kl.	Gottenheim 9.27–**Endingen 9.59**	7
9.21	D 1458 🚲 [1]	Müllheim 9.39–**Basel Bad Bf 10.08**	2
9.28	8057 2. Kl.	Bad Krozingen 9.43–Staufen 9.54–**Untermünstertal 10.08** Hält bis Bad Krozingen nur in Ebringen und Schallstadt	3
9.31	EC 72 🍴	*Otto Lilienthal* Offenburg 10.00–Karlsruhe 10.33–Mannheim 11.02–Frankfurt (M) 11.49–Kassel-Wilhelmshöhe 13.32–Göttingen 13.51–Braunschweig 14.49–Magdeburg 16.20–**Berlin Hbf 18.27** Zug verkehrt nicht über Hannover	1
9.42	E 3615 🚲	Alle Halte bis Titisee 10.18–**Neustadt 10.25** (*RSB* Villingen 11.28)	6
9.56	EC 108 🍴	*Thuner See* Baden-Baden 10.41–Karlsruhe 10.57–Mannheim 11.26–(*ICE* Hamburg-Altona 16.04) Bonn 13.37–Köln 13.59–Düsseldorf 14.31–Dortmund 15.20–Bielefeld 16.08–Hannover 16.59–Magdeburg 19.08–**Berlin Hbf 21.17**	1
10.00			
10.03	EC 101 🍴	*Matterhorn* Basel Bad Bf 10.38–Basel SBB 10.45–Bern 12.12–**Brig 13.59**	2

Zeichenerklärung *EC EuroCity* *IC InterCity* *D Schnellzug* *E Eilzug* 🚲 Zug mit Gepäckabteil 🍴 Zugrestaurant, Bistro-Café

1
Welche EC- und IC-Züge fahren zwischen 8^{00} und 10^{00} durch Freiburg? Schreibe die Abfahrtszeiten und die Zielbahnhöfe auf.

2
Welche Eilzüge fahren zwischen 8^{00} und 10^{00} in Freiburg ab?
Schreibe die Zielbahnhöfe auf.

3
Welche Züge fahren von Freiburg in die Schweiz?

4
Welche Züge haben ein Zugrestaurant, welche ein Gepäckabteil?

5
Thomas Berger arbeitet in Emmendingen. Welchen Zug nimmt er, wenn er um 8^{30} am Arbeitsplatz sein muss?

6
Elke Heimann arbeitet in Bad Krozingen. Mit welchem Zug kann sie fahren, wenn sie um 8^{30} am Arbeitsplatz sein muss?

7
Eine Schulklasse plant einen Ausflug nach Untermünstertal.
Mit welchem Zug können sie am Vormittag von Freiburg aus fahren?

8
Ein Sportverein plant einen Wanderausflug zum Feldberg.
a) Welchen Zug wählen sie?
b) Wann kommen sie an?

9
Frau Möller will von Freiburg nach Mannheim fahren.
Welche Züge kann sie benutzen?

10
Herr Seibert fährt von Freiburg zu seiner Schwester nach Dortmund.
Welche Züge kann er benutzen?

Verkehrszählung

Vor dem Jugendclub soll eine Fußgängerampel eingerichtet werden.

Dazu wird eine Verkehrszählung durchgeführt.

Die Helfer führen eine Strichliste. Die Ergebnisse werden in eine Häufigkeitstabelle eingetragen.

Montag 7^{00} – 8^{00} Name: Lisa, Peter			
Fahrrad	Motorrad	PKW	LKW
卌 卌 卌 ||	卌 卌 卌 卌 卌 ||||	卌 卌 卌 卌 卌 卌 卌 |||	卌 卌 卌 卌 卌 卌 ||

Montag 13^{00} – 14^{00} Name: Klaus, Werner			
Fahrrad	Motorrad	PKW	LKW
卌 卌 卌 卌 卌 |	卌 卌 卌 卌 |||	卌 卌 卌 |||	卌 卌 卌 ||

Montag 17^{00} – 18^{00} Name: Marianne, Ute			
Fahrrad	Motorrad	PKW	LKW
卌 卌 卌 |||	卌 卌 卌 |	卌 卌 卌 卌 卌 卌 |	卌 卌 卌 卌 卌 ||

1. Übertrage diese Häufigkeitstabellen in dein Heft und fülle sie aus.

Montag 7^{00} – 8^{00}			
Fahrrad	Motorrad	PKW	LKW
17	■	■	■

Montag 13^{00} – 14^{00}			
Fahrrad	Motorrad	PKW	LKW
26	■	■	■

Montag 17^{00} – 18^{00}			
Fahrrad	Motorrad	PKW	LKW
18	■	■	■

Für das Aufstellen der Ampel ist es wichtig, das durchschnittliche Verkehrsaufkommen zu kennen.

Wie viele Fahrräder passieren durchschnittlich pro Stunde zwischen 7^{00} und 18^{00} die Straße?

$$\frac{17 + 26 + 18}{3} = \frac{61}{3} = 20{,}3 \approx 20$$

Durchschnittlich passieren pro Stunde 20 Fahrräder die Straße.

2. Berechne ebenso das durchschnittliche Verkehrsaufkommen der Motorräder, der PKW und der LKW.

3. Erstelle eine Tabelle.

4. Erkundige dich bei der Polizei deines Wohnortes, ob unter diesen Bedingungen eine Ampel aufgestellt würde.

5. Führe mit Mitschülern in eurem Heimatort eine Verkehrszählung mit Strichlisten und Häufigkeitstabellen durch.

Die Ergebnisse von Zählungen und Umfragen kann man in Diagrammen darstellen. Dann kann man sie besser verstehen.

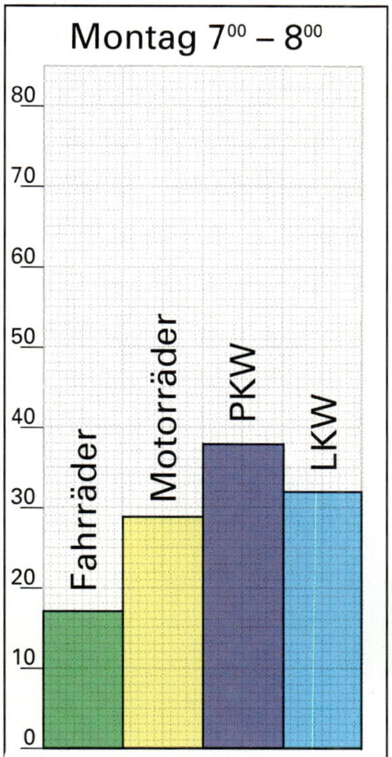

Säulendiagramm

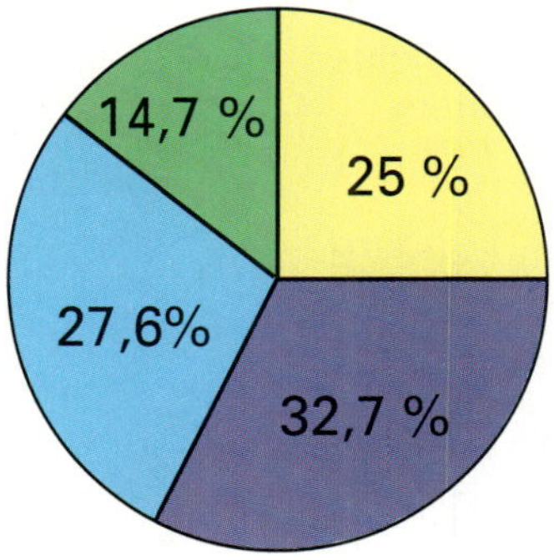

Kreisdiagramm

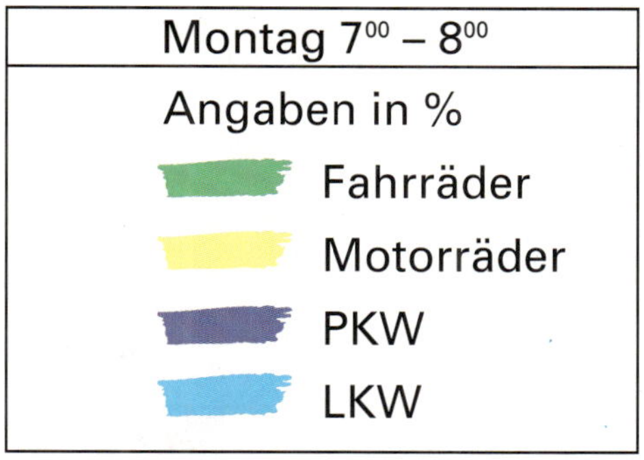

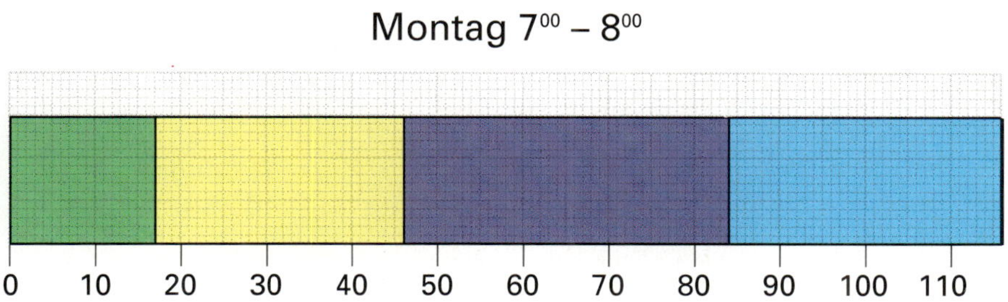

Streifendiagramm

1

Erstelle Säulendiagramme für die Zeiten $13^{00} - 14^{00}$ Uhr und $17^{00} - 18^{00}$ Uhr.

2

Erstelle Streifendiagramme für die Zeiten $13^{00} - 14^{00}$ Uhr und $17^{00} - 18^{00}$ Uhr.

3

Am Sonntag wurden folgende Daten ermittelt:

Zeit	Fahrrad	Motorrad	PKW	LKW
$7^{00} - 8^{00}$	9	12	17	4
$13^{00} - 14^{00}$	35	23	56	–
$17^{00} - 18^{00}$	29	18	38	–

a) Berechne den Durchschnitt für jede Fahrzeugart.

b) Erstelle ein Säulendiagramm.

c) Erstelle ein Streifendiagramm.

4

a) Vergleiche die Ergebnisse der Zählungen von Werktag und Sonntag bei Fahrrädern, Motorrädern, PKW und LKW.

b) Nenne Gründe für die unterschiedlichen Ergebnisse.

c) Berechne den prozentualen Anteil der Fahrräder (Motorräder, PKW, LKW) am gesamten Verkehrsaufkommen.

Deutschland in Zahlen

1

Nenne die Bundesländer und lies die Flächengrößen ab.

2

Berechne die Gesamtfläche der Bundesrepublik Deutschland.

3

Es gibt Stadtstaaten und Flächenstaaten. Nenne die drei Stadtstaaten.

4

Welcher Stadtstaat hat die größte Flächenausdehnung?

1 Berge in Deutschland

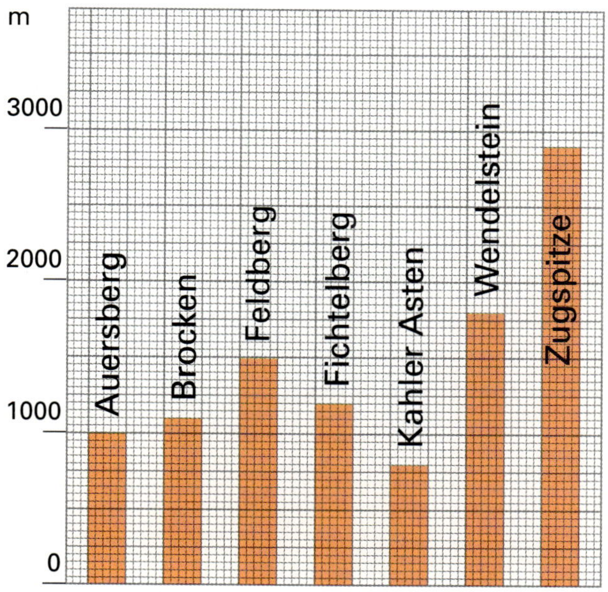

a) Lies die ungefähre Höhe der Berge aus dem Diagramm ab.
b) Trage die Berge der Höhe nach geordnet in eine Tabelle ein.

2 Inseln

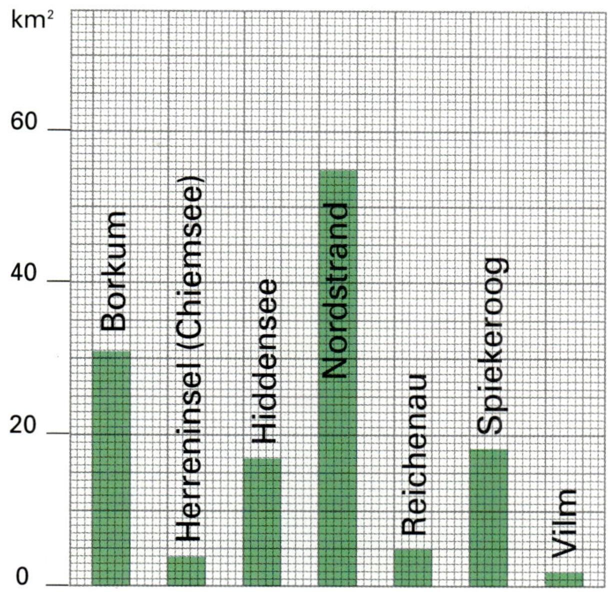

a) Lies die ungefähre Größe der Inseln aus dem Diagramm ab.
b) Trage die Inseln der Größe nach geordnet in eine Tabelle ein.

3 Flüsse in Deutschland

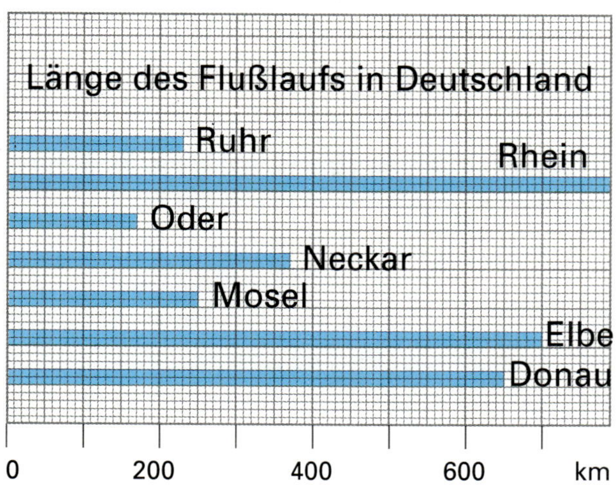

a) Lies die ungefähre Länge der Flüsse aus dem Diagramm ab.
b) Trage die Flüsse der Länge nach geordnet in eine Tabelle ein.

4 Schifffahrtskanäle

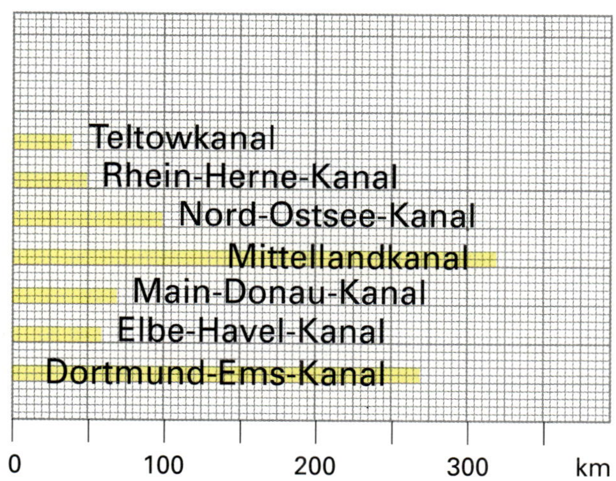

a) Lies die ungefähre Länge der Kanäle aus dem Diagramm ab.
b) Trage die Kanäle der Länge nach geordnet in eine Tabelle ein.

Die Bevölkerung Deutschlands

Altersaufbau der Bevölkerung am 1.1.1990

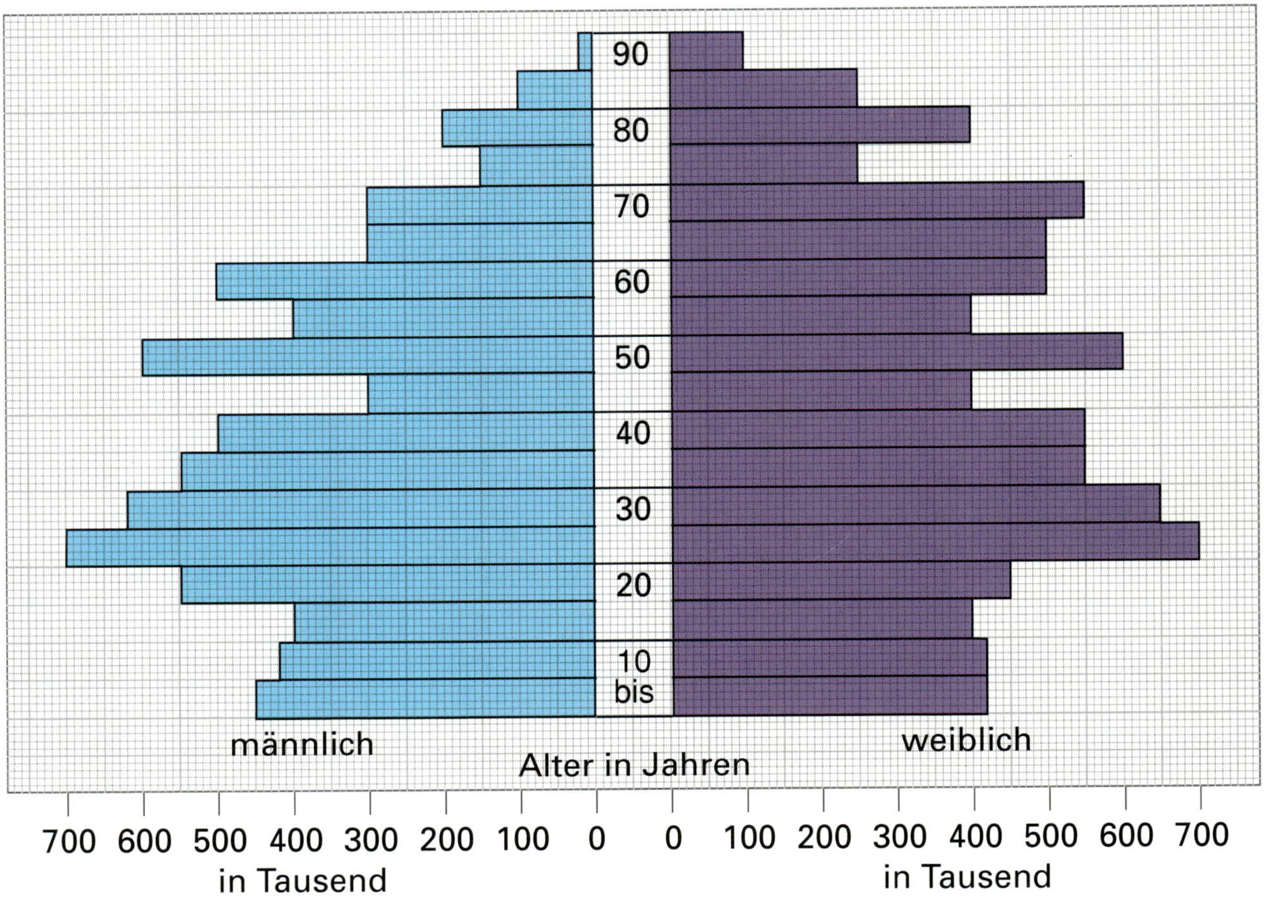

Gesamtbevölkerung: 79 112 800

1. Vergleiche die männliche und weibliche Bevölkerung. Schätze, ob es mehr Frauen oder mehr Männer gibt.

2. In welchen Altersgruppen gibt es einen großen Frauenüberschuss? Nenne Gründe.

3. Frauen haben eine höhere Lebenserwartung. Wo kommt das in der Grafik zum Ausdruck?

4. Stelle fest, ob es Altersgruppen gibt, bei denen ein Männerüberschuss vorliegt?

5. Vergleiche die Altersgruppen der bis zu 20 Jahre alten und der bis zu 10 Jahre alten Menschen. Was stellst du fest?

6. Welche Folgen hat der in den letzten Jahren immer mehr zunehmende Geburtenrückgang für die Gesellschaft?

Einwohnerzahlen Stand: 1.1.90

Land	Fläche km^2	Einwohner in Millionen
Baden-Württemberg	35 750	9,6
Bayern	70 550	11,2
Berlin	884	3,4
Brandenburg	29 060	2,6
Bremen	400	0,7
Hamburg	755	1,6
Hessen	21 110	5,7
Mecklenbg.-Vorpomm.	23 830	1,9
Niedersachsen	47 340	7,3
Nordrhein-Westfalen	34 070	17,1
Rheinland-Pfalz	19 850	3,7
Saarland	2 570	1,0
Sachsen	18 340	4,9
Sachsen-Anhalt	20 450	3,0
Schleswig-Holstein	15 730	2,6
Thüringen	16 250	2,7

Deutschland ist ein dicht besiedeltes Land.
Zum Vergleich:
Spanien
60 Einwohner pro km^2
Deutschland
215 Einwohner pro km^2

1

Errechne die Bevölkerungsdichte der einzelnen Bundesländer.

Beispiel: Baden-Württemberg
Fläche: 35 750 km^2
Einwohner: 9 600 000

$9\,600\,000 : 35\,750 = 268{,}5 \approx 269$

Bevölkerungsdichte: 269 pro km^2

2

In welchem Bundesland ist die Bevölkerungsdichte am höchsten, in welchem am niedrigsten?

Erwerbstätige Stand: 1.1.89

Erwerbszweige	Beschäftigte in Millionen
Land- und Forstwirtschaft	1,2
Industrie	9,5
Handel und Versicherung	4,4
Baugewerbe	1,9
Verkehr	1,6
Dienstleistungsbetriebe	6,1
Sozialdienste	2,8
Private Haushalte	0,5

3

Berechne die Gesamtzahl der Erwerbstätigen.

4

Wie viel Prozent der Gesamtbevölkerung sind erwerbstätig?

5

Welcher Erwerbszweig hat die höchste Zahl von Beschäftigten? Nenne Gründe?

Naturschutz in Deutschland

1 Naturschutzgebiete (Fläche in km²)

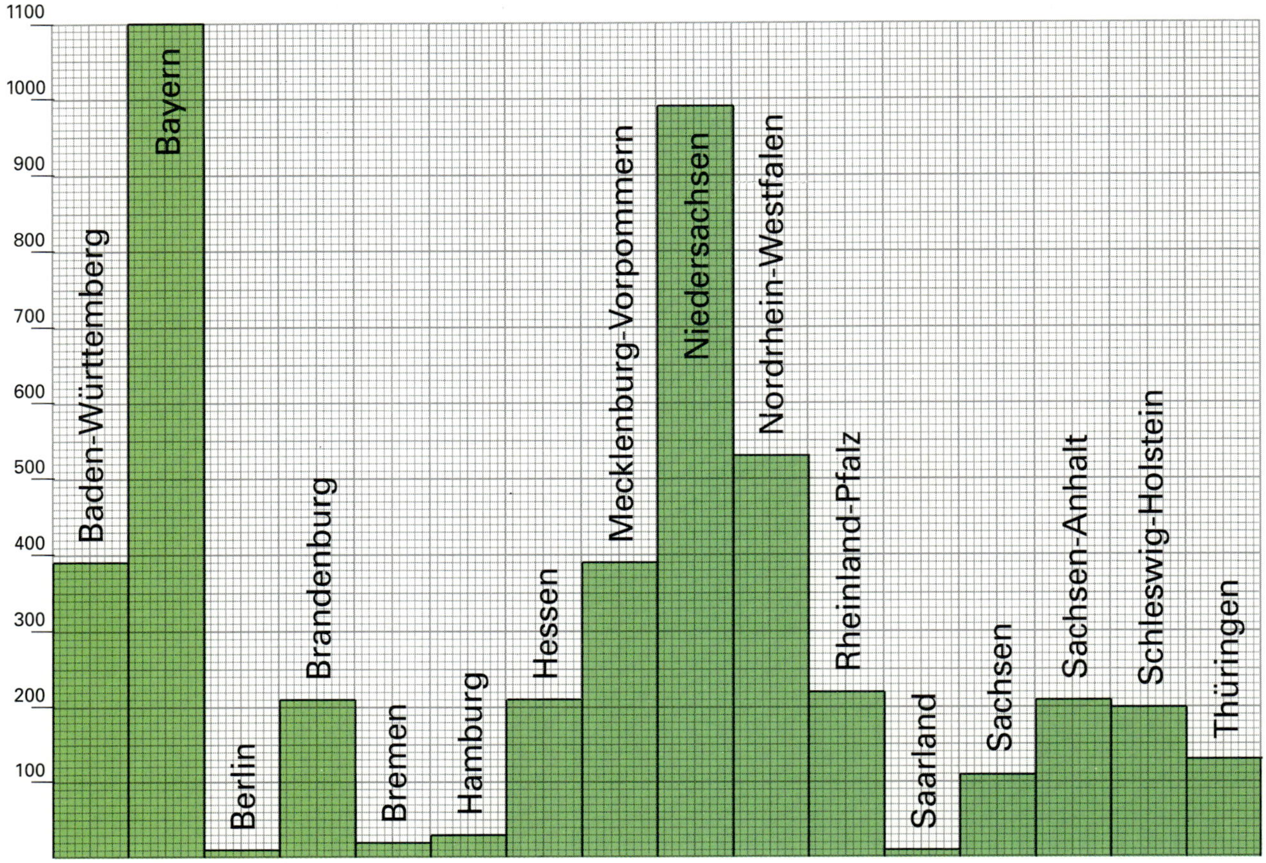

a) Lies die Flächenangaben für die Naturschutzgebiete der einzelnen Bundesländer im Säulendiagramm ab. Trage die Zahlen in eine Tabelle ein.

b) Berechne die Gesamtfläche der Naturschutzgebiete.

c) Berechne den prozentualen Anteil der einzelnen Bundesländer.

2

Naturparks	Land	Fläche in km²
Nordeifel	Nordrh.-Westfalen	1345
Spessart	Bayern	1710
Hochharz	Sachsen-Anhalt	59
Pfälzer Wald	Rheinland-Pfalz	1799
Lüneburger Heide	Niedersachsen	200
Jasmund	Mecklenburg	30

100 km² ≙ 1 cm

a) Erstelle ein Säulendiagramm.

b) Erstelle ein Streifendiagramm.

3

Seen	Land	Fläche in km²	Tiefe in m
Walchensee	Bayern	16,1	192
Titisee	Baden-Württ.	1,1	40
Plöner See	Schlesw.-Holst.	29,0	60
Werbellinsee	Brandenburg	7,9	54
Müggelsee	Berlin	7,5	8
Steinhuder Meer	Niedersachsen	29,4	3

Erstelle ein Säulendiagramm

a) der Fläche (2 km² ≙ 1 cm).

b) der Tiefe (10 m ≙ 1 cm).

Die Flüsse und Gewässer in Deutschland sind durch Industrieabwässer und Abwässer der Städte und Gemeinden stark verschmutzt. Durch Bau von Kläranlagen, Kanalisationen und Einbau von Filtern konnte die Wasserqualität in den letzten 20 Jahren verbessert werden.

Der Rhein von Bonn bis Duisburg

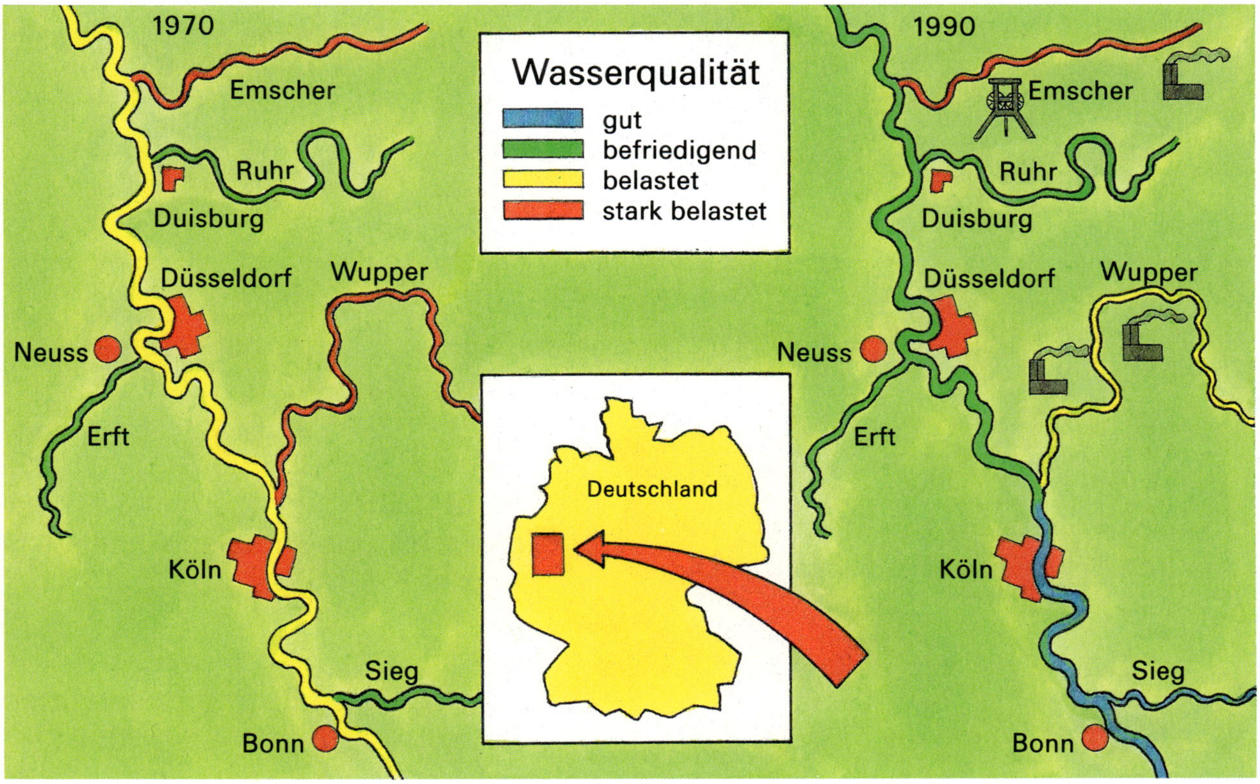

1

Vergleiche die beiden Schaubilder. Bei welchen Flüssen hat sich die Wasserqualität verbessert?

2

In welchen Bereichen des Flusses ist die Wasserqualität am besten? Nenne Gründe dafür.

3

a) Warum sind Wupper und Emscher immer noch belastet? Nenne mögliche Gründe.

b) Warum verschlechtert sich die Wasserqualität des Rheins (1990) nach Zufluss der Wupper?

4

Die Kosten der Rheinsanierung betrugen 39 Milliarden DM. Sie wurden von den Anlieger-Ländern aufgebracht.

Deutschland	30 %	Frankreich	30 %
Holland	34 %	Schweiz	6 %

Berechne, wie viel Milliarden DM jedes Land bezahlt hat.

Energieträger und Energieverbrauch

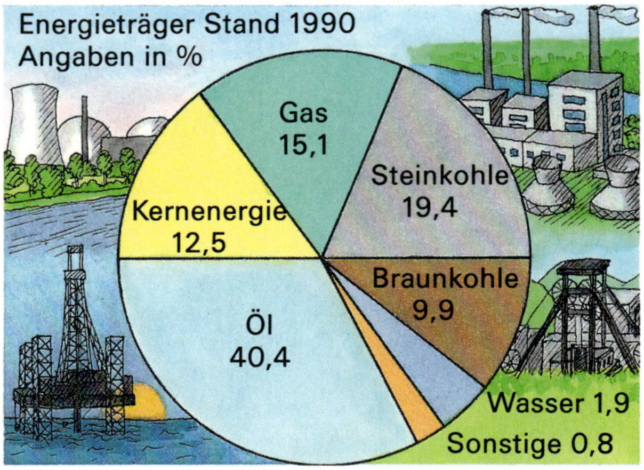

Der Energiebedarf für Wirtschaft, Industrie, Verkehr und private Haushalte wird durch verschiedene Energieträger gedeckt.

1

Lies aus dem Kreisdiagramm ab, welches die wichtigsten Energieträger sind.

Der Anteil der Energieträger am Gesamtverbrauch hat sich in den letzten 10 Jahren verändert.

Energieträger	Angaben in %		
	1980	1990	2000*
Steinkohle	19,6	19,4	20,2
Braunkohle	9,4	9,9	9,8
Erdöl	47,5	40,4	35,5
Erdgas	17,6	15,1	14,8
Kernenergie	3,6	12,5	16,0
Wasserkraft	1,7	1,9	2,6
Sonstige	0,6	0,8	1,1

* geschätzte Werte

2

Welche Energieträger haben eine Steigerung erfahren?

3

Bei welchen Energieträgern ist ein Rückgang des prozentualen Anteils festzustellen?

4

Zeichne ein Säulendiagramm und trage die Werte von 1980, 1990 und 2000 nebeneinander ein.

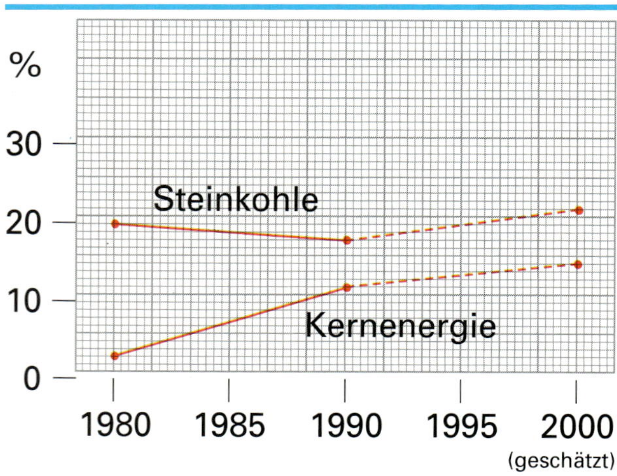

5

Das Verlaufsdiagramm zeigt Anstieg und Rückgang des Steinkohle- und Kernenergieverbrauchs in den letzten 10 Jahren. Zeichne das Diagramm auf Millimeterpapier und trage die Kurven der anderen Energieträger ein.

Energieverbrauch der Gewerbebetriebe

Gewerbe	Verbrauch in Millionen kWh*					
	Steinkohle		Öl		Gas	
	1980	1990	1980	1990	1980	1990
Landwirtschaft	1,0	0,2	2,2	1,8	0,8	0,8
Gärtnereien	0,08	0,05	10,4	10,4	0,08	1,4
Handwerksbetriebe	1,2	0,4	10,6	7,2	2,2	2,9
Baugewerbe	0,7	0,2	5,2	3,4	1,7	1,8
Einzelhandel	0,8	0,3	11,2	8,0	10,4	9,6
Wäschereien	0,01	—	6,4	5,6	0,5	1,0
Gastgewerbe	0,2	0,07	9,6	8,0	8,0	9,6
Insgesamt	3,99	1,22	55,60	44,40	23,68	27,10

* kWh = Kilowattstunde

Lies aus der Tabelle ab:

1. Welcher Energieträger wird am meisten genutzt?

2. Welche Gewerbe haben den höchsten Energieverbrauch?

3. Zeichne für jedes Gewerbe ein Säulendiagramm.

Beispiel: Landwirtschaft

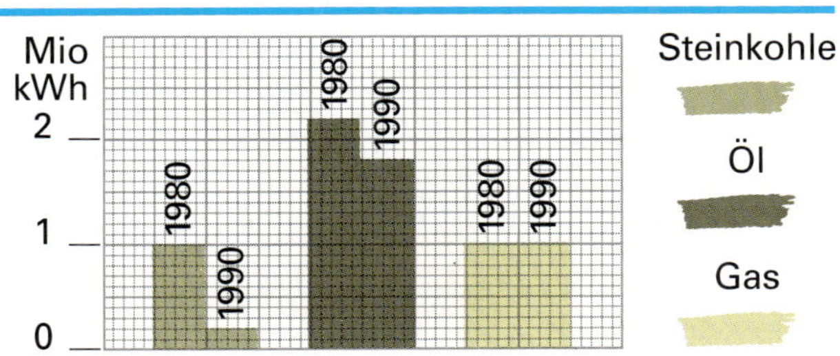

Ein großer Teil der Energie wird zur Heizung verbraucht.

4.

Energieträger	Verbrauch in %		
	1980	1990	2000
Öl	57	53	49
Gas	28	34	37
Kohle	9	7	6
Strom	6	6	8

Zeichne für jeden Energieträger ein Säulendiagramm und trage die Werte von 1980, 1990 und 2000 ein.

5.

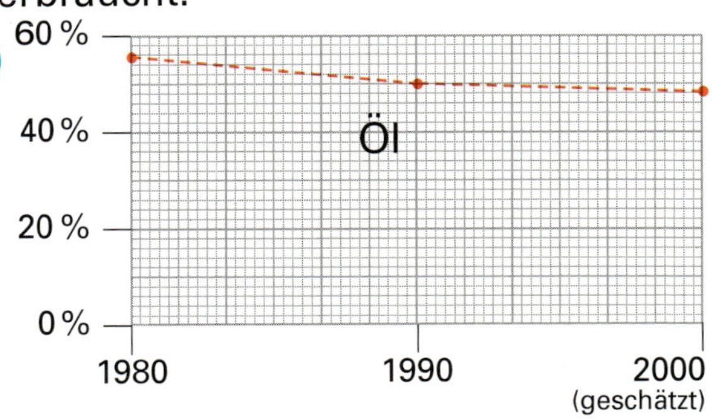

Übertrage das Diagramm auf Millimeterpapier und zeichne die Entwicklungskurven für Gas, Kohle und Strom ein.

„Sanfte Energie" und Energiesparen

Bei der bisherigen Energienutzung werden Schadstoffe in die Umwelt abgegeben. Dies führt zu Luftverschmutzung und anderen Umweltschäden. Deshalb müssen wir Energie sparen und „Sanfte Energien" einsetzen. Windenergie und Sonnenenergie sind solche Energien. Sie belasten nicht die Umwelt. Sonnenenergie wird auch Solarenergie genannt. Windräder werden vor allem an der Nordseeküste eingesetzt. Im Windpark Norden werden jährlich etwa 135 000 kWh elektrische Energie erzeugt. Das ist der Jahresbedarf für 45 Haushalte.

Die Berggaststätte Rappenecker Hof bezieht ihren Strom zum Teil aus einem Generator, zum Teil aus Sonnenenergie.
Der Anteil des Solarstroms ist von der Sonneneinstrahlung abhängig.

kWh	Jan.	Feb.	März	April	Mai	Juni
Generator	150	75	40	10	20	30
Solar	75	100	100	190	260	250
kWh	**Juli**	**Aug.**	**Sept.**	**Okt.**	**Nov.**	**Dez.**
Generator	10	—	20	30	60	140
Solar	240	260	230	200	120	60

Übertrage das Diagramm in dein Heft und ergänze die fehlenden Monate.

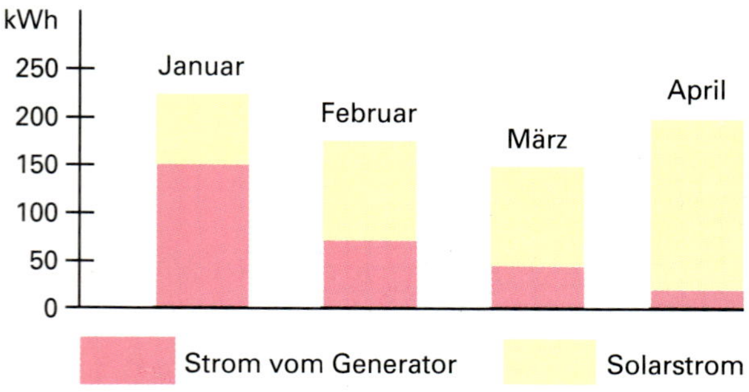

Öffentliche Verkehrsmittel helfen Energie sparen.

Energieverbrauch der Verkehrsmittel in kWh pro Person und Kilometer	
Straßenbahn	0,13
Omnibus	0,16
Motorrad	0,40
PKW	0,60
Flugzeug (Kurzstrecke)	0,80
Flugzeug (Auslandsflüge)	0,50
Eisenbahn (Nahverkehr)	0,30
Eisenbahn (Fernverkehr)	0,10

1. Welches Verkehrsmittel hat den geringsten Energieverbrauch?

2. Warum wird im Nahverkehr der Bahn mehr Energie verbraucht als im Fernverkehr?

3. Zeichne ein Säulendiagramm.

4. Vergleiche den Energieverbrauch pro Person von Flugzeug und Eisenbahn auf der Strecke Hamburg – München. (Bahnkilometer 820; Flugkilometer 580) Wie häufig könnte man mit der Bahn fahren, statt einmal zu fliegen?

5. Die Strecke Frankfurt – Rom beträgt 1370 Bahnkilometer. Die Flugstrecke beträgt 933 km. Berechne den Energieverbrauch pro Person
   a) bei Benutzung der Eisenbahn.
   b) bei Benutzung des Flugzeugs.

Raser sind Energieverschwender.

6. Der Kraftstoffverbrauch steigt mit zunehmender Fahrgeschwindigkeit erheblich.
   a) Um wie viel Liter steigt der Verbrauch zwischen 60 und 100 km/h?
   b) Um wie viel Liter steigt der Verbrauch zwischen 100 und 140 km/h?

7. Wie viel Liter Kraftstoff werden auf 650 km verbraucht
   a) bei einer Durchschnittsgeschwindigkeit von 120 km/h?
   b) bei einer Durchschnittsgeschwindigkeit von 140 km/h?

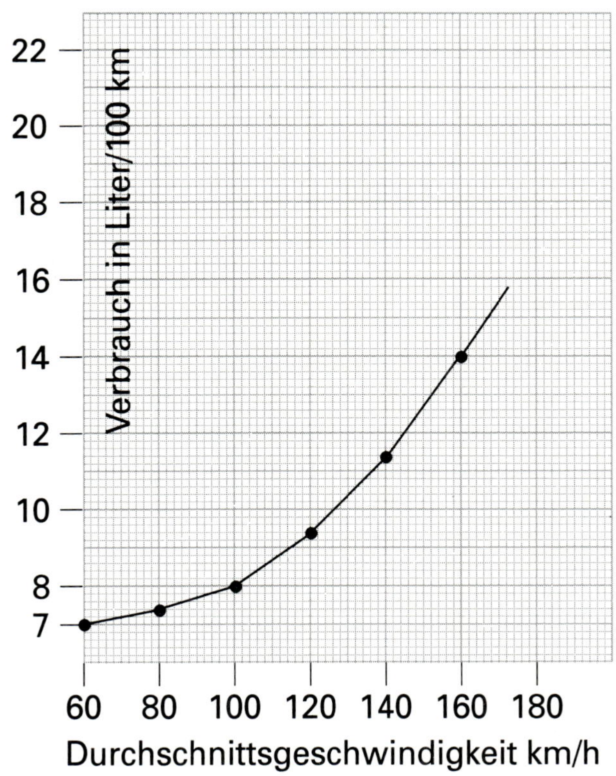

Unsere Nachbarn

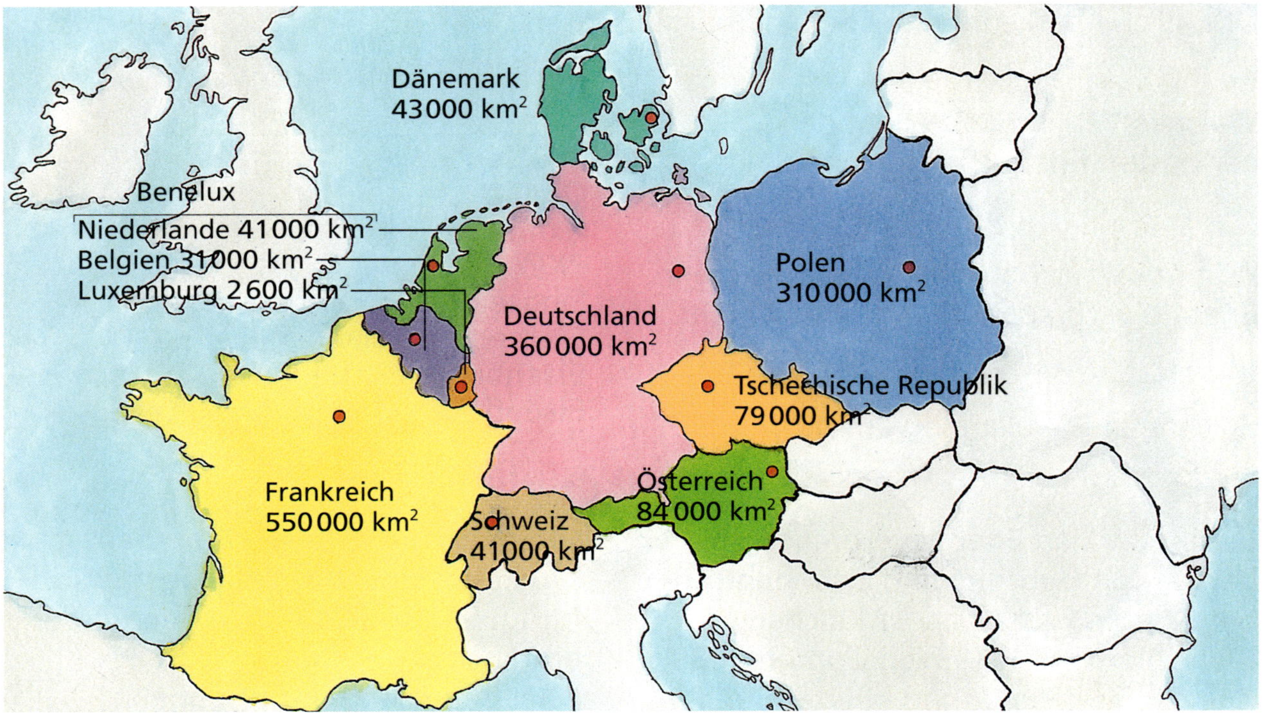

1

Nenne die Namen aller Länder, die eine gemeinsame Grenze mit der Bundesrepublik Deutschland haben.

2

Nenne die Namen der Hauptstädte. Informiere dich, welche Hauptstadt die meisten Einwohner hat.

3

Lies die Flächengrößen der Nachbarländer aus der Karte ab.

4

Erstelle eine Tabelle und ordne die Länder der Größe nach.

Länder	Bevölkerung
Belgien	9920000
Dänemark	5130000
Frankreich	55850000
Luxemburg	370000
Niederlande	14700000
Österreich	7600000
Polen	37800000
Schweiz	6500000
Tschechische Rep.	10400000

5

Errechne die Bevölkerungsdichte der Länder.

6

In welchem Land ist die Bevölkerungsdichte
a) am höchsten,
b) am niedrigsten.

7

Erstelle ein Säulendiagramm.

1

In der Schweiz werden verschiedene Sprachen gesprochen.

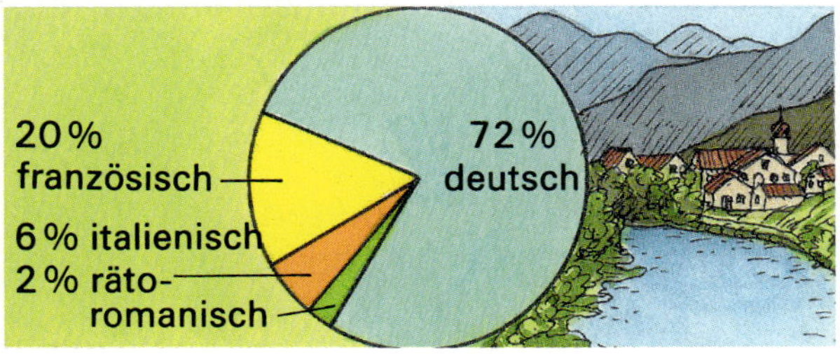

Wie viele Menschen sprechen
a) deutsch
b) französisch
c) italienisch
d) räto-romanisch

2

Verteilung der Konfessionen in Österreich.

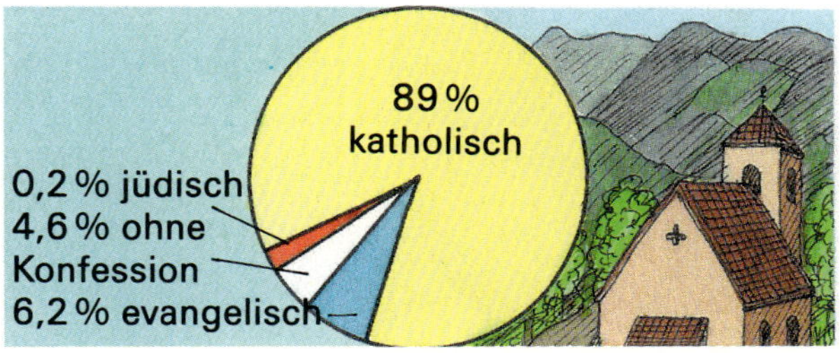

Wie viele Menschen sind:
a) katholisch
b) evangelisch
c) jüdisch
d) ohne Konfession

3

Milchprodukte aus den Niederlanden. Gesamtexport 6000 Tonnen (1992)

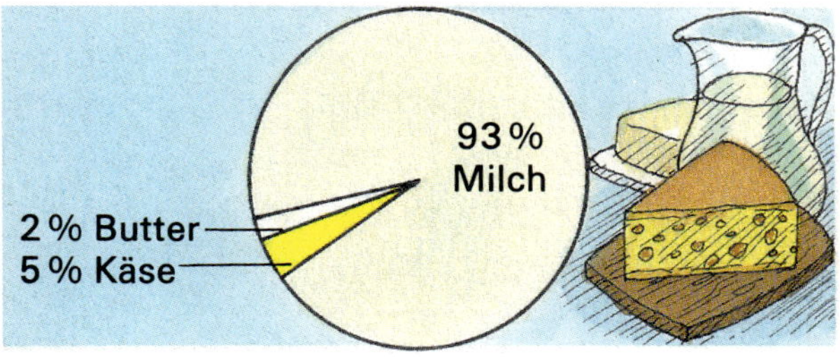

Wie viel Tonnen Milch, Käse und Butter wurden exportiert?

4

Erwerbstätige in Frankreich. Gesamtzahl 20,5 Millionen.

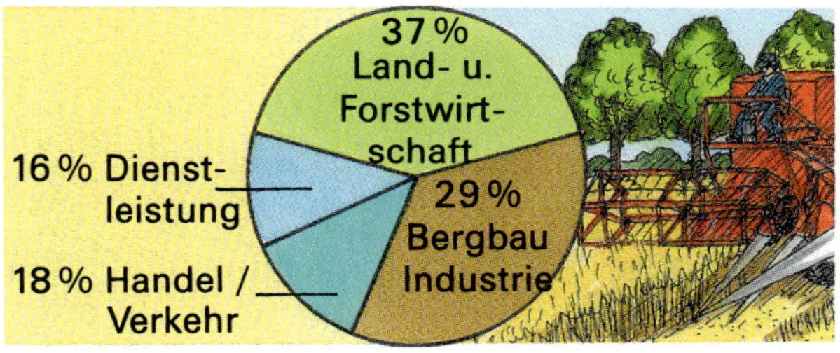

Wie viele Menschen arbeiten in den einzelnen Erwerbszweigen?

5

Landwirtschaftliche Erzeugnisse in Polen. Gesamterzeugnisse 50 Mio Tonnen (1992)

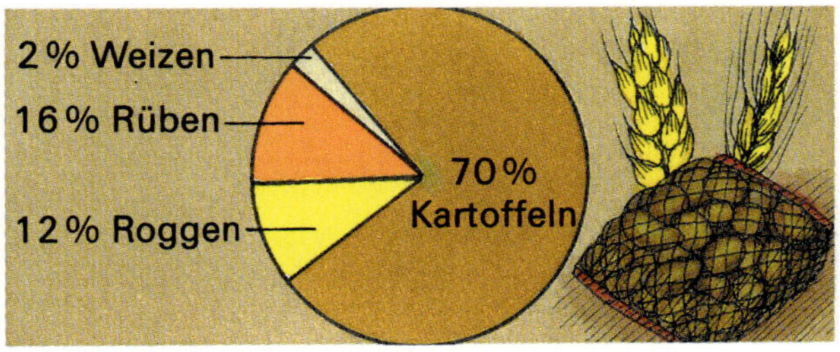

Wie viel Mio Tonnen wurden erzeugt?
a) Weizen
b) Roggen
c) Kartoffeln
d) Rüben

6

Auch in Belgien werden verschiedene Sprachen gesprochen.

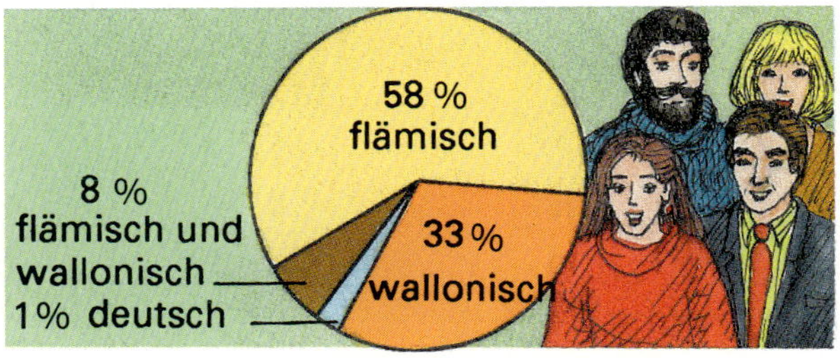

Wie viele Menschen sprechen
a) flämisch
b) beide Sprachen
c) wallonisch
d) deutsch

Unser Sonnensystem

Der Astronom Nikolaus Kopernikus hat gelehrt, dass die Sonne der Mittelpunkt unseres Planetensystems ist. Die Erde und die anderen Planeten bewegen sich um die Sonne. Sie sind unterschiedlich weit von der Sonne entfernt.

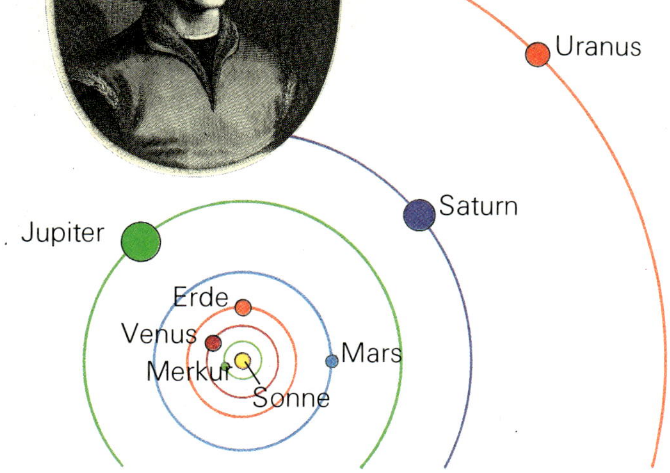

Entfernungen der Planeten von der Sonne in Millionen km	
Erde	150
Jupiter	778
Mars	228
Merkur	58
Neptun	4498
Pluto	5910
Saturn	1428
Uranus	2872
Venus	108

1

Erstelle eine Tabelle und ordne die Planeten nach der Entfernung von der Sonne.

a) Welcher Planet ist der Sonne am nächsten?

b) Welcher Planet ist von der Sonne am weitesten entfernt?

2

Vergleiche die Entfernung Sonne – Erde mit der Entfernung Sonne – Jupiter.

a) Wie viel Millionen km ist der Jupiter weiter als die Erde von der Sonne entfernt? Vergleiche die Entfernungen.

b) Stelle weitere Vergleiche an.

Planetengrößen · Durchmesser in km	
Erde	12760
Jupiter	142800
Mars	6800
Merkur	4890
Neptun	49000
Pluto	2300
Saturn	120800
Uranus	50800
Venus	12110

3

Erstelle eine Tabelle und ordne die Planeten nach der Größe.

4

Wie viel mal größer ist der Durchmesser des Neptuns als der Durchmesser der Erde?

5

Wie viel mal größer ist der Durchmesser des Jupiters als der des Merkurs?

Zeichnen will gelernt sein

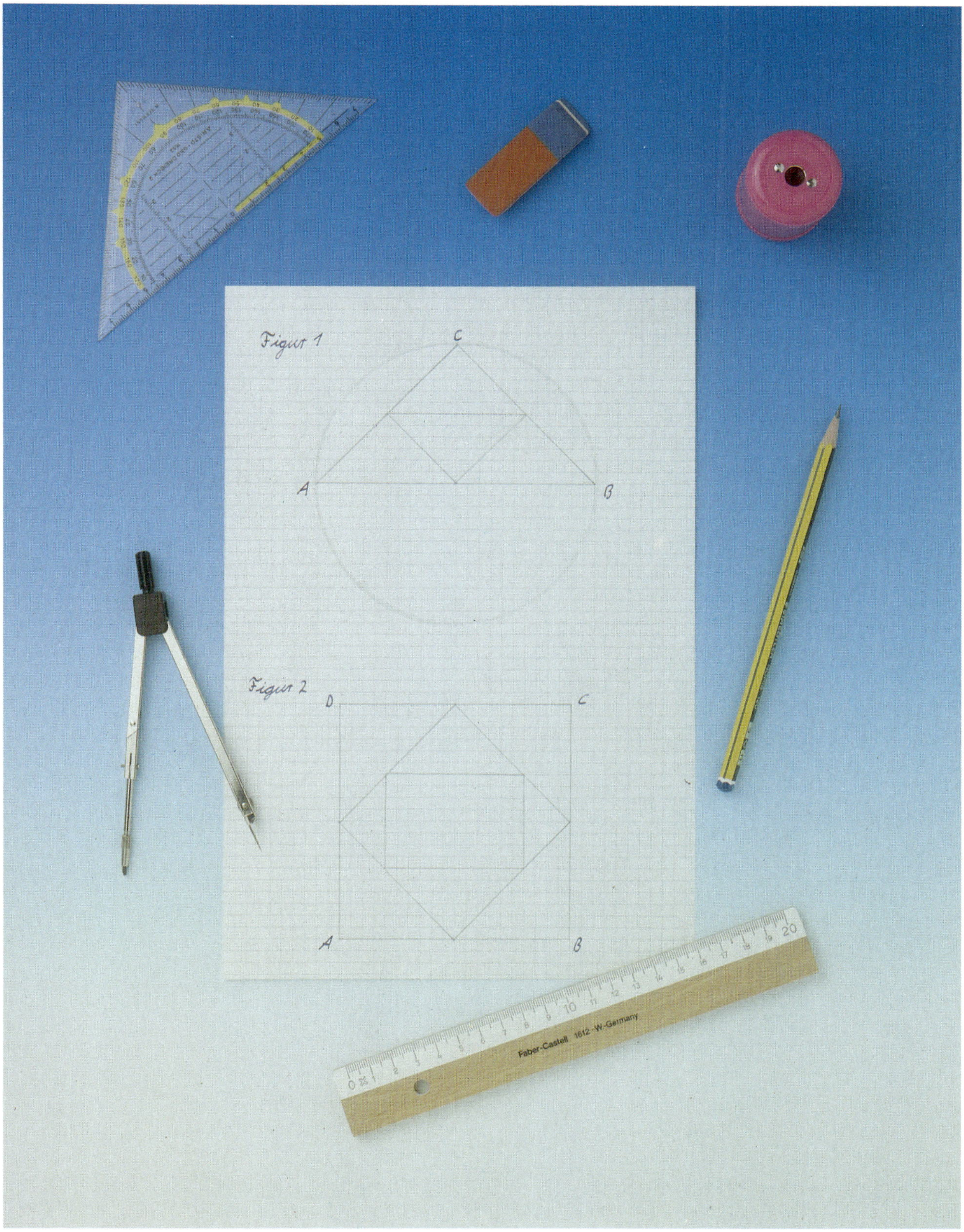

Wir zeichnen ein Dreieck

Zeichne ein Dreieck:

a = 3 cm

b = 5 cm

c = 6 cm

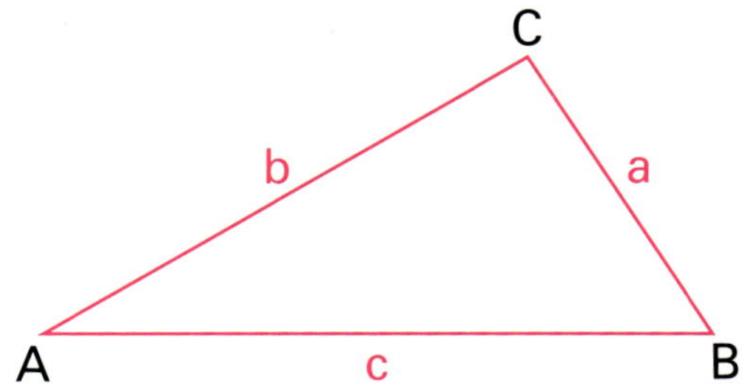

1. Schritt

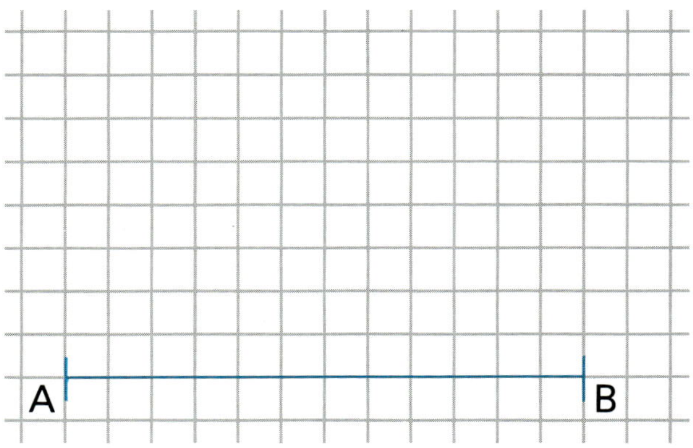

Zeichne c = 6 cm
mit den Endpunkten A und B.

2. Schritt

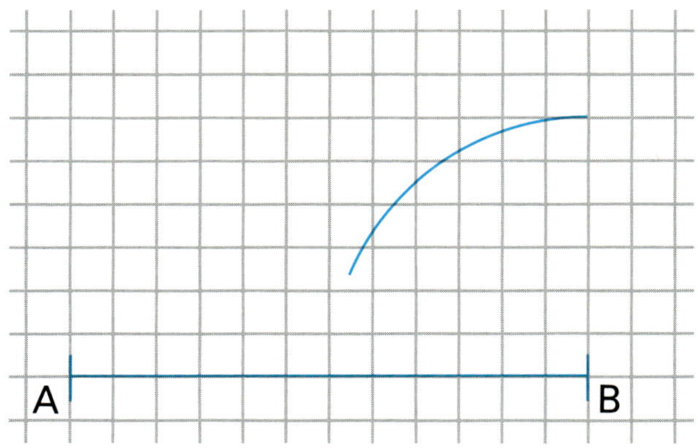

Zeichne einen Kreisbogen um B
mit dem Radius 3 cm.

3. Schritt

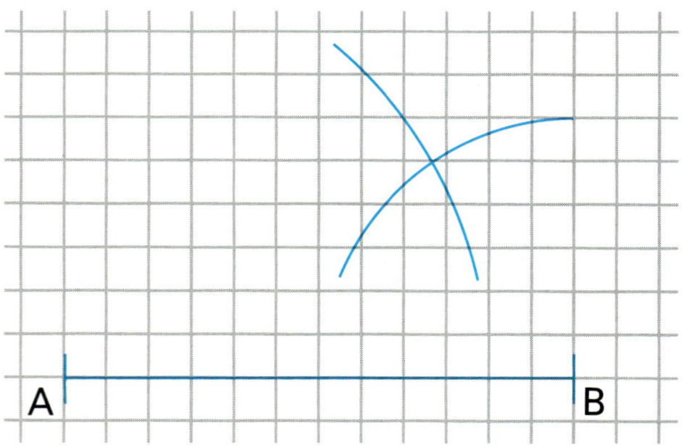

Zeichne einen Kreisbogen um A
mit dem Radius 5 cm.

4. Schritt

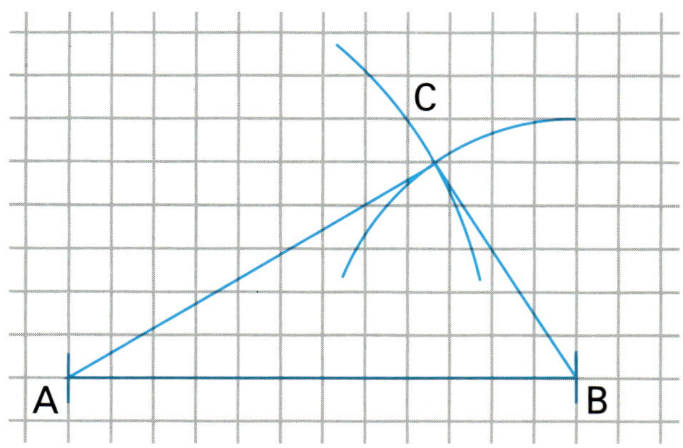

Der Schnittpunkt ist C.
Zeichne die Seiten a und b.

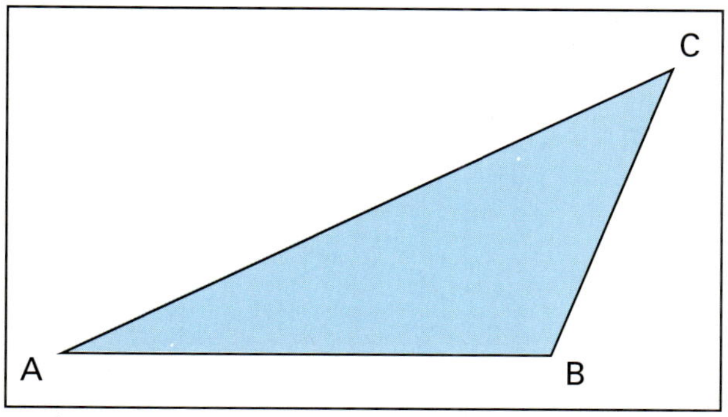

Zeichne Dreiecke.

1 a = 6 cm b = 4 cm c = 7 cm

2 a = 2 cm b = 6 cm c = 5 cm

3 a = 4,5 cm b = 2,5 cm c = 4,0 cm

4 a = 7,7 cm b = 3,1 cm c = 8,3 cm

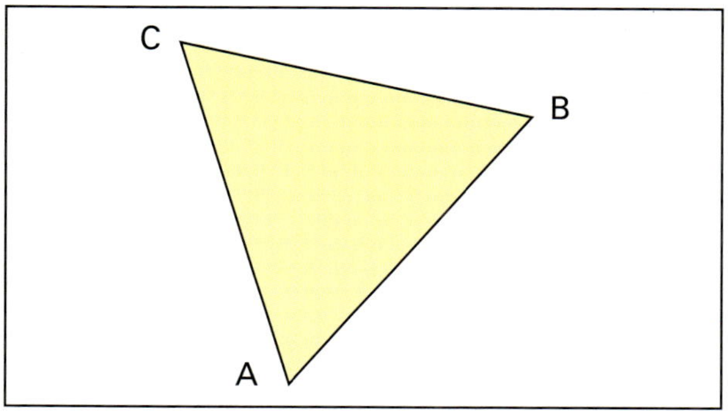

Zeichne gleichseitige Dreiecke.

5 a = 5 cm b = 5 cm c = 5 cm

6 a = 7,5 cm b = 7,5 cm c = 7,5 cm

7 a = 3,8 cm b = 3,8 cm c = 3,8 cm

8 a = 6,2 cm b = 6,2 cm c = 6,2 cm

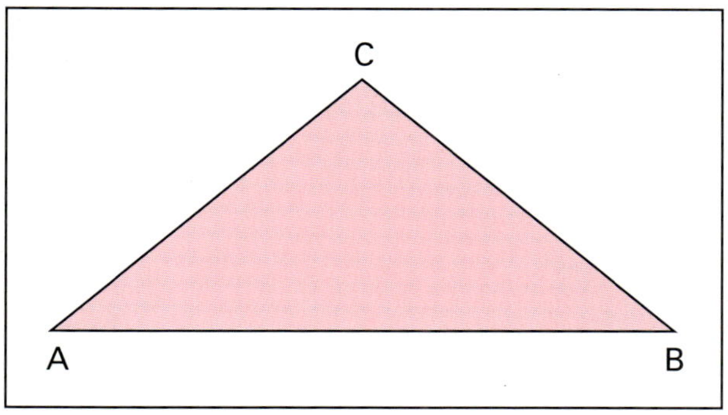

Zeichne gleichschenklige Dreiecke.

9 a = 3 cm b = 3 cm c = 4 cm

10 a = 5,5 cm b = 5,5 cm c = 6,5 cm

11 a = 7,1 cm b = 7,1 cm c = 4,9 cm

12 a = 5,8 cm b = 5,8 cm c = 6,2 cm

Versuche, Dreiecke zu zeichnen. Manchmal kann es nicht gelingen. Erkläre, warum.

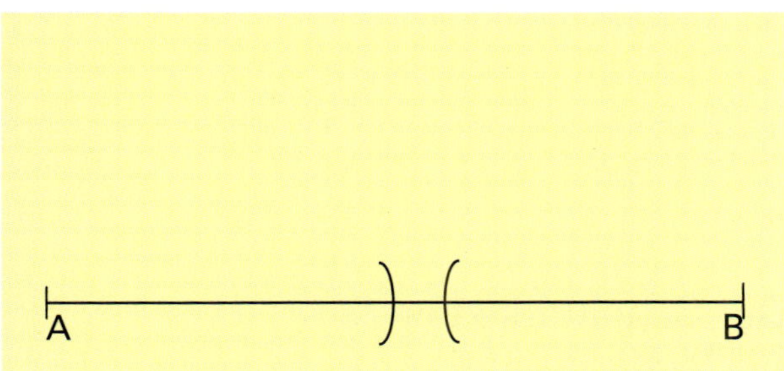

13* a = 5 cm b = 3 cm c = 7 cm

14* a = 3 cm b = 3 cm c = 7 cm

15* a = 3,5 cm b = 3,5 cm c = 7 cm

16* a = 4,5 cm b = 4,5 cm c = 7 cm

Wir nutzen den Winkel

Zeichne ein Dreieck:

$b = 4$ cm

$c = 6$ cm

$\alpha = 45°$

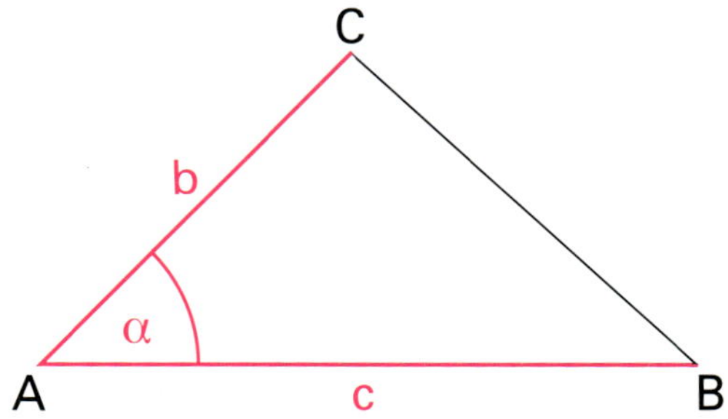

1. Schritt

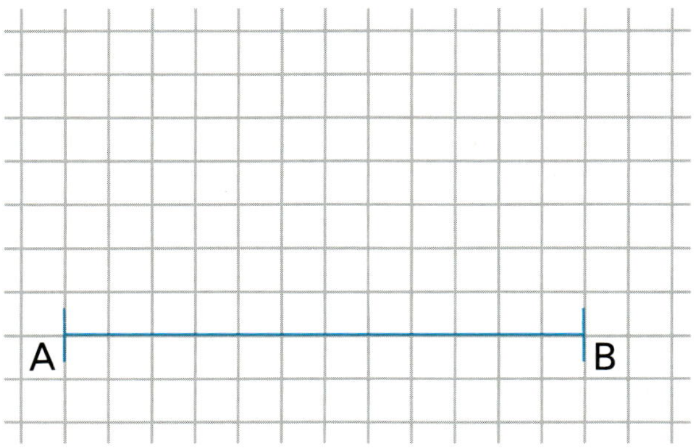

Zeichne $c = 6$ cm
mit den Endpunkten A und B.

2. Schritt

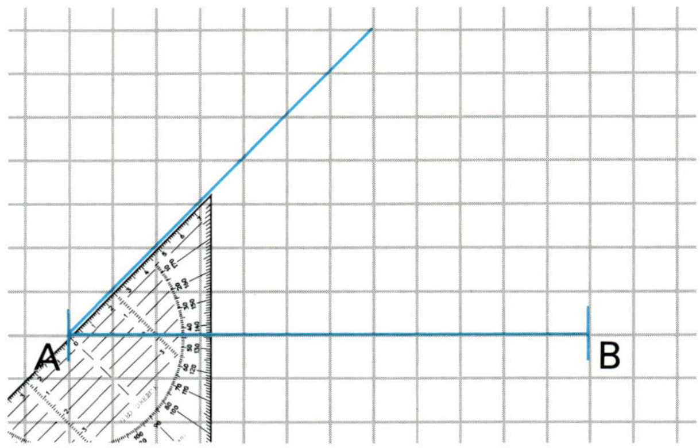

Trage den Winkel $\alpha = 45°$
in A an.

3. Schritt

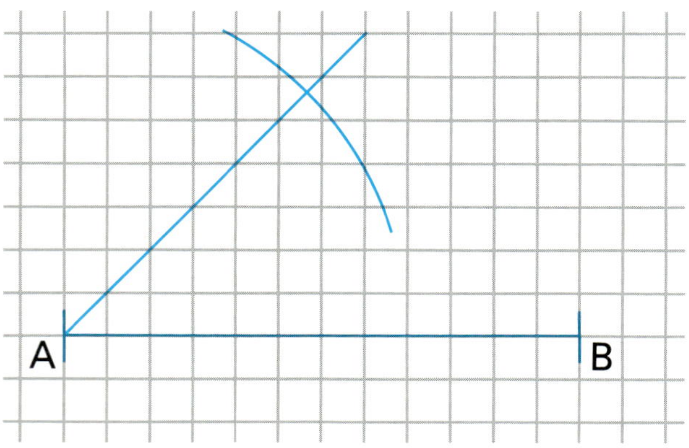

Zeichne einen Kreisbogen um A
mit dem Radius 4 cm.

4. Schritt

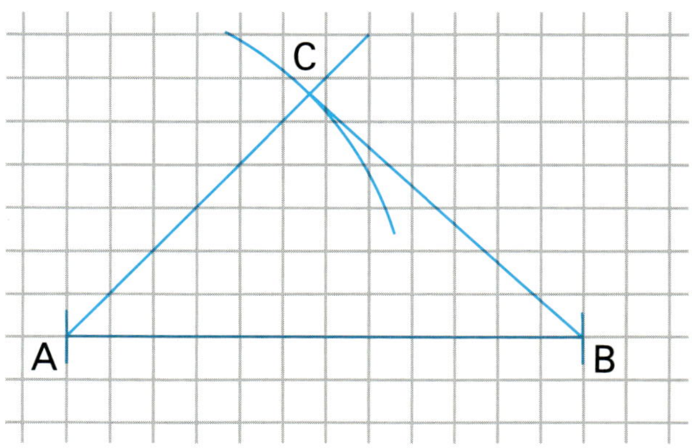

Der Schnittpunkt ist C.
Verbinde B mit C.

Zeichne Dreiecke. Miss die Länge der fehlenden Seite.

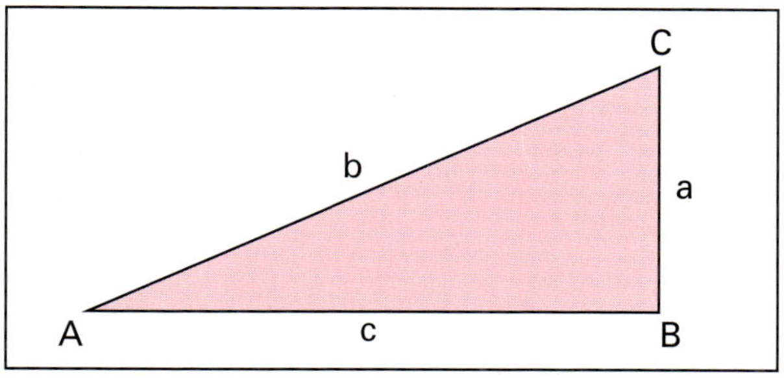

1. $b = 4$ cm $c = 6$ cm $\alpha = 60°$
2. $b = 2{,}5$ cm $c = 5{,}5$ cm $\alpha = 75°$
3. $b = 5{,}2$ cm $c = 6{,}1$ cm $\alpha = 90°$
4. * $b = 4{,}7$ cm $c = 5{,}9$ cm $\alpha = 82°$

Zeichne Dreiecke. Färbe gleichseitige Dreiecke grün.

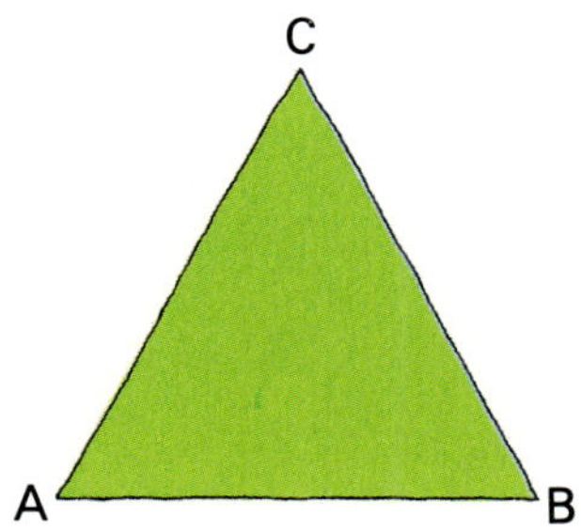

5. $b = 5$ cm $c = 6$ cm $\alpha = 90°$
6. $b = 7{,}3$ cm $c = 7{,}3$ cm $\alpha = 60°$
7. $a = 4$ cm $b = 4{,}5$ cm $c = 6$ cm
8. * $a = 6{,}3$ cm $b = 6{,}3$ cm $\gamma = 48°$

Zeichne Dreiecke. Färbe gleichschenklige Dreiecke blau.

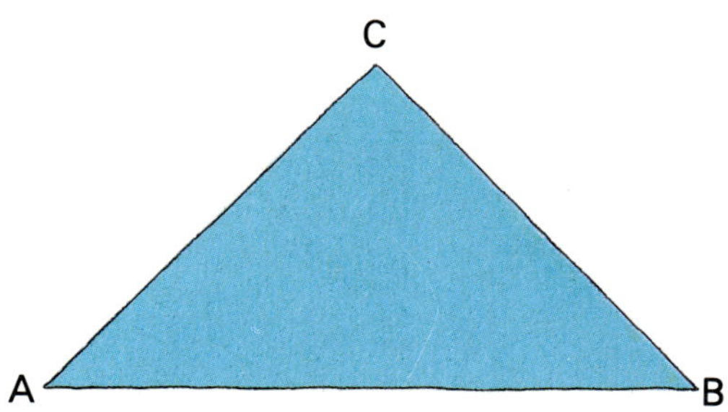

9. $a = 5{,}5$ cm $c = 5{,}5$ cm $\alpha = 60°$
10. $b = 8{,}2$ cm $c = 8{,}2$ cm $\alpha = 105°$
11. * $a = 5{,}9$ cm $b = 5{,}9$ cm $c = 5{,}9$ cm
12. * $a = 6$ cm $c = 6$ cm $\beta = 135°$

13

Zeichne ein Dreieck mit den Seiten $a = 4{,}5$ cm und $b = 5{,}0$ cm sowie dem Winkel $\gamma = 90°$. Miss die Größe der beiden anderen Winkel.

14 *

Zeichne ein Dreieck mit den Seiten $a = 5{,}3$ cm und $c = 7{,}1$ cm sowie dem Winkel $\beta = 50°$. Miss die Länge der fehlenden Seite.

15

Zeichne ein gleichseitiges Dreieck mit der Seitenlänge 9 cm. Miss den kürzesten Abstand zwischen Punkt B und der Seite b.

16 *

Zeichne ein gleichseitiges Dreieck mit der Seitenlänge 7,5 cm. Miss die drei Winkel und berechne die Winkelsumme.

Wir zeichnen und berechnen Dreiecke

Zeichne ein Dreieck:

$c = 7$ cm

$\alpha = 75°$

$\beta = 25°$

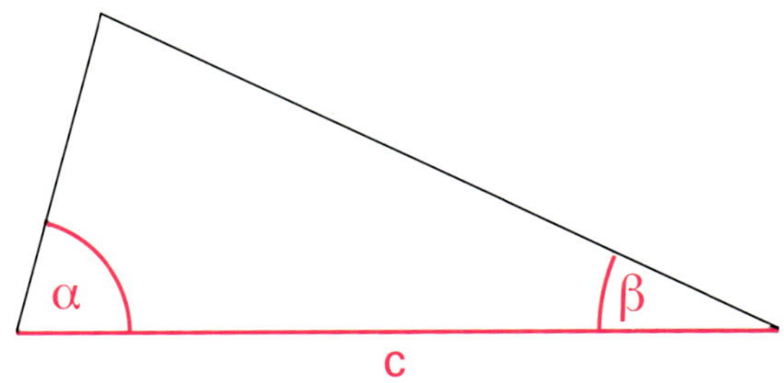

1. Schritt

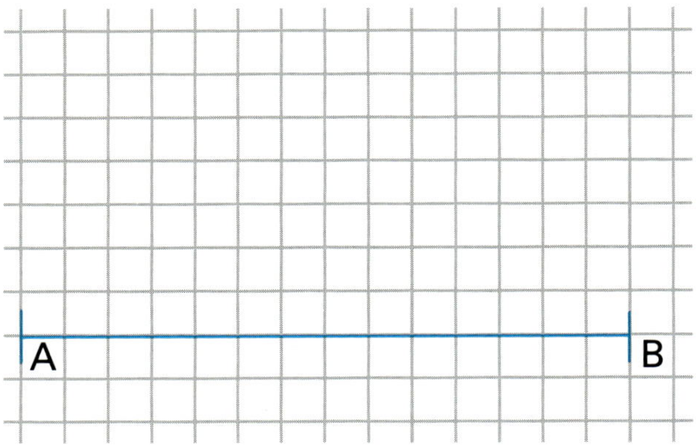

Zeichne $c = 7$ cm mit den Endpunkten A und B.

2. Schritt

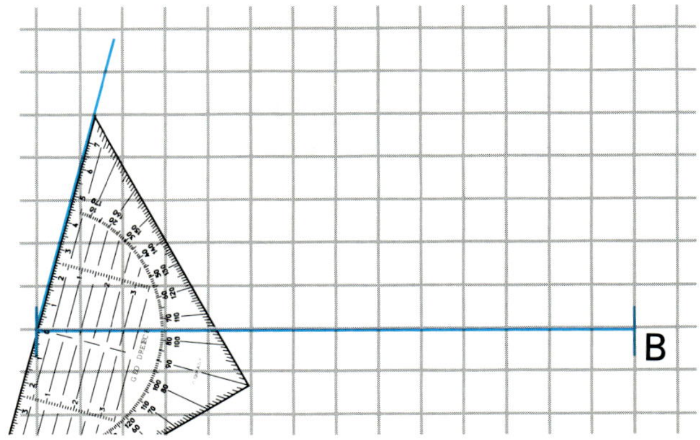

Trage den Winkel $\alpha = 75°$ in A an.

3. Schritt

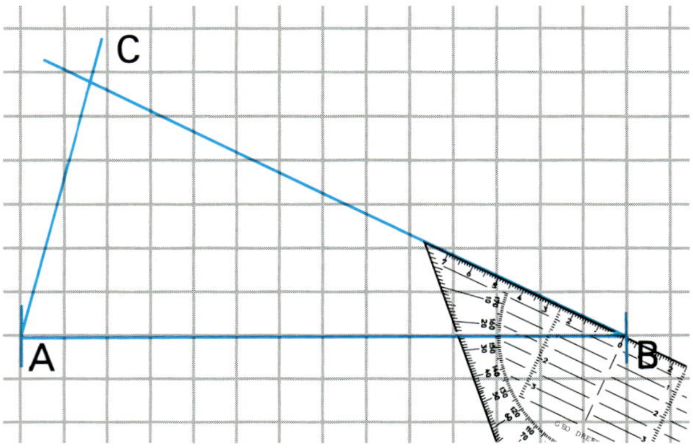

Trage den Winkel $\beta = 25°$ in B an.

4. Schritt

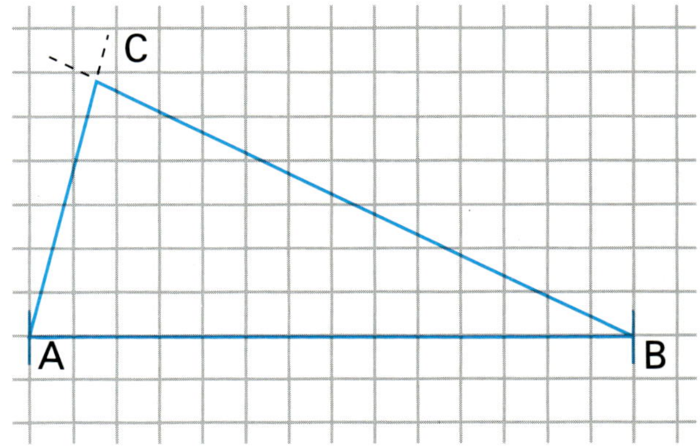

Der Schnittpunkt ist C.

Zeichne die Dreiecke. Miss die fehlenden Seitenlängen und den fehlenden Winkel.

1
$c = 6$ cm
$\alpha = 40°$
$\beta = 60°$

2
$c = 5{,}5$ cm
$\alpha = 70°$
$\beta = 70°$

3
$c = 7{,}3$ cm
$\alpha = 60°$
$\beta = 60°$

4
$c = 4{,}8$ cm
$\alpha = 46°$
$\beta = 54°$

5
$c = 4{,}0$ cm
$\alpha = 35°$
$\beta = 100°$

6
$c = 6{,}9$ cm
$\alpha = 90°$
$\beta = 20°$

7 *
$a = 5{,}0$ cm
$\beta = 45°$
$\gamma = 45°$

8 *
$b = 7{,}5$ cm
$\alpha = 80°$
$\gamma = 55°$

Zeichne die Dreiecke. Berechne den Umfang.

$$u_{\triangle} = a + b + c$$

9
$a = 7{,}2$ cm
$b = 5{,}4$ cm
$c = 8{,}1$ cm

10
$a = 2{,}5$ cm
$b = 4{,}0$ cm
$c = 4{,}0$ cm

11
$a = 6$ cm
$b = 6$ cm
$c = 6$ cm

12
$a = 5{,}0$ cm
$b = 5{,}0$ cm
$c = 7{,}4$ cm

Zeichne die Dreiecke. Berechne den Flächeninhalt.

$$A_{\triangle} = \frac{g \cdot h}{2}$$

13 *
$c = 6{,}3$ cm
$b = 4{,}8$ cm
$\alpha = 60°$

14 *
$c = 4{,}6$ cm
$\alpha = 20°$
$\beta = 70°$

15 *
$c = 6$ cm
$\alpha = 35°$
$\beta = 90°$

16 *
$c = 7{,}5$ cm
$b = 7{,}5$ cm
$\alpha = 60°$

Zeichne Dreiecke. Die Seiten sollen doppelt so lang sein, wie bei den abgebildeten Dreiecken. Entnimm die erforderlichen Angaben den Abbildungen.

17 *

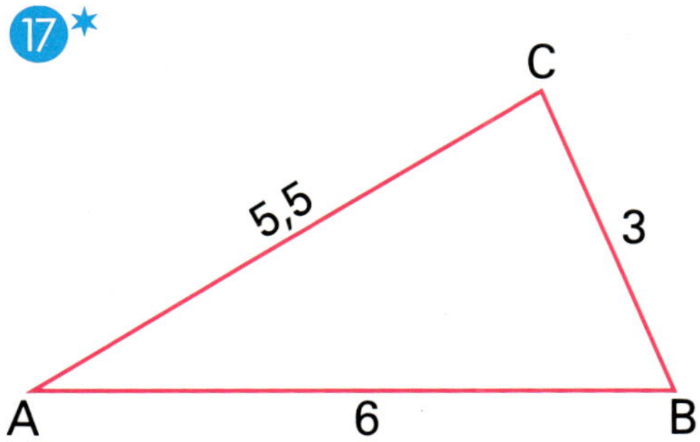

18 *

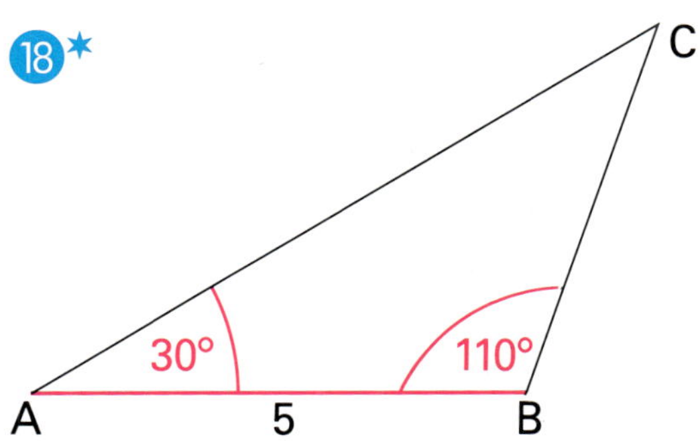

Wir zeichnen Parallelogramme

Zeichne ein Parallelogramm:

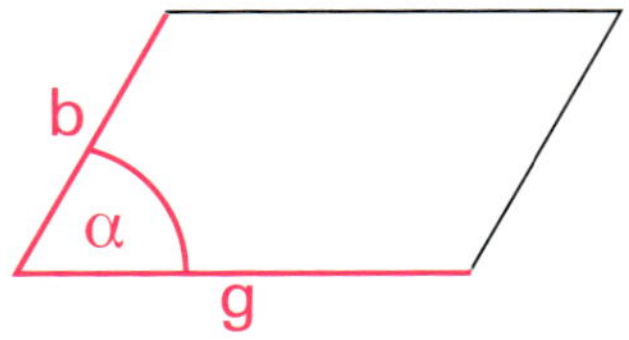

$g = 4{,}5$ cm

$b = 3$ cm

$\alpha = 60°$

1. Schritt

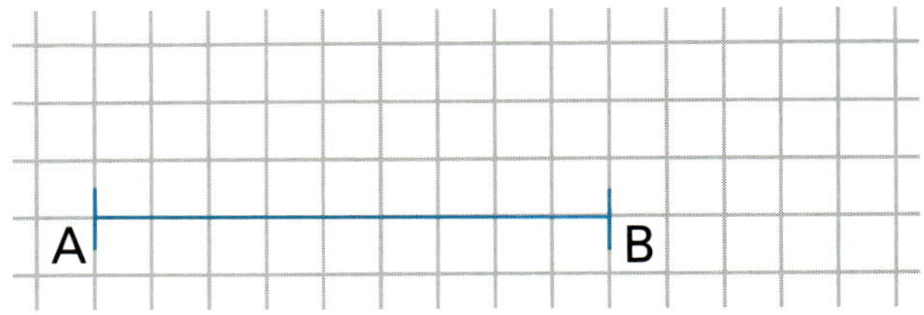

Zeichne $g = 4{,}5$ cm mit den Endpunkten A und B

2. Schritt

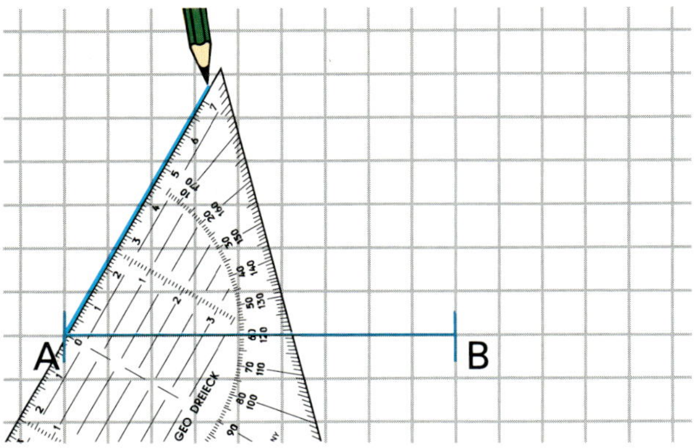

Trage einen Winkel von 60° in A an.

3. Schritt

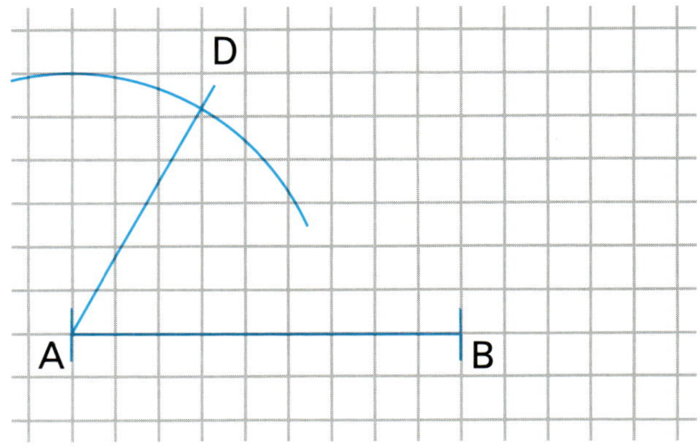

Zeichne einen Kreisbogen um A mit dem Radius 3 cm, der Endpunkt ist D.

4. Schritt

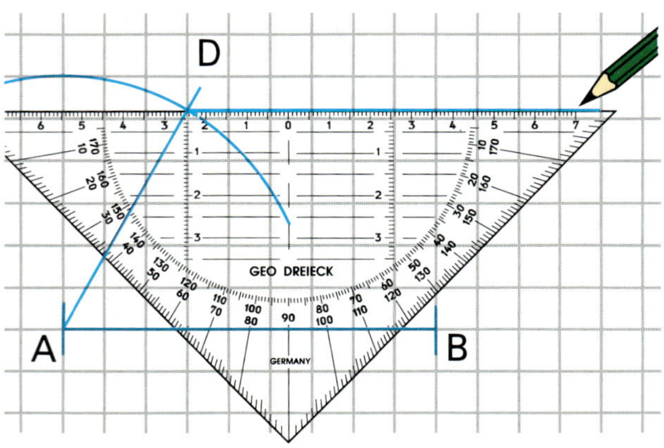

Zeichne eine Parallele zu g durch D.

5. Schritt

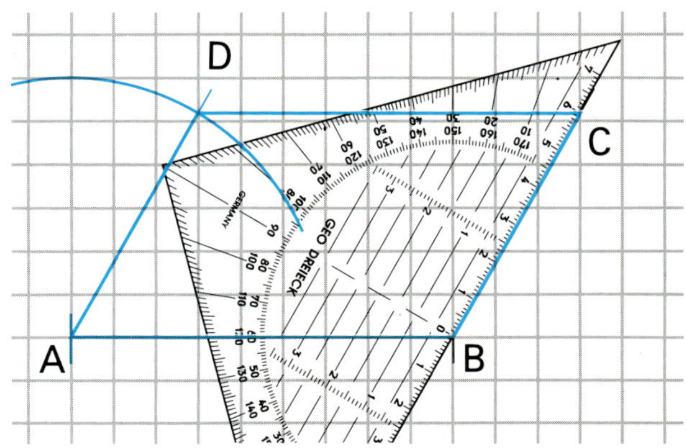

Zeichne eine Parallele zu b durch B, der Endpunkt ist C.

Zeichne die Parallelogramme.

1
$g = 5{,}0$ cm
$b = 4{,}0$ cm
$\alpha = 75^\circ$

2
$g = 4{,}5$ cm
$b = 3{,}5$ cm
$\alpha = 60^\circ$

3
$g = 6{,}5$ cm
$b = 2{,}5$ cm
$\alpha = 45^\circ$

4
$g = 6{,}0$ cm
$b = 4{,}5$ cm
$\alpha = 120^\circ$

5
$g = 4{,}8$ cm
$b = 3{,}7$ cm
$\alpha = 56^\circ$

6
$g = 7{,}4$ cm
$b = 4{,}2$ cm
$\alpha = 82^\circ$

7*
$g = 5{,}5$ cm
$b = 4{,}0$ cm
$\alpha = 90^\circ$

8*
$g = 7{,}0$ cm
$b = 7{,}0$ cm
$\alpha = 90^\circ$

Quadrate und Rechtecke sind besondere Parallelogramme.

Zeichne ein Rechteck mit den Seiten $\ell = 6$ cm und $b = 3$ cm.

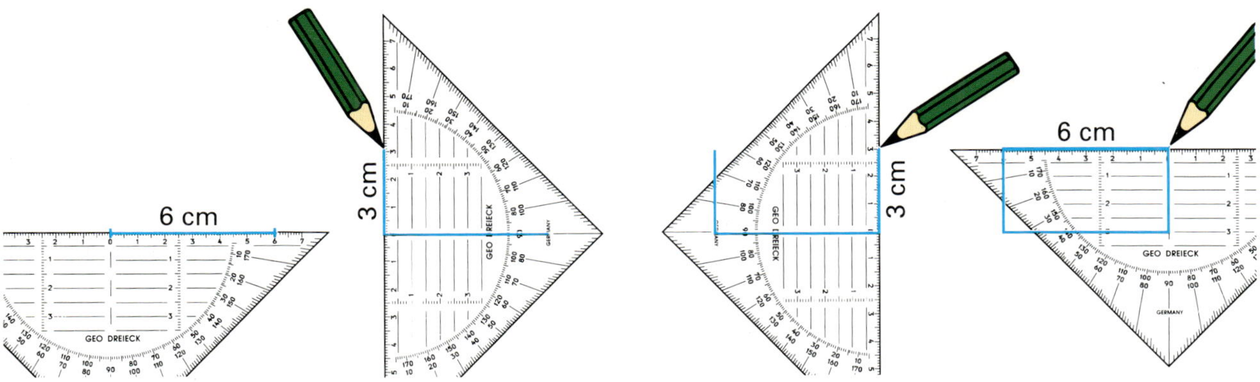

Zeichne Rechtecke.

9
$\ell = 9{,}0$ cm
$b = 7{,}0$ cm

10
$\ell = 5{,}5$ cm
$b = 5{,}5$ cm

11
$\ell = 8{,}0$ cm
$b = 4{,}5$ cm

12
$\ell = 2{,}5$ cm
$b = 2{,}5$ cm

13°
Zeichne ein Rechteck mit $\ell = 6{,}4$ cm und $b = 3{,}6$ cm. Berechne den Umfang und den Flächeninhalt.

$u_{\text{▭}} = 2 \cdot \ell + 2 \cdot b$

$A_{\text{▭}} = \ell \cdot b$

14°
Zeichne ein Quadrat mit der Seitenlänge 7,2 cm. Berechne den Umfang und den Flächeninhalt.

$u_{\square} = 4 \cdot a$

$A_{\square} = a \cdot a$

Parallelogramm, Raute, Drachen und Trapez

Lege zwei unterschiedlich breite Folienstreifen übereinander.
Es entsteht ein Parallelogramm.

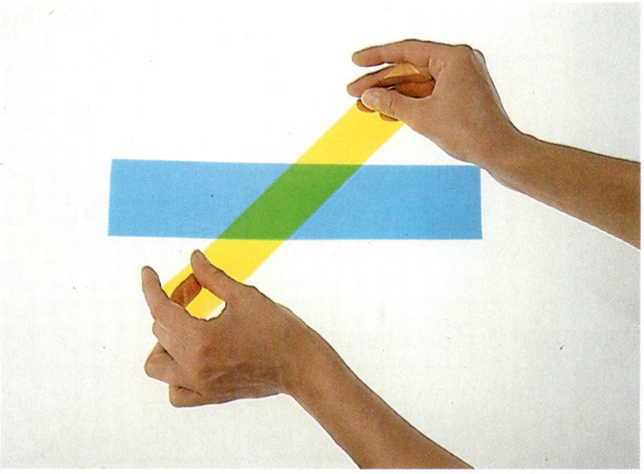

Ein Parallelogramm ist ein Viereck, bei dem die gegenüberliegenden Seiten gleich lang und zueinander parallel sind.

Lege zwei gleich breite Folienstreifen übereinander.
In diesem Fall entsteht eine Raute.

Eine Raute ist ein Viereck, bei dem alle Seiten gleich lang und die gegenüberliegenden Seiten zueinander parallel sind.

Übertrage die Figuren in dein Heft. Schreibe darunter, welche Figuren Parallelogramme und welche Figuren auch Rauten sind.

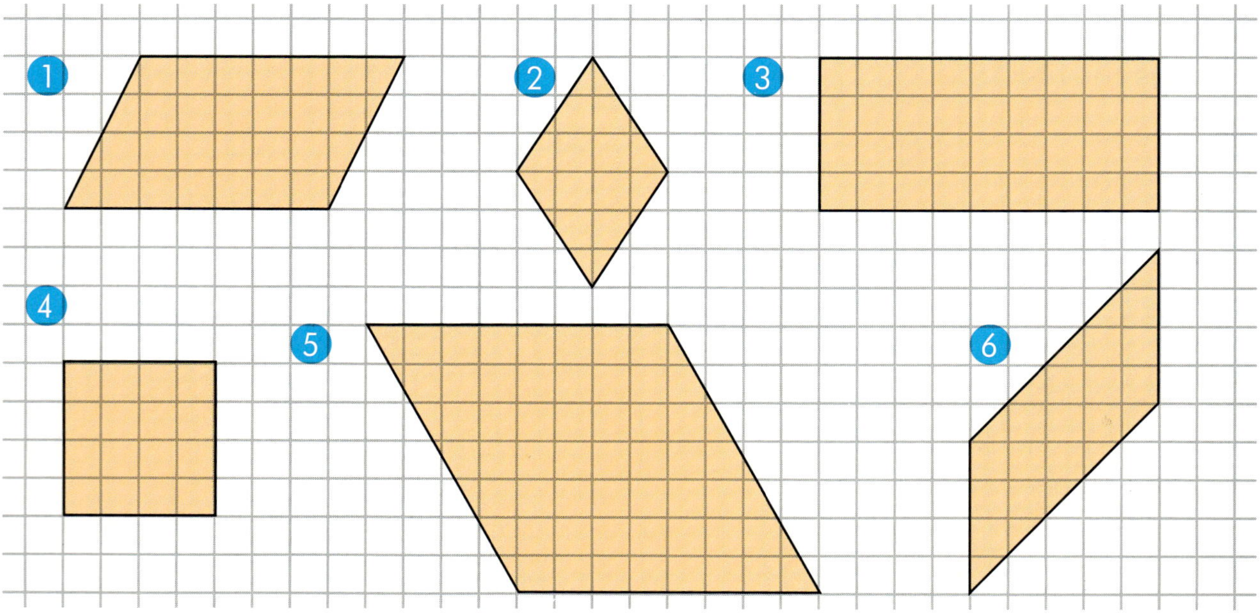

Schneide von einem Dreieck die Spitze ab. Es entsteht ein Trapez, wenn du parallel zur Grundlinie schneidest.

Ein Trapez ist ein Viereck, das zwei parallele Seiten hat.

Zeichne eine Strecke und konstruiere darauf zwei gleichschenklige Dreiecke. Es entsteht ein Drachen.

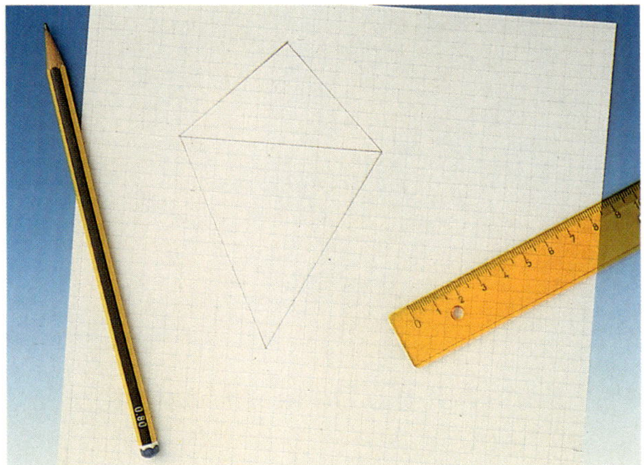

Ein Drachen ist ein Viereck, in dem die Diagonalen senkrecht aufeinander stehen.

Übertrage die Figuren in dein Heft.
Schreibe darunter, welche Figuren Trapeze und welche Figuren Drachen sind.

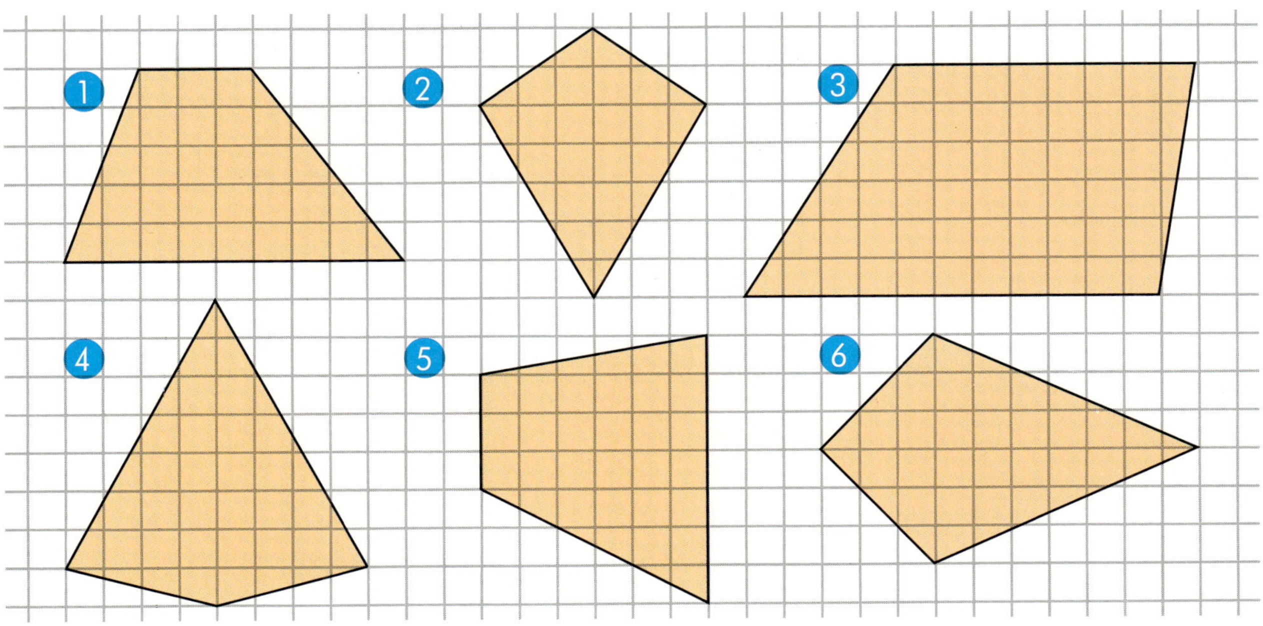

Zeichnungen nach Maßstab

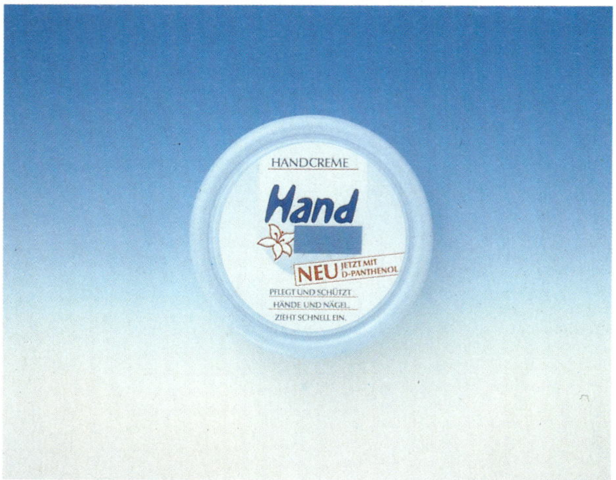

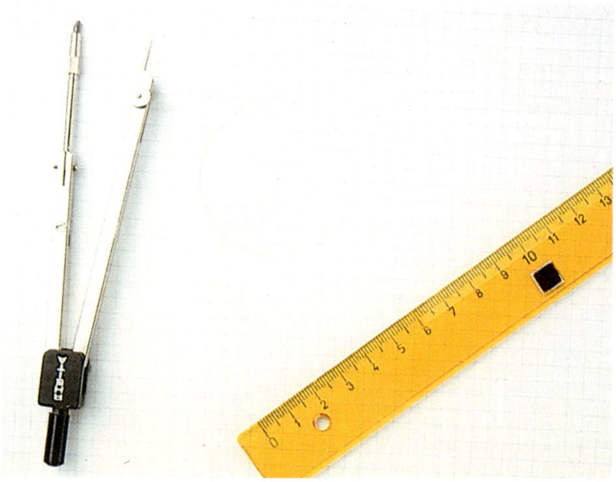

Katharina hat die Dose im Maßstab 1 : 2 gezeichnet.

Maßstab 1 : 2 heißt:
1 cm in der Zeichnung entsprechen
2 cm in der Wirklichkeit.

Zeichnung	*Wirklichkeit*
0,5 cm	1 cm
1 cm	2 cm
1,5 cm	3 cm

Zeichne die Figuren im Maßstab 1 : 2 in dein Heft.

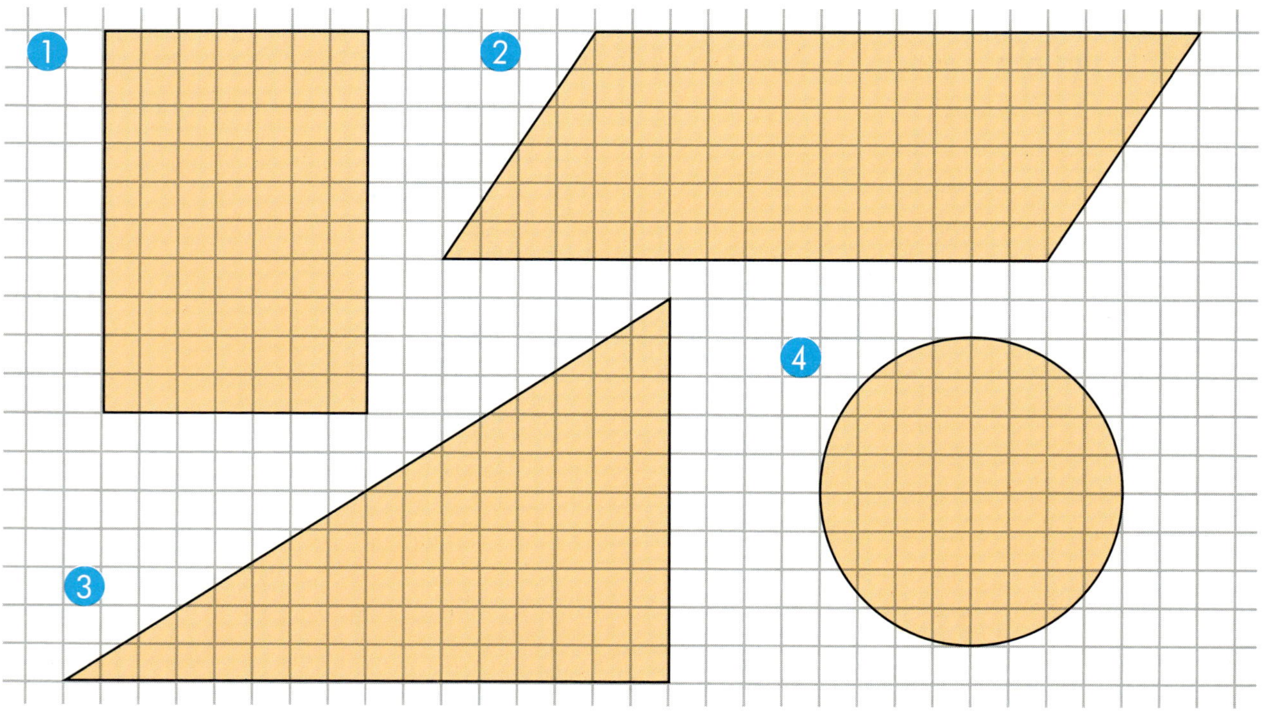

Familie Breuer zieht in eine neue Wohnung. Sie hat einen Plan der Wohnung im Maßstab 1 : 100 erhalten.

Zeichnung	*Wirklichkeit*
0,5 cm	50 cm
1 cm	100 cm
1,5 cm	150 cm

Maßstab 1 : 100 heißt:
1 cm in der Zeichnung entspricht 100 cm in der Wirklichkeit.

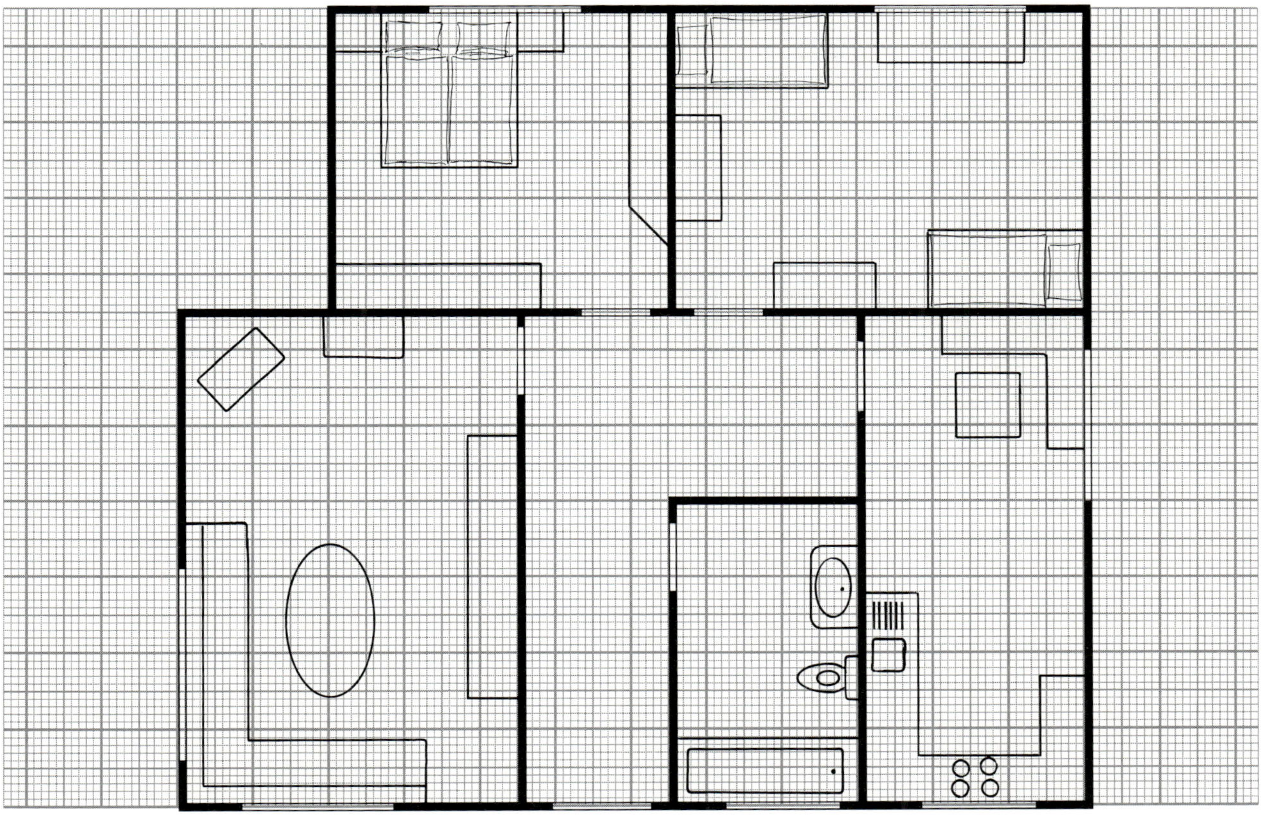

1
Wie breit ist das große Küchenfenster in Wirklichkeit?

2
Wie lang und wie breit ist das Badezimmer in Wirklichkeit?

3
Wie groß ist das Wohnzimmer? Berechne den Flächeninhalt.

4 *
Vergleiche die Größe von Kinderzimmer und Elternschlafzimmer.

5 *
Welcher Raum ist der kleinste der Wohnung? Berechne den Flächeninhalt.

6 *
Zeichne den Plan in dein Heft oder auf Millimeterpapier.

Zusammengesetzte Figuren

Dreiecke, Kreisflächen, Trapeze und Parallelogramme können wir sofort mit einer Formel berechnen. Andere Vielecke müssen wir zunächst in Teile zerlegen.

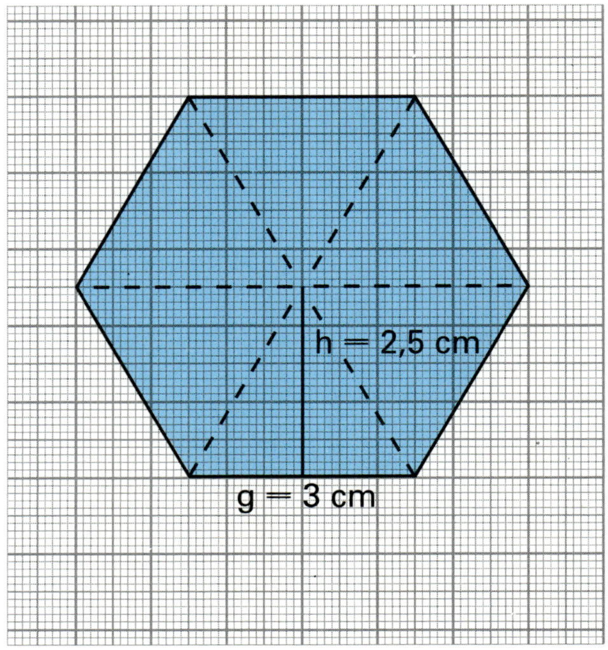

1

Berechne den Flächeninhalt des Sechsecks.
Wir zerlegen die Figur in sechs gleich große Dreiecke. Wir berechnen zuerst den Flächeninhalt eines Dreiecks und multiplizieren dann mit 6.

$A \quad = A \quad \cdot 6$

Schritt 1: Dreieck berechnen

$A_{\triangle} = \frac{g \cdot h}{2}$

$3\,cm \cdot 2{,}5\,cm = 7{,}5\,cm^2$

$7{,}5\,cm^2 : 2 = ■\ cm^2$

$A_{\triangle} = ■\ cm^2$

Schritt 2: Multiplizieren

$A_{\hexagon} = A_{\triangle} \cdot 6$

$A_{\triangle} = 3{,}75\,cm^2$

$3{,}75\,cm^2 \cdot 6 = ■\ cm^2$

$A_{\hexagon} = ■\ cm^2$

2

Berechne den Umfang des oben abgebildeten Sechsecks.

3*

Zeichne die Figur in dein Heft oder auf Millimeterpapier.

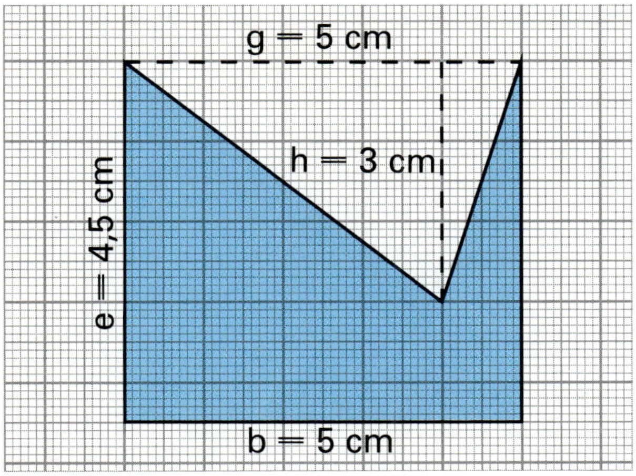

1

Berechne den Flächeninhalt.

$A_{\bowtie} = A_{\square} - A_{\triangle}$

Schritt 1: Rechteck berechnen.

Schritt 2: Dreieck berechnen.

Schritt 3: Dreieck vom Rechteck subtrahieren.

2

Berechne den Flächeninhalt.

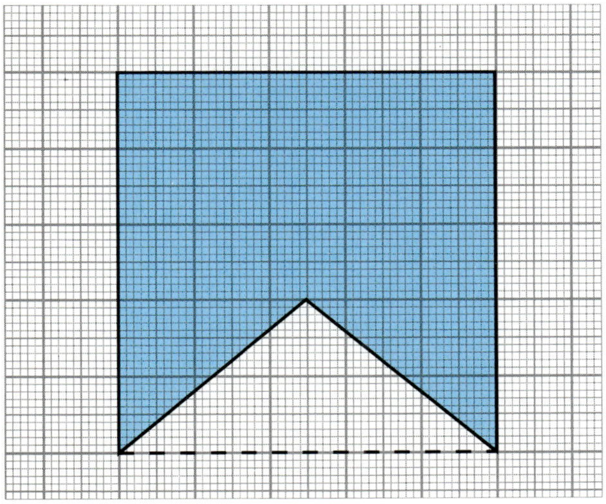

3

Berechne den Flächeninhalt.

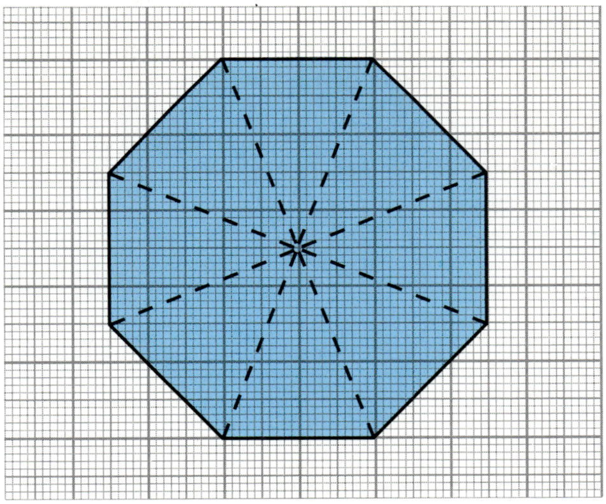

4

Berechne den Flächeninhalt.

5 *

Berechne den Umfang der Figuren aus den Aufgaben 1, 2 und 3.

6 *

Zeichne die Figuren aus den Aufgaben 1, 2 und 3 auf Millimeterpapier.

Zusammengesetzte Figuren

1

Berechne den Flächeninhalt.

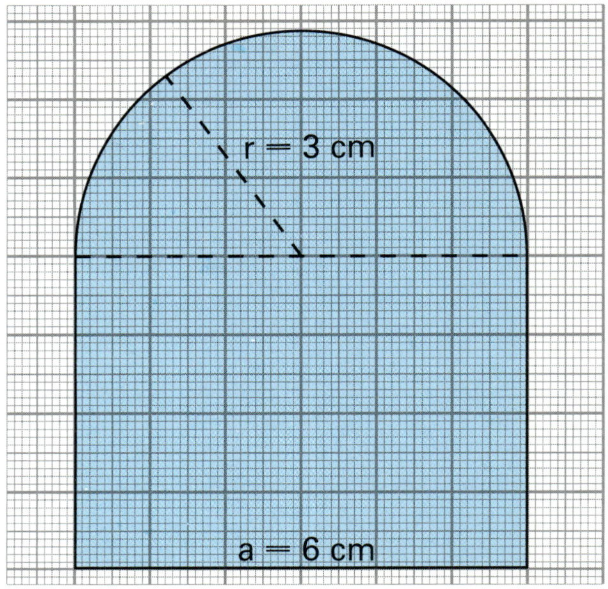

Schritt 1: Rechteck berechnen.

Schritt 2: Halbkreis berechnen.

Schritt 3: Rechteck und Halbkreis addieren.

2

Berechne den Flächeninhalt.

3

Berechne den Umfang.

4

Zeichne die Figur in dein Heft oder auf Millimeterpapier.

5

Erfinde Figuren, die deine Mitschülerinnen und Mitschüler berechnen können. Berechne deine Figuren zunächst selbst.

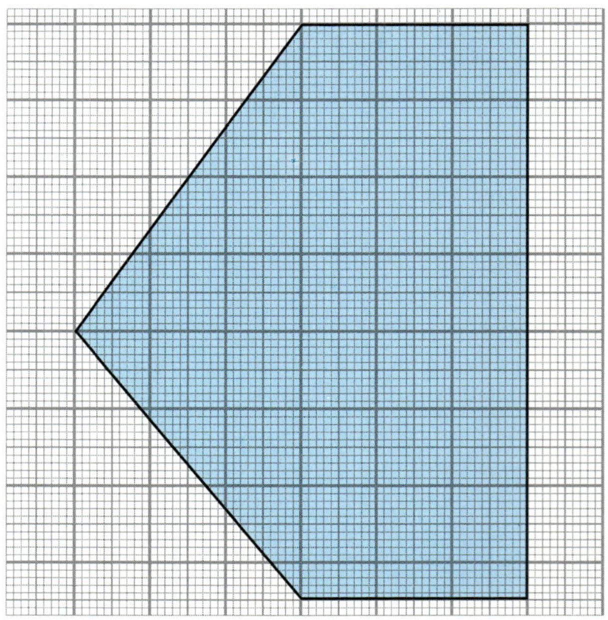

Berechne den Flächeninhalt.

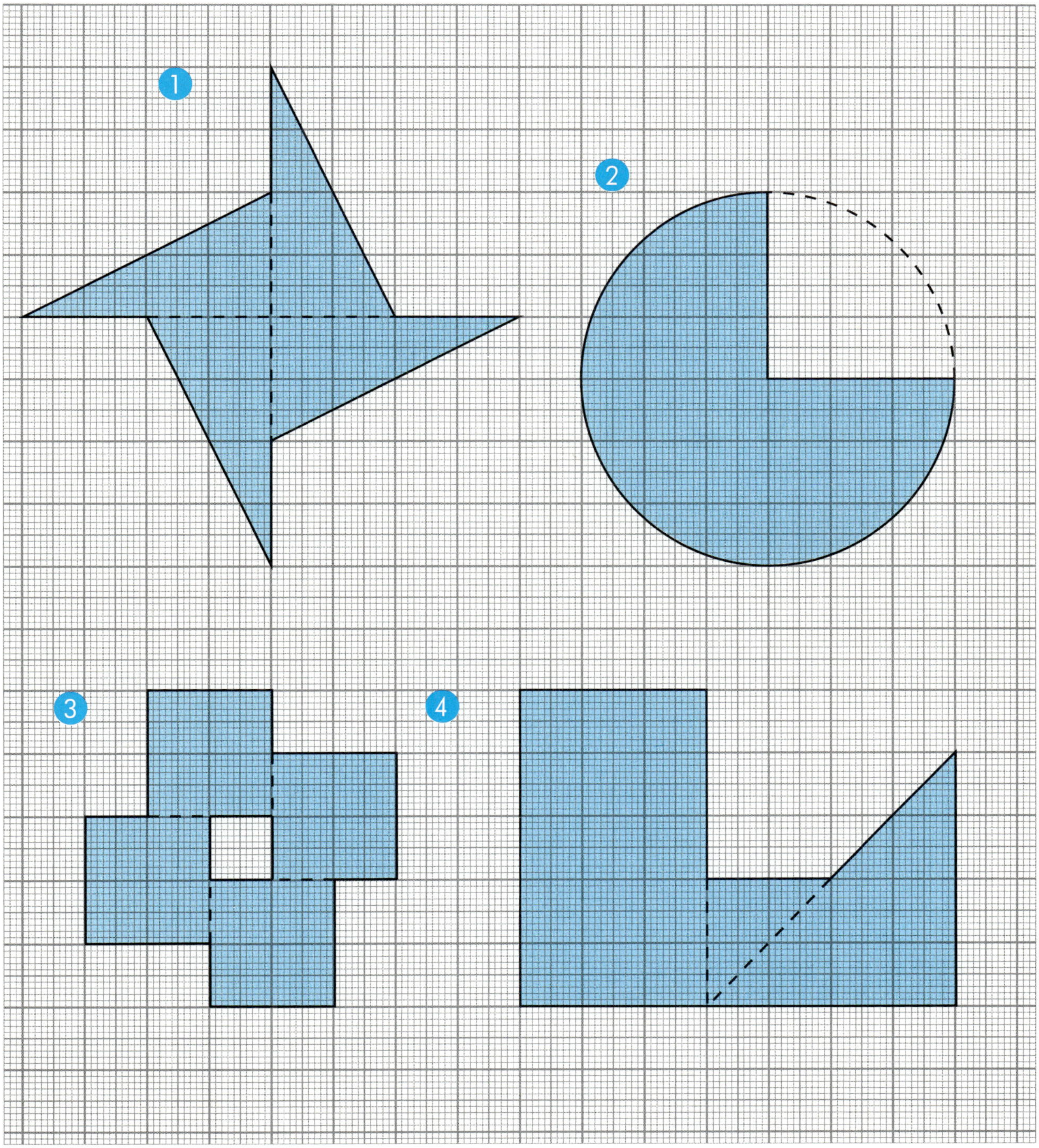

5*

Berechne den Umfang der Figuren 1, 2, 3 und 4. Nutze dazu ihre einzelnen Teile.

6*

Zeichne die Figuren 1, 2, 3 und 4 auf Millimeterpapier oder in dein Heft.

Wir messen Rauminhalte

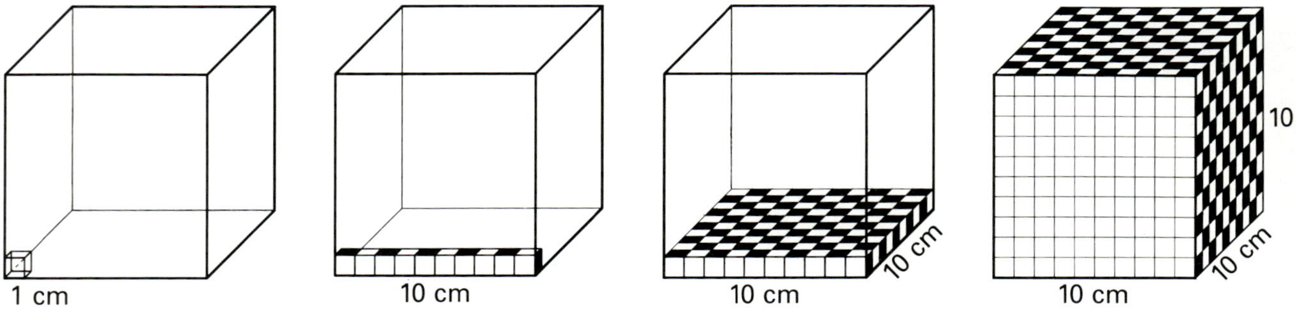

In eine Reihe passen 10 Zentimeterwürfel.
In eine Schicht passen $10 \cdot 10 = 100$ Zentimeterwürfel.
In einen Dezimeterwürfel passen 10 Schichten, das sind
$10 \cdot 10 \cdot 10 = 1000$ Zentimeterwürfel.

Also gilt: **$1\ dm^3 = 1000\ cm^3$**

Einheitswürfel	Kantenlänge	Rauminhalt
Millimeterwürfel	1 mm	1 mm^3 (Kubikmillimeter)
Zentimeterwürfel	1 cm	1 cm^3 (Kubikzentimeter)
Dezimeterwürfel	1 dm	1 dm^3 (Kubikdezimeter)
Meterwürfel	1 m	1 m^3 (Kubikmeter)

1
Welche der abgebildeten Gegenstände haben einen Rauminhalt von etwa 1 mm^3, 1 cm^3, 1 dm^3, 1 m^3?

2
Welche Angaben sind gleich?
1 m^3, 1000 cm^3, 1000 dm^3,
1 cm^3, 1 dm^3, 1000 mm^3

3
Ordne der Größe nach, beginne mit der größten Einheit: 1 dm^3, 1 mm^3, 1 cm^3, 1 m^3.

4
Ordne der Größe nach, beginne mit der kleinsten Einheit: 1 dm^3, 1 mm^3, 1 cm^3, 1 m^3.

Bei Rauminhalten rechnen wir mit der Umwandlungszahl 1000.

	3 m	·	2 m	·	4 m	=	$24\ m^3$
	↑		↑		↑		↑
Umrechnungszahl	10	·	10	·	10	=	1000
	↓		↓		↓		↓
	30 dm	·	20 dm	·	40 dm	=	$24\,000\ dm^3$

$1\ m^3 = 1000\ dm^3$
$1\ dm^3 = 1000\ cm^3$
$1\ cm^3 = 1000\ mm^3$

Rechne in die nächstkleinere Maßeinheit um.

$27\ cm^3 = 27\,000\ mm^3$ *$5{,}5\ m^3 = 5\,500\ dm^3$*

1	2	3	4*
$27\ cm^3$	$149\ dm^3$	$5{,}5\ m^3$	$0{,}7\ m^3$
$4\,020\ m^3$	$71\ cm^3$	$20{,}8\ cm^3$	$0{,}07\ m^3$
$101\ dm^3$	$4\ m^3$	$134{,}6\ dm^3$	$20{,}5\ cm^3$
$5\ cm^3$	$4\ dm^3$	$72{,}3\ m^3$	$2{,}05\ dm^3$

Rechne in die nächstgrößere Maßeinheit um.

$1725\ dm^3 = 1{,}725\ m^3$ *$681\ cm^3 = 0{,}681\ dm^3$*

5	6	7	8*
$1\,725\ dm^3$	$5\,208\ cm^3$	$681\ cm^3$	$40\ mm^3$
$4\,500\ mm^3$	$5\,208\ mm^3$	$500\ mm^3$	$400\ mm^3$
$12\,300\ mm^3$	$1\,900\ dm^3$	$841\ dm^3$	$5\ dm^3$
$6\,905\ cm^3$	$19\,000\ dm^3$	$702\ mm^3$	$50\ cm^3$

Wandle in dm^3 um und berechne die Summe.

9* $1{,}9\ m^3 + 6\ m^3 + 7208\ cm^3$

10* $560\ cm^3 + 22{,}3\ m^3 + 12400\ cm^3$

11* $32{,}5\ dm^3 + 0{,}642\ m^3 + 314\ dm^3$

12* $12\ m^3 + 0{,}445\ m^3 + 305\ dm^3$

13* $4{,}05\ m^3 + 1300\ cm^3 + 5{,}8\ dm^3$

14* $741\ cm^3 + 0{,}412\ dm^3 + 396\ cm^3$

Praktikum an der Tankstelle

Bei Flüssigkeiten, Gasen und feinkörnigen Stoffen wird der Rauminhalt oft in Liter (ℓ) angegeben.

1 Liter ist eine andere Bezeichnung für 1 dm^3.

1 ℓ = 1 dm^3

Kleine Mengen werden in Milliliter (mℓ) angegeben.

1 ℓ = 1000 mℓ

Große Mengen werden in Hektoliter (hℓ) angegeben.

1 hℓ = 100 ℓ

1 ℓ = 1 dm^3

1 ℓ = 1000 mℓ

100 ℓ = 1 hℓ

1

Schreibe auf, in welchen Mengen die Waren verpackt sind.
Milch: 1 ℓ; Cola: . . .

2

Ordne die Gegenstände nach der Größe des Rauminhalts.

3

Fülle einen Eimer randvoll mit Wasser. Benutze dazu ein Litermaß. Gib den Rauminhalt in Liter und in Kubikdezimeter an.

4

Wie viel Flüssigkeit passt in eine Tasse, eine Kaffeekanne und ein Waschbecken? Schätze zuerst und miss dann nach.

5 *

Die Tankstelle am Neumarkt hat heute 305 hl Benzin, 14 200 ℓ Superbenzin und 149 hl Dieselkraftstoff verkauft. Berechne, wie viel ℓ Kraftstoff insgesamt verkauft wurden.

6 *

An der Tankstelle am Anger wurden heute für Zweitaktmotoren 85 ℓ Öl und 4 250 ℓ Benzin gemischt. Wie viel hl Kraftstoff wurden insgesamt verkauft?

7

45 dm^3 = ■ ℓ
800 dm^3 = ■ ℓ
2 304 dm^3 = ■ ℓ
729 ℓ = ■ dm^3

8

5 ℓ = ■ ml
306 ℓ = ■ ml
2,5 ℓ = ■ ml
1 000 ml = ■ ℓ

9 *

5 ℓ = ■ cm^3
306 ℓ = ■ cm^3
2,5 ℓ = ■ cm^3
1 000 cm^3 = ■ ℓ

10 *

63 ℓ = ■ dm^3
24 ℓ = ■ cm^3
750 ml = ■ ℓ
750 cm^3 = ■ ℓ

11

20 hl = ■ ℓ
450 hl = ■ ℓ
8,2 hl = ■ ℓ
3 000 ℓ = ■ hl

12

12 068 ℓ = ■ hl
12 hl = ■ ℓ
0,95 hl = ■ ℓ
505 ℓ = ■ dm^3

13 *

32 ℓ = ■ cm^3
509 ml = ■ cm^3
8 426 cm^3 = ■ ℓ
62 cm^3 = ■ ml

14 *

630 ℓ = ■ hl
2 200 ml = ■ ℓ
2,5 hl = ■ dm^3
3 740 ℓ = ■ dm^3

Praktikum auf dem Postamt

1

Vergleiche die Pakete miteinander.

a) Welche Pakete haben Ecken?

b) Welche Pakete haben Kanten, die parallel zueinander verlaufen?

c) Welche Pakete haben Kanten, die senkrecht zueinander verlaufen?

2

In der Paketleitstelle werden die Pakete auf ein Förderband gelegt, um nach den Empfangsgebieten geordnet zu werden. Dabei liegt jedes Paket mit einer Fläche auf dem Förderband. Benenne bei den Paketen im Bild oben jeweils diese Flächen.

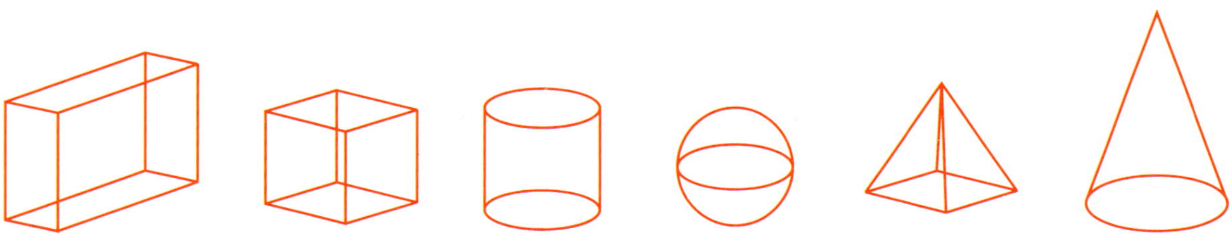

Rechtecksäule (Quader) | Würfel | Rundsäule | Kugel | Pyramide | Kegel

3

Vergleiche die Körper miteinander.

a) Welche Körper haben Ecken?

b) Welche Körper haben zueinander parallele Kanten?

c) Welche Körper haben zueinander senkrechte Kanten?

4

Du könntest einige Körper zum Zeichnen von Flächen benutzen.
Welche Flächen könntest du zeichnen?

5

Nenne Gegenstände in der Umwelt, die diesen Körpern besonders ähnlich sehen.

1

Für den Paketversand bietet die Bundespost Kartons in vier Größen an.

	Länge	*Breite*	*Höhe*
Größe 1	250 mm	175 mm	100 mm
Größe 2	350 mm	250 mm	120 mm
Größe 3	400 mm	250 mm	150 mm
Größe 4	500 mm	300 mm	200 mm

Berechne den Rauminhalt V des Kartons Größe 4.

Schritt 1: Grundfläche A_G berechnen.

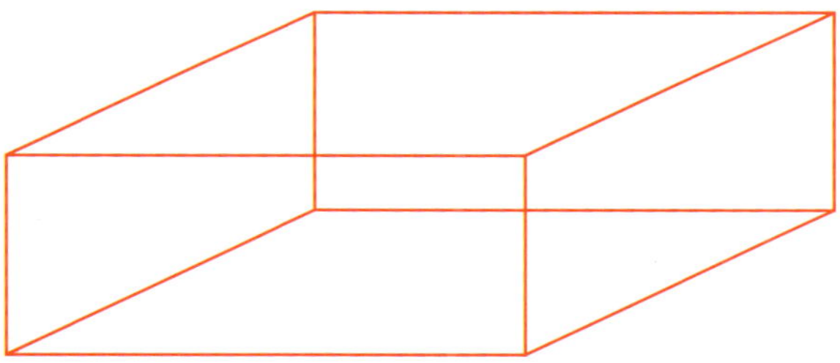

$A_G = \ell \cdot b$
$A_G = 500\text{ mm} \cdot 300\text{ mm}$
$A_G =$ ■ mm^2

Schritt 2: Grundfläche A_G mit der Höhe multiplizieren.

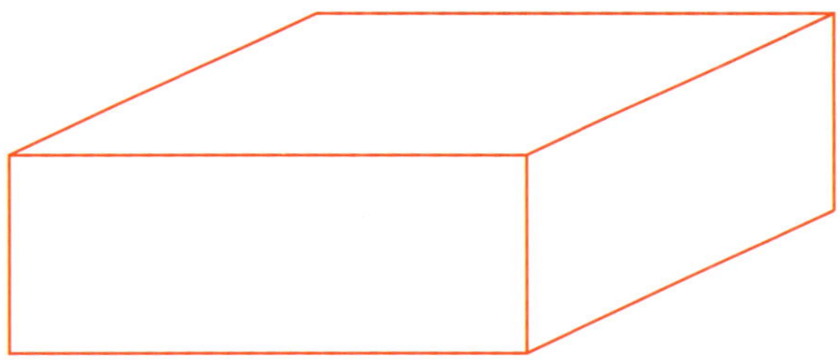

$V = A_G \cdot h$
$V = 150\,000\text{ mm}^2 \cdot 200\text{ mm}$
$V =$ ■ mm^3

2

Berechne den Rauminhalt des Kartons, der in der Tabelle mit „Größe 2“ angegeben ist.

3

Berechne den Rauminhalt des Kartons, der in der Tabelle mit „Größe 3“ angegeben ist.

4

Berechne den Rauminhalt des Kartons, der in der Tabelle mit „Größe 1“ angegeben ist.

5*

Suche einen Karton, den du als Paket nutzen könntest. Miss Länge, Breite und Höhe. Berechne den Rauminhalt.

Merke: Rauminhalt gleich Grundfläche mal Höhe $V = A_G \cdot h$
V kommt vom lateinischen Wort *volumina* (deutsch: Volumen = Rauminhalt)

Praktikum auf dem Postamt

1

Dieses Paket hat die Form einer Quadratsäule. Es ist 32 cm lang, 32 cm breit und 65 cm hoch.

a) Erkläre das Wort Quadratsäule.

b) Berechne den Rauminhalt.

Schritt 1: Grundfläche A_G berechnen.

$A_G = \ell \cdot \ell$
$A_G = 32\ cm \cdot 32\ cm$
$A_G = ■\ cm^2$

Schritt 2: Grundfläche A_G mit der Höhe multiplizieren.

$V = ■\ cm^2 \cdot 65\ cm$
$V = ■\ cm^3$

Berechne den Rauminhalt der Quadratsäulen.

2
ℓ = 93 cm
h = 104 cm

3
ℓ = 51 cm
h = 74 cm

4
ℓ = 19 cm
h = 202 cm

5
ℓ = 315 cm
h = 209 cm

6
ℓ = 47,8 cm
h = 50,5 cm

7
ℓ = 50,5 cm
h = 83 cm

8
ℓ = 20,09 cm
h = 41,3 cm

9
ℓ = 101 cm
h = 221,1 cm

10
ℓ = 17,6 cm
h = 8,4 cm

11
ℓ = 39,5 cm
h = 48 cm

12
ℓ = 12,7 cm
h = 27,1 cm

13
ℓ = 48 cm
h = 76 cm

Paket-Nr.	Länge	Breite	Höhe
■	12 cm	12 cm	25 cm
■	21 cm	12 cm	25 cm
■	84 cm	9 cm	25 cm
■	103 cm	49 cm	25 cm
■	109,5 cm	38,5 cm	25 cm

14

Sabine hat versucht, fünf Pakete der Größe nach zu ordnen. Thomas meint, die Pakete müssten anders geordnet werden. Beide beschließen, den Rauminhalt für jedes Paket genau zu berechnen. Stimmt Sabines Reihenfolge?

1

Dieses Paket hat die Form eines Würfels. Es ist 48 cm lang, 48 cm breit und 48 cm hoch.

a) Erkläre das Wort Würfel.

b) Berechne den Rauminhalt.

Schritt 1: Grundfläche A_G berechnen.

$A_G = \ell \cdot \ell$

$A_G = 48\text{ cm} \cdot 48\text{ cm}$

$A_G = \square\text{ cm}^2$

Schritt 2: Grundfläche A_G mit der Höhe multiplizieren.

$V = A_G \cdot h$

$V = \square\text{ cm}^2 \cdot 48\text{ cm}$

$V = \square\text{ cm}^3$

Berechne den Rauminhalt der Würfel.

2 $\ell = 50$ cm **3** $\ell = 44$ cm **4** $\ell = 103$ cm **5** $\ell = 238$ cm

6 $\ell = 51$ cm **7** $\ell = 9{,}8$ cm **8** $\ell = 10{,}3$ cm **9** $\ell = 47$ cm

Berechne den Rauminhalt der Rechtecksäulen.

10
$\ell = 24$ cm
b = 12 cm
h = 8 cm

11
$\ell = 60$ cm
b = 90 cm
h = 18 cm

12
$\ell = 40{,}5$ cm
b = 20,5 cm
h = 17 cm

13
$\ell = 105$ cm
b = 52,8 cm
h = 16,2 cm

14

Thomas behauptet, alle Pakete seien gleich groß. Sabine meint, dass sie unterschiedlich groß seien. Um das zu beweisen, prüft sie nach und berechnet für jedes Paket den Rauminhalt.
Hat Thomas Recht?

Länge	Breite	Höhe	Rauminhalt
14	19	32	
64	19	7	
48,5	18	20,5	
32	18	14	

Praktikum auf dem Postamt

1

Dieses Paket hat die Form einer Rundsäule. Der Radius der Grundfläche beträgt 12 cm, die Höhe beträgt 25 cm.

a) Erkläre das Wort Rundsäule.

b) Berechne den Rauminhalt.

Schritt 1: Grundfläche A_G berechnen.

$$A_G = 3{,}14 \cdot r \cdot r$$

$$A_G = 3{,}14 \cdot 12 \cdot 12$$

$$A_G = \blacksquare\ cm^2$$

Schritt 2: Grundfläche A_G mit der Höhe multiplizieren.

$$V = \blacksquare\ cm^2 \cdot 25\ cm$$

$$V = \blacksquare\ cm^3$$

Berechne den Rauminhalt der Rundsäulen.

2 r = 12 cm, h = 24 cm

3 r = 59 cm, h = 59 cm

4 r = 180 mm, h = 500 mm

5 r = 305 cm, h = 96 cm

6 r = 2,60 m, h = 5,00 m

7 r = 17 cm, h = 13 cm

8 r = 0,90 m, h = 1,55 m

9 r = 0,45 cm, h = 0,72 cm

Rechne auch mit dem Taschenrechner.

10 r = 120 mm, h = 908 mm

11 r = 1,20 cm, h = 9,08 cm

12 r = 0,83 m, h = 0,10 m

13 r = 426 cm, h = 25 cm

14*

Errechne zuerst die Länge des Radius und berechne dann den Rauminhalt der Rundsäule.

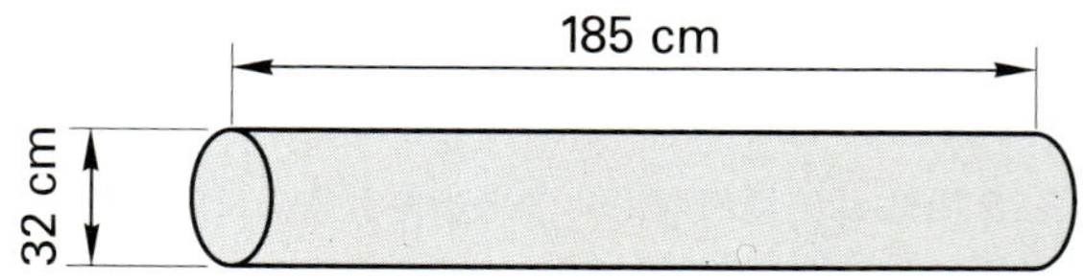

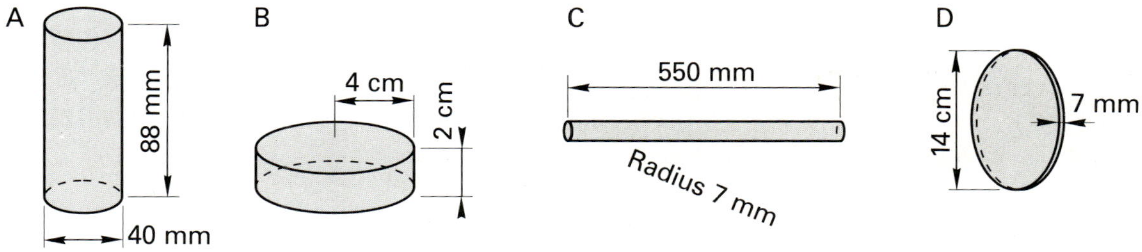

1

Berechne die Rauminhalte dieser Rundsäulen und ordne sie nach ihrem Rauminhalt. Beginne mit der größten.

2

Berechne den Unterschied zwischen dem Rauminhalt der größten und der kleinsten Rundsäule aus Aufgabe **1**.

3

Berechne die Rauminhalte der Rundsäulen.

Paket	*Radius*	*Höhe*
1	20 cm	3,5 cm
2	3 dm	1,5 dm
3	48 mm	120 mm

4

Berechne die Rauminhalte der Rundsäulen.

Paket	*Durchmesser*	*Höhe*
6	3 m	0,9 m
7	60 mm	50 mm
8	106 cm	71 cm

Berechne die Rauminhalte und bestimme, um welche Körper es sich handelt.

5
ℓ = 20,8 cm
h = 12 cm

6
ℓ = 7,5 dm

7
r = 8,6 cm
h = 5,5 cm

8
ℓ = 10,1 cm

Rechne auch mit dem Taschenrechner.

9
r = 12,5 cm
h = 12,5 cm

10
ℓ = 403 mm
h = 705 mm

11
ℓ = 45 cm
h = 317 cm

12
r = 492 mm
h = 75 mm

13
ℓ = 75 mm
b = 92 mm
h = 25 mm

14
ℓ = 2,2 m
b = 1,09 m
h = 0,8 m

15
ℓ = 3,8 m
b = 1,75 m
h = 0,09 m

16
ℓ = 408 cm
b = 97 cm
h = 1305 cm

Bauen und Rechnen

1

Von Sibirien führt eine 3900 km lange Erdgasleitung nach Europa. Ein Rohr ist 12 m lang und hat einen Durchmesser von 138 cm.

a) Wie viele Rohre wurden für den Bau dieser Leitung benötigt?

b) Wie viel m^3 Gas passt in ein Rohr?

*c) Wie viel Gas fasst die gesamte Rohrleitung von Sibirien nach Europa?

2

An der Schillerstraße wird ein Sammelbehälter für Altpapier aufgestellt.
Alle Seiten sind gleich lang.

a) Berechne den Rauminhalt in Kubikmetern.

b) Wie viel Kubikzentimeter sind das?

*c) Bei der Entsorgung wird das Altpapier auf die Hälfte seines Rauminhalts zusammengepresst.
Wie viele Sammelbehälter kann ein LKW mit einem Laderaum von 36,864 m^3 entsorgen?

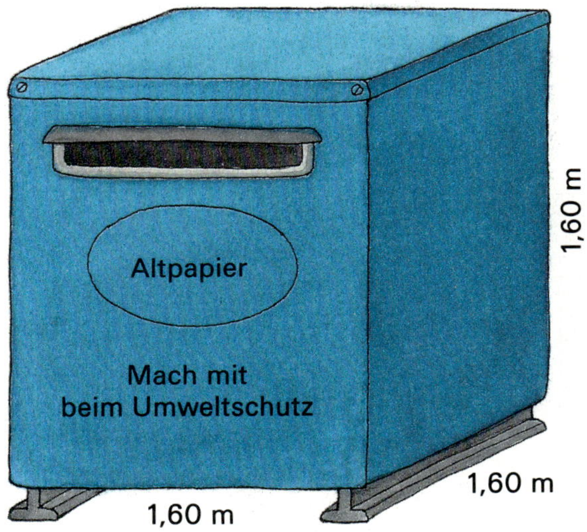

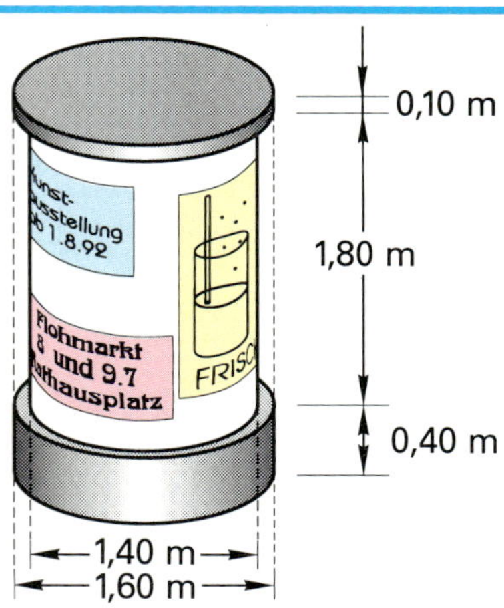

3*

Auf dem Marktplatz ist eine Litfaßsäule aufgestellt worden.

a) Aus welchen einzelnen Grundkörpern besteht diese Litfaßsäule?

b) Berechne das Volumen für jeden einzelnen Grundkörper.

c) Wie groß ist das Gesamtvolumen der Litfaßsäule?

1 *

Das Nichtschwimmerbecken im Freibad hat eine Breite von 12,50 m und eine Länge von 21 m. Es ist 0,90 m tief.

a) Wie viel *hl* Wasser passen in das Nichtschwimmerbecken?

b) Wie viel ℓ Wasser sind das?

c) Wie viel ℓ Wasser sind im Becken, wenn es nur zur Hälfte mit Wasser aufgefüllt wird?

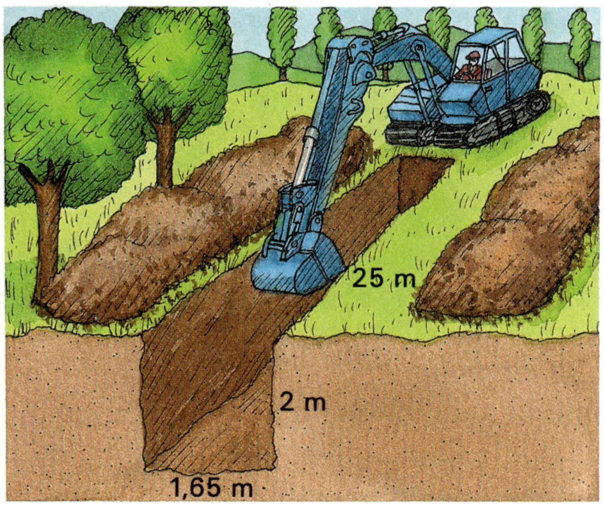

2

Ein Bagger hebt einen Graben von 25 m Länge aus. Der Graben ist 2 m tief und 1,65 m breit.

a) Wie viel m^3 Erdreich müssen ausgebaggert werden?

*b) Rechne aus, welchen Rauminhalt der Graben hätte, wenn er 50 m lang oder wenn er doppelt so breit wäre.

3 *

Für die Albert-Schweitzer-Schule wird eine neue Turnhalle gebaut.

a) Berechne die Größe der Grundfläche dieser Turnhalle.

b) Berechne den Rauminhalt der halbrunden Dachkonstruktion.

c) Auf wie viel m^3 Luft muss die Klimaanlage dieser Turnhalle ausgelegt sein?

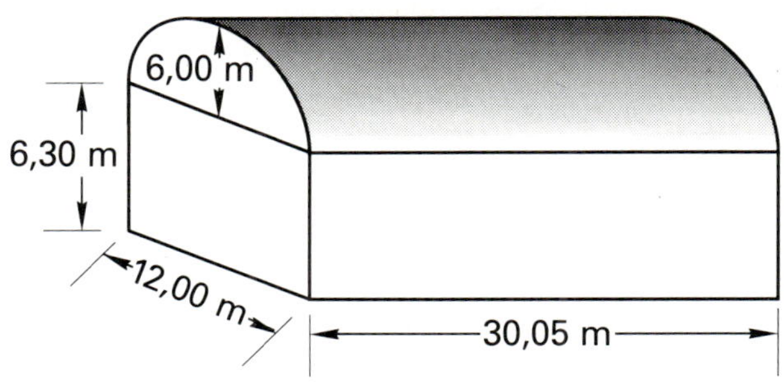

Bauen und Zeichnen

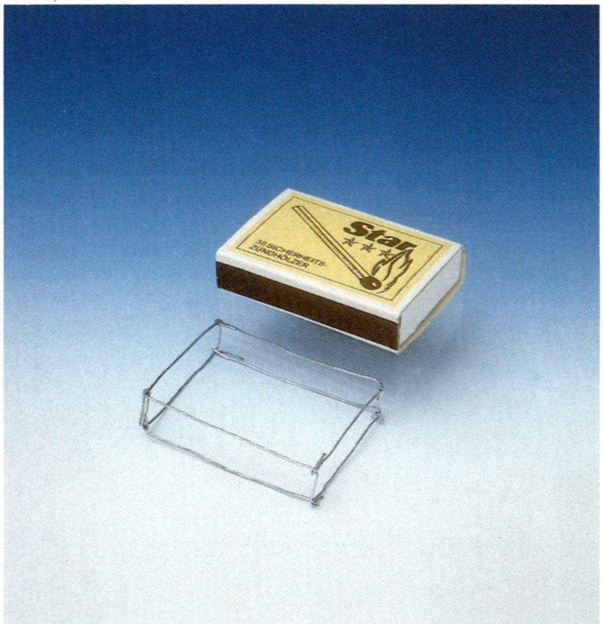

Ute hat mit Blumendraht das Kantenmodell einer Zündholzschachtel gebaut.
Martin zeichnet das Schrägbild.

Schritt 1: Länge ℓ zeichnen.

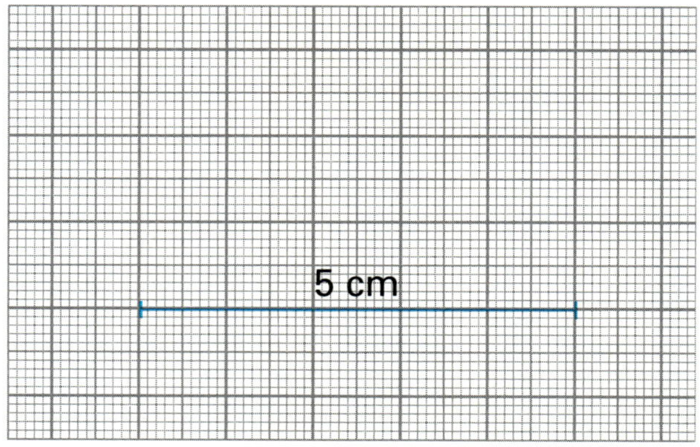

Schritt 2: Breite b zeichnen, 45° und halbe Länge.

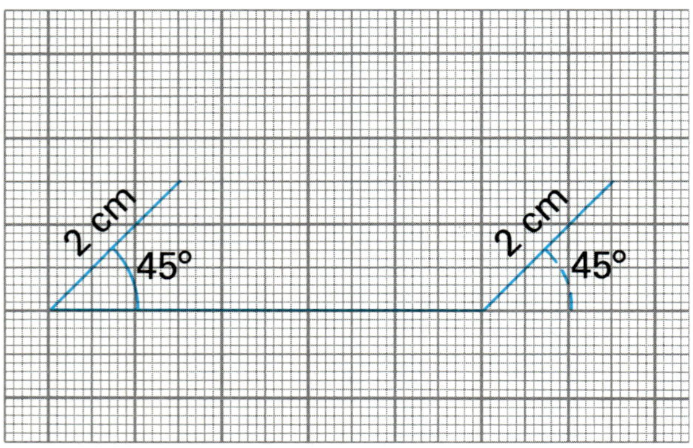

Schritt 3: Parallele zu ℓ zeichnen.

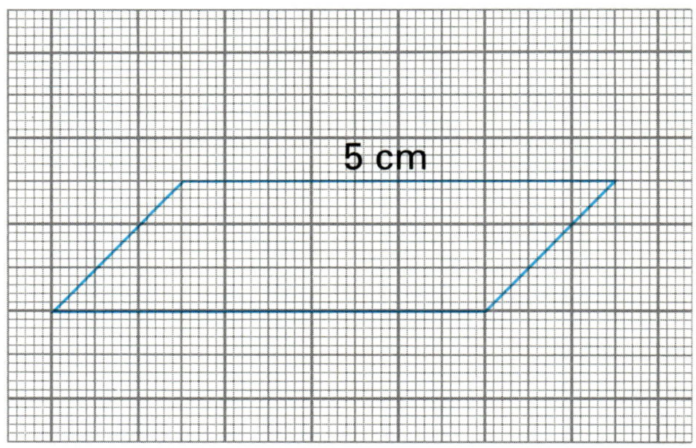

Schritt 4: Höhe h zeichnen, 90°.

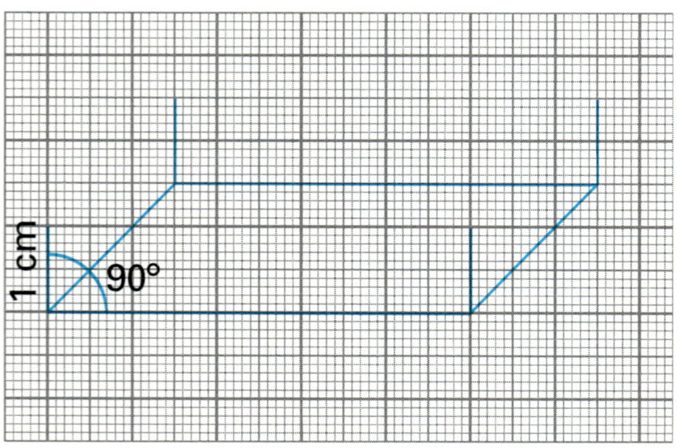

Schritt 5: Die fehlenden Kanten zeichnen.

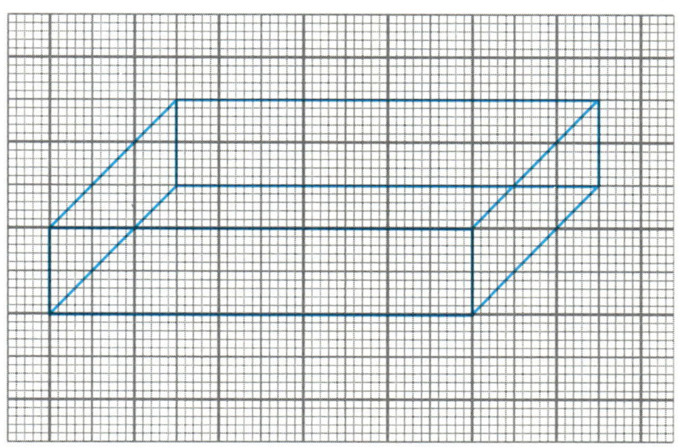

1 Baue das Kantenmodell des abgebildeten Ziegelsteins.

2* Zeichne das Schrägbild des Ziegelsteins im Maßstab 1:2.

3 Berechne den Rauminhalt des Backsteins.

5 Baue das Kantenmodell der abgebildeten Milchpackung.

6* Zeichne das Schrägbild der Milchpackung im Maßstab 1:2.

7 Berechne den Rauminhalt der Packung.

Zeichne die Schrägbilder auf Millimeterpapier oder in dein Heft.

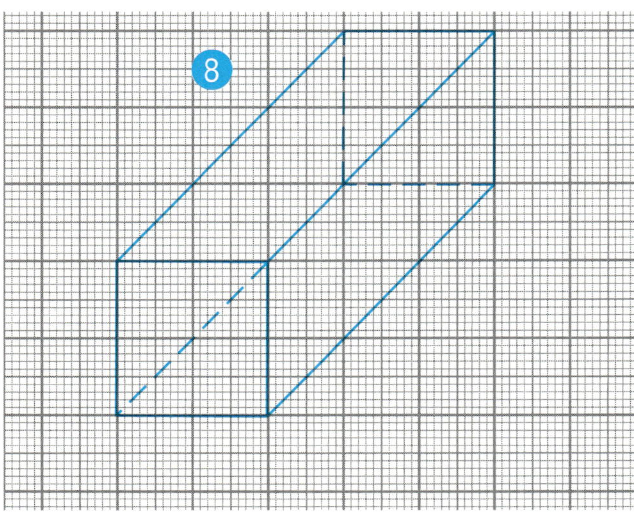

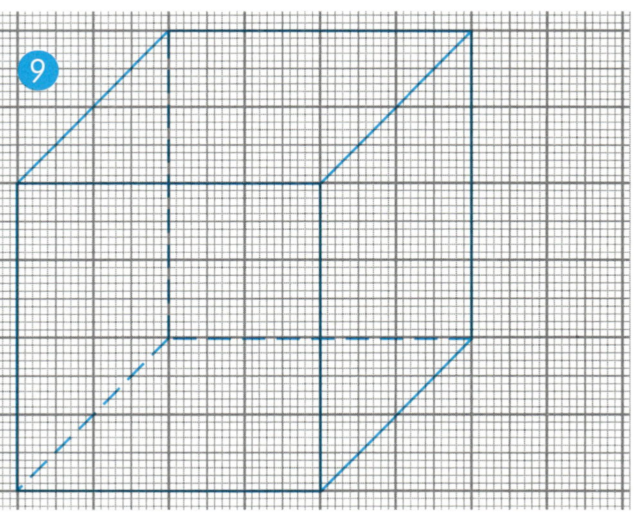

10* Zeichne das Schrägbild von 9 mit doppelter Kantenlänge auf Millimeterpapier.

Bauen und Berechnen

So wird eine Ecke gebastelt.

1
Baue aus Kartonstreifen und Ecken einen Würfel mit der Kantenlänge 10 cm. Beklebe die Seitenflächen.

2
Baue aus Kartonstreifen und Ecken einen größeren Würfel mit der Kantenlänge 20 cm.

3
Wie oft passt der kleinere Würfel in den größeren Würfel hinein? Probiere aus.

4*
Berechne die Rauminhalte beider Würfel. Vergleiche die Rauminhalte. Was fällt dir auf?

5
Baue eine Quadratsäule, die 10 cm lang, 10 cm breit und 30 cm hoch ist.

6
Wie oft passt der kleine Würfel in die Quadratsäule?

7*
Berechne den Rauminhalt der Quadratsäule. Vergleiche mit dem Rauminhalt des kleinen Würfels. Was fällt dir auf? Wie könntest du es erklären?

8*
Baue eine Rechtecksäule, deren Rauminhalt doppelt so groß ist wie der Rauminhalt der Quadratsäule aus Aufgabe 5. Erkläre, wie du vorgegangen bist.

9*
Zeichne Kantenmodelle der Quader aus den Aufgaben 1, 2 und 5 im Maßstab 1:2.

10*
Zeichne ein Kantenmodell des Quaders, den du in Aufgabe 8 gebaut hast, im Maßstab 1:4.

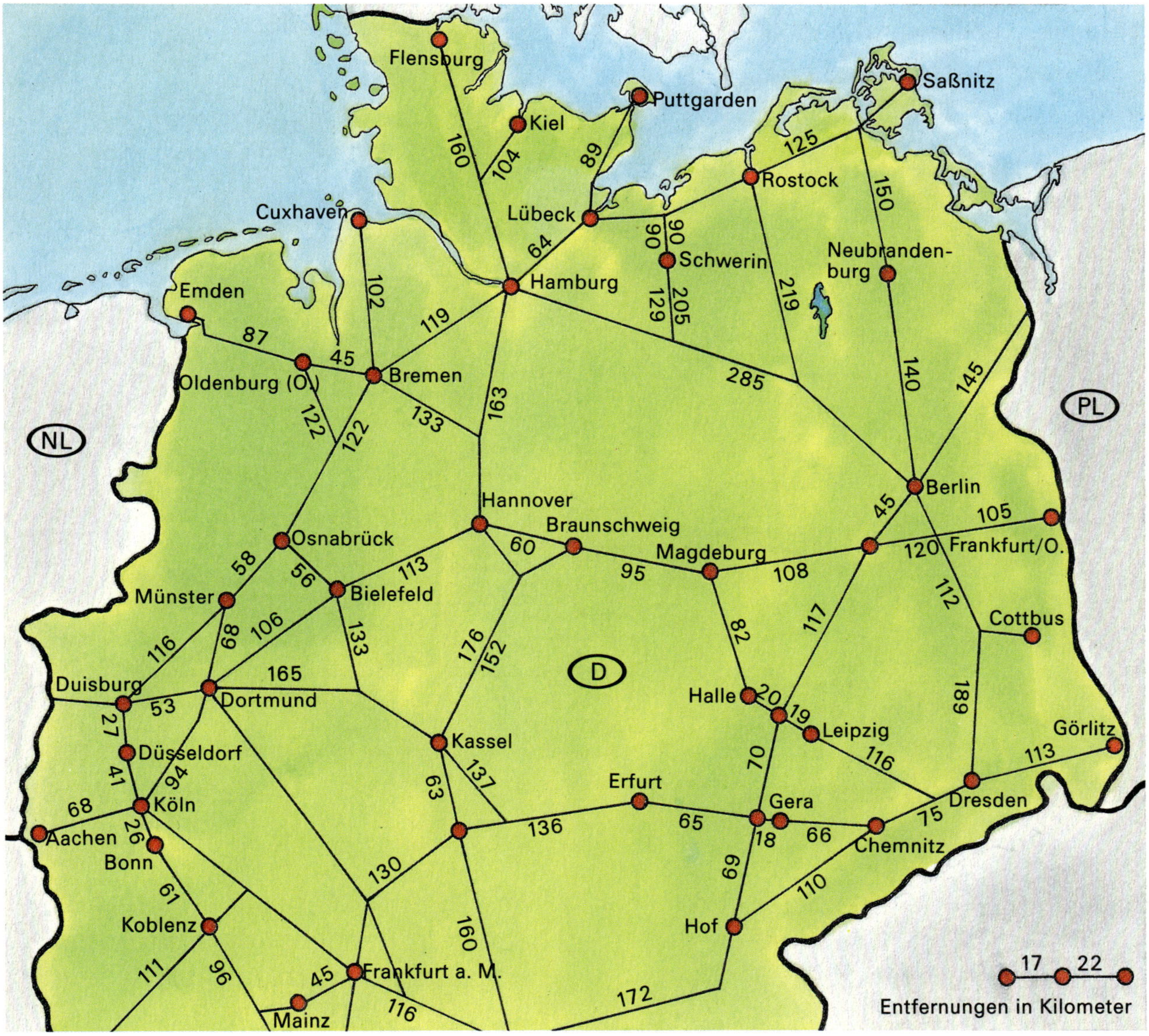

Entfernungskarte Deutschland (Nord)

1

Bestimme die Entfernungen folgender Städte zueinander.

- Flensburg — Hamburg
- Kassel — Dortmund
- Neubrandenburg — Berlin
- Duisburg — Bremen
- Kassel — Mainz
- Dresden — Erfurt

2

Bestimme die Entfernungen der folgenden Rundkurse.

- Berlin — Magdeburg — Braunschweig — Hannover — Hamburg — Berlin
- Frankfurt/M. — Mainz — Koblenz — Bonn — Düsseldorf — Duisburg — Dortmund — Kassel — Frankfurt/M.

Straßenkarte und Stadtplan

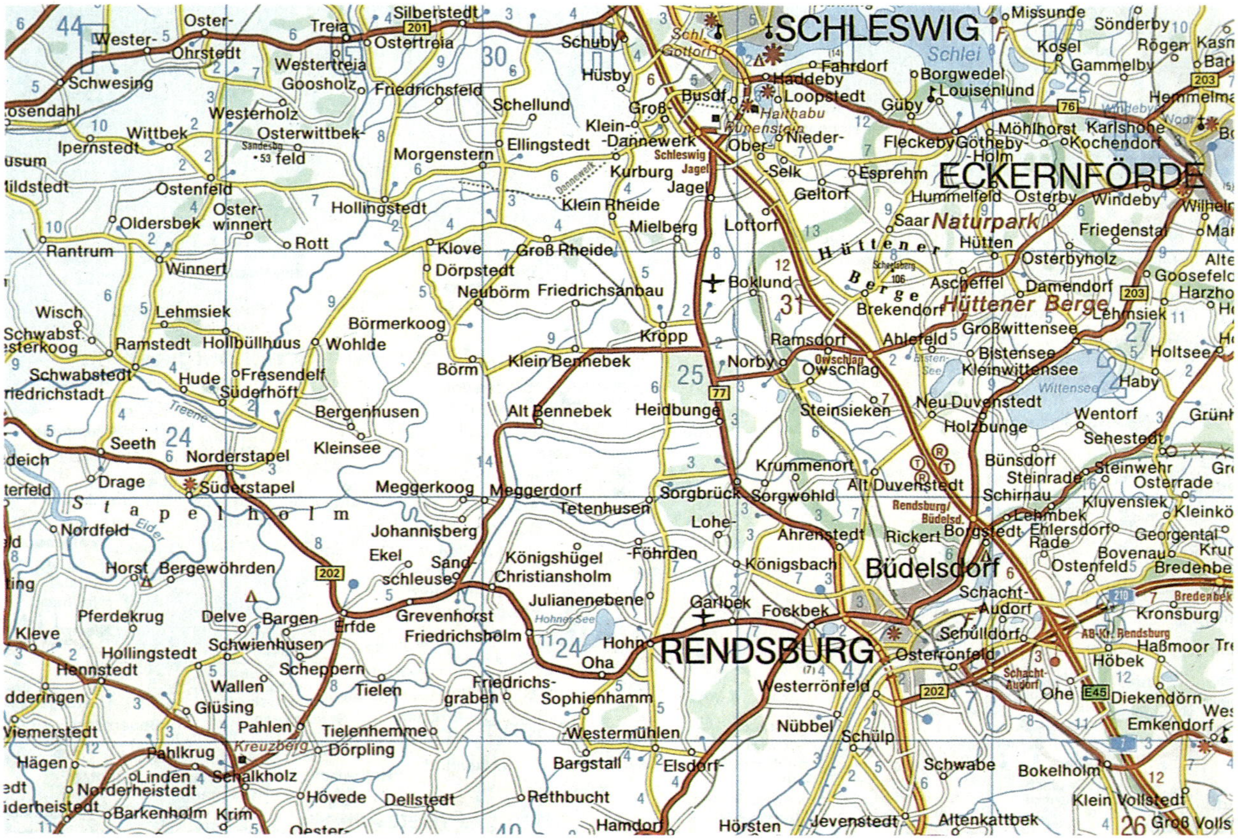

Straßenkarte um Schleswig **Maßstab 1 : 300 000**

1

Berechne, wie viel Kilometer in der Wirklichkeit durch 1 Zentimeter auf dieser Straßenkarte (1 : 300 000) dargestellt werden.

2

Wie viel Kilometer sind es vom Autobahnkreuz Rendsburg bis zur Autobahnabfahrt Owschlag (Autobahn A7; Europastraße 45).

3

Herr Hansen fährt die Bundesstraße 77 von Rendsburg nach Schleswig. Wie viel Kilometer legt er auf seiner Fahrt zurück?

4

Frau Petersen wohnt in Eckernförde und arbeitet in Rendsburg. Wie viel Kilometer muss sie jeden Tag ungefähr fahren?

5*

Familie Hansen macht eine Rundfahrt von Rendsburg über Eckernförde und Schleswig (B 203 – B 76 – B 77). Wie viel Kilometer legt sie ungefähr zurück?

6*

Jan wohnt in Ostenfeld und macht eine Radtour zum Kreuzberg bei Schalkholz. Beschreibe den kürzesten Weg. Wie viel Kilometer sind es ungefähr?

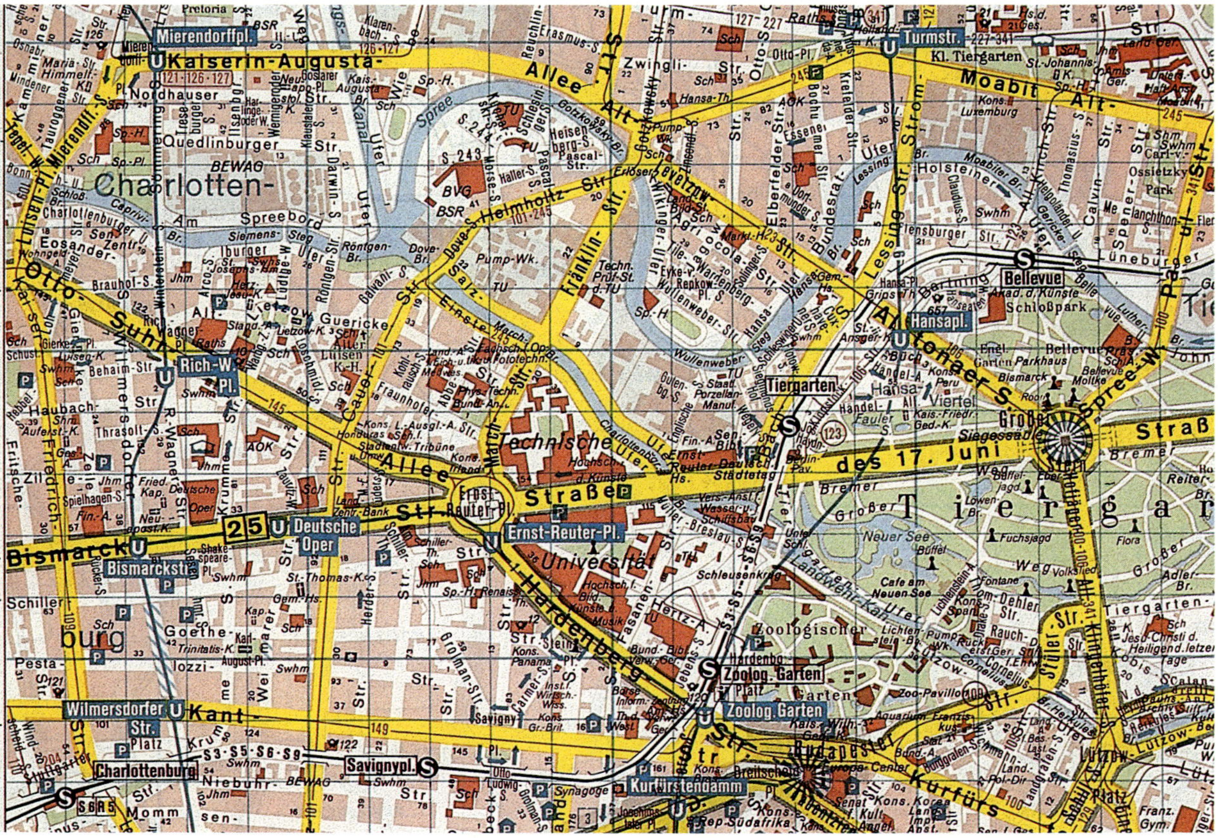

Innenstadtkarte von Berlin (Ausschnitt) **Maßstab 1 : 25 000**

1

Berechne, wie viel Meter in der Wirklichkeit durch 1 cm auf der Karte dargestellt werden.

2

Berechne, wie viel Zentimeter auf der Karte genau einem Kilometer in der Wirklichkeit entsprechen.

3

Sabrina geht vom U-Bahnhof Ernst-Reuter-Platz zu Fuß zum Großen Stern (Siegessäule). Wie viel Kilometer muss sie ungefähr laufen?

4

Frau Dietmann fährt mit der S-Bahn ab Bahnhof Charlottenburg bis zum Bahnhof Bellevue.
Wie viel Kilometer sind das ungefähr?

5

Herr Meurer fährt mit der U-Bahn ab Bahnhof Wilmersdorfer Straße zum Bahnhof Mierendorffplatz.
Wie viel Kilometer fährt er ungefähr?

6

Werner geht vom U-Bahnhof Turmstraße bis zum Ernst-Reuter-Platz.
Beschreibe den kürzesten Weg.
Wie viel Meter legt er ungefähr zurück?

Pläne und technische Zeichnungen

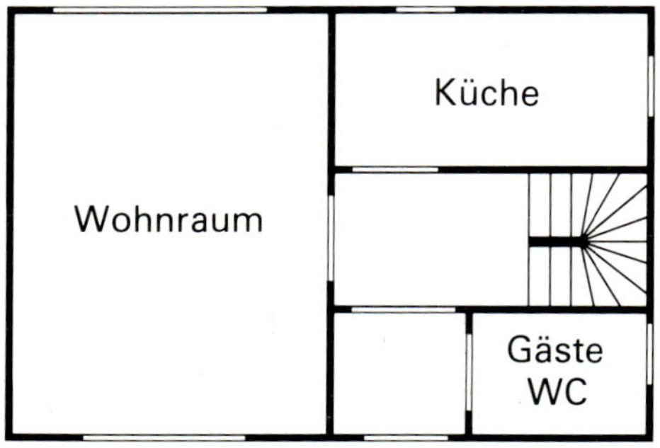

Erdgeschoss

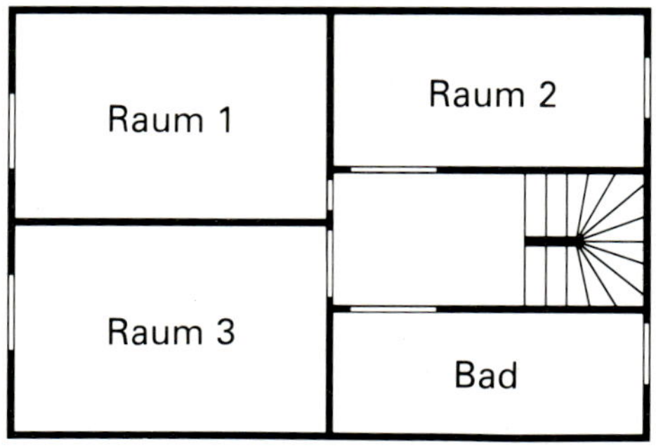

Obergeschoss

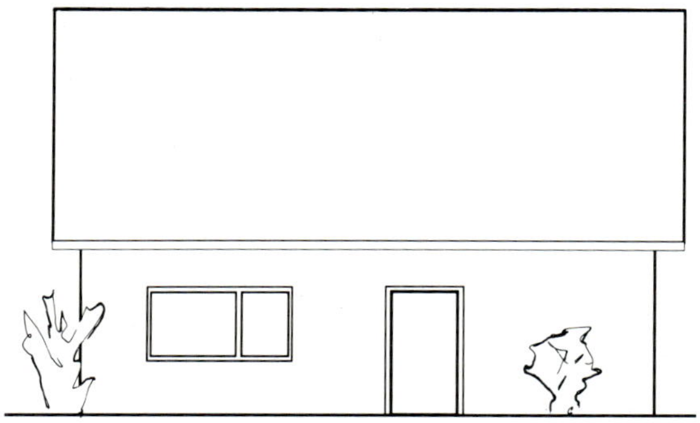

Vorderansicht

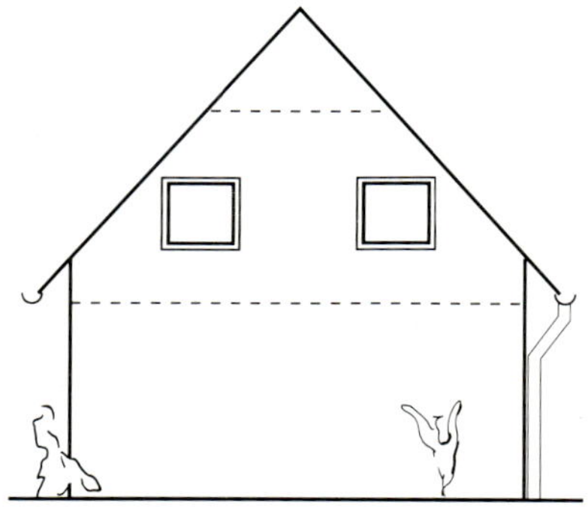

Giebelansicht Nord

Maßstab
1 : 150

1

Berechne Länge, Breite und Höhe des Hauses.

2

Wie groß ist die Grundfläche des Hauses?

3

Wie hoch ist das Erdgeschoss?

4

Wie hoch ist das Obergeschoss?

5

Raum 1, Raum 2 und der Wohnraum sollen mit Teppichboden ausgelegt werden.

a) Berechne die Gesamtfläche dieser Räume.

b) Berücksichtige, daß etwa 15 % Verschnitt gerechnet wird.
Wie viel m^2 Teppichboden muss beschafft werden?

6*

Bei der Wohnraumnutzung aller Räume mit Dachneigung wird ein Abschlag von 30 % der Wohnfläche berücksichtigt.

a) Für welche Wohnräume muss dieser Abschlag angesetzt werden?

b) Berechne unter Berücksichtigung der Dachneigung die Wohnfläche der Räume 1, 2 und 3.

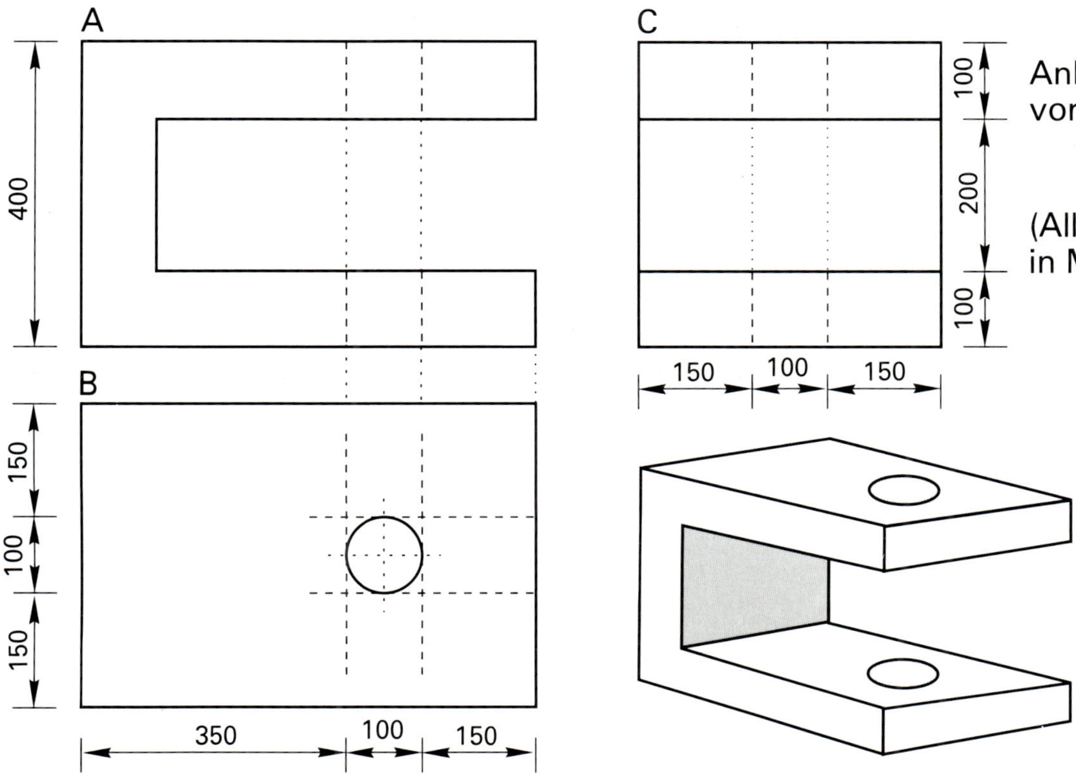

Anhänge-
vorrichtung

(Alle Angaben in Millimeter)

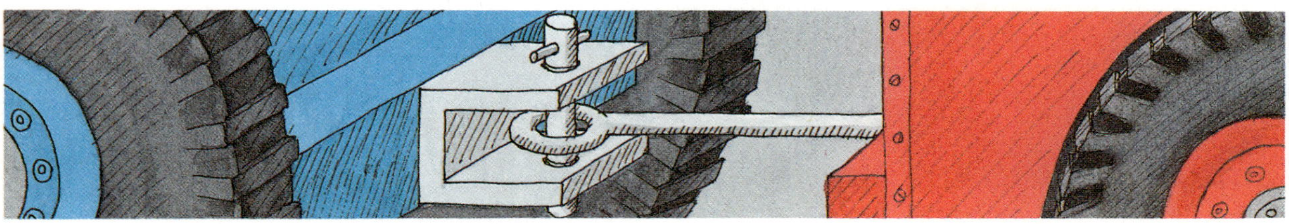

1

Beschreibe, wie die Anhängevorrichtung benutzt werden kann.

2

Beschreibe die drei Seiten der oben gezeichneten Anhängevorrichtung.

3

Berechne Länge, Höhe und Breite der Anhängevorrichtung in cm.

4

Berechne den Radius der Bohrung für den Bolzen.

5

Die Anhängevorrichtung wird aus einem Metallstück in Form einer Quadratsäule gestanzt.
Berechne die Oberfläche und das Volumen des Metallstücks.

6

Bei der Herstellung der Anhängevorrichtung fällt durch die Entfernung des Mittelstücks Metallrest an.
Berechne das Volumen dieses Metallrests.

Kleine und große Dinge

1

Maike hat eine Lupe, die um das 3,5fache vergrößert. Die Briefmarke, die sie betrachtet, ist 3,2 cm lang und 2,6 cm breit. Wie groß erscheint sie unter der Lupe?

2

Berechne die fehlenden Werte.

Faktor	Wirklichkeit	Lupenbild
a) 2,7	4,5 cm	■ cm
b) 4,9	■ cm	9,8 cm
c) ■	3,2 cm	9,6 cm

3

Gerd betrachtet ein Pantoffeltierchen unter dem Mikroskop. Das Mikroskop vergrößert um das 170fache. Miss in der Abbildung nach und berechne die Länge des Pantoffeltierchens in der Wirklichkeit.

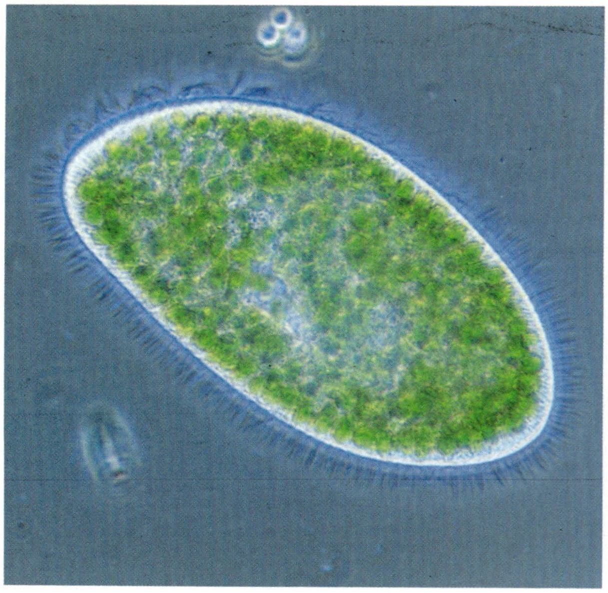

4

Berechne die fehlenden Werte.

Faktor	Wirklichkeit	Mikroskopbild
a) 220	0,1 mm	■ cm
b) 450	■ mm	4,5 cm
c) ■	0,12 mm	3,6 cm

1

Der Dortmunder Fernsehturm ist 220 m hoch. Auf einem Foto erscheint der Turm 4 cm hoch.
Berechne den Verkleinerungsfaktor.

2

Silke stellt die Höhe des Dortmunder Fernsehturms durch eine Linie von 5 cm dar. Wie lang muss dementsprechend die Linie für den Kölner Dom (160 m) gezeichnet werden?

3

Auf einem Foto ist der Drachenfels 6,4 cm hoch abgebildet.
Der Verkleinerungsfaktor beträgt 5000. Wie hoch ist der Drachenfels in Wirklichkeit?

4

Der Brocken im Harz ist 1140 m hoch. Wie muss der Verkleinerungsfaktor gewählt werden, wenn man ein 9,5 cm hohes Modell dieses Berges bauen will?

Höchster Berg in ...

Deutschland:	Zugspitze	2963 m
Europa:	Montblanc	4807 m
Asien:	Mount Everest	8848 m
Afrika:	Kibo	5895 m
Amerika:	Aconcagua	6958 m

5*

Der höchste angegebene Berg soll mit einer Linie von 10 cm dargestellt werden.

a) Berechne den Verkleinerungsfaktor.
b) Wie lang sind dementsprechend die Linien für die anderen angegebenen Berge?
c) Stelle alle Berge jeweils mit einer Linie dar und benutze dabei den Verkleinerungsfaktor 100 000.

Bevölkerungsentwicklung

Die Bevölkerung Deutschlands (in Millionen Einwohner)

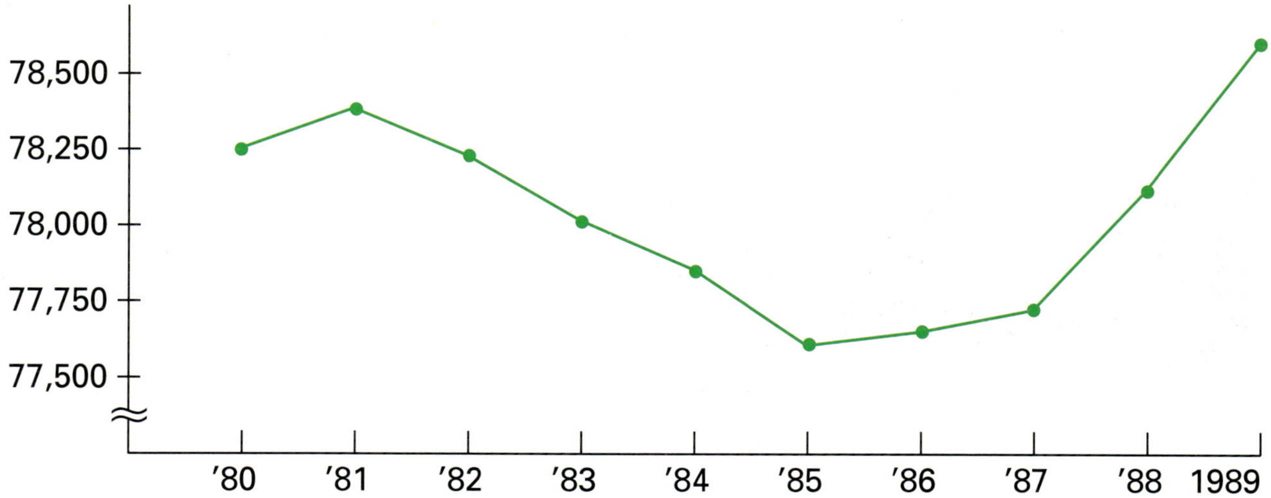

1980	78,28	Mio. Einwohner
1981	78,40	Mio. Einwohner
1982	78,24	Mio. Einwohner
1983	78,09	Mio. Einwohner
1984	77,80	Mio. Einwohner
1985	77,62	Mio. Einwohner
1986	77,64	Mio. Einwohner
1987	77,72	Mio. Einwohner
1988	78,12	Mio. Einwohner
1989	78,68	Mio. Einwohner

1

In den zehn Jahren von 1980 bis 1989 hat sich die Zahl der Einwohner in Deutschland auf und ab entwickelt. Berechne, wie viele Einwohner Deutschland in diesem Zehnjahreszeitraum durchschnittlich hatte.

Rechne so:
Addiere alle Zahlen und teile durch die Anzahl der Jahre.

2

In den Jahren von 1985 bis 1989 ist die Zahl der Einwohner jährlich gewachsen.

a) Stelle den Zuwachs an Einwohnern pro Jahr fest.
b) Wie groß ist der durchschnittliche Zuwachs pro Jahr in diesem Zeitraum?

3

In den Jahren von 1981 bis 1985 ist die Zahl der Einwohner jährlich geringer geworden.

a) Stelle die Verringerung an Einwohnern pro Jahr fest.
b) Wie groß ist die durchschnittliche Verringerung pro Jahr in diesem Zeitraum?

Bevölkerung nach Ländern (in Tausend Einwohner) Quelle: Statistisches Jahrbuch

	1986	1987	1988	1989
Baden-Württemberg	9296	9286	9378	9505
Bayern	10997	10903	10994	11114
Berlin	3093	3260	3318	3379
Brandenburg	2659	2665	2668	2664
Bremen	657	660	660	667
Hamburg	1576	1593	1597	1610
Hessen	5535	5508	5545	5602
Mecklenburg-Vorpommern	1960	1971	1976	1976
Niedersachsen	7196	7162	7171	7218
Nordrhein-Westfalen	16671	16712	16801	16954
Rheinland-Pfalz	3612	3631	3642	3670
Saarland	1044	1056	1054	1057
Sachsen	5049	5032	5025	4979
Sachsen-Anhalt	3014	3008	3006	2995
Schleswig-Holstein	2631	2554	2560	2574
Thüringen	2720	2718	2721	2713

1

Lies aus der Tabelle ab, wie sich die Bevölkerung deines Bundeslandes von 1986 bis 1989 entwickelt hat.

2

Berechne die durchschnittliche Zahl der Einwohner im Dreijahreszeitraum von 1987 bis 1989 für Niedersachsen.

3

Berechne die durchschnittliche Zahl der Einwohner von 1988 bis 1989 für Nordrhein-Westfalen.

4

Berechne die durchschnittliche Zahl der Einwohner von 1986 bis 1987 für Mecklenburg-Vorpommern.

5

In Bremen hat die Zahl der Einwohner ständig zugenommen.

a) Berechne den jährlichen Zuwachs.

b) Berechne den durchschnittlichen Zuwachs.

6

Berechne die durchschnittliche Zahl der Einwohner im Vierjahreszeitraum von 1986 bis 1989 für die Länder Berlin und Brandenburg zusammen.

Gewichte

1 Die Dose hat ein Bruttogewicht von 710 g. Das Nettogewicht beträgt 600 g. Wie viel wiegt die Dose ohne Inhalt?

> Nettogewicht + Tara = Bruttogewicht
> Mit Tara bezeichnet man das Verpackungsgewicht.

2

Stelle jeweils das Bruttogewicht fest.

a) Netto 720 g Tara 40 g
b) Netto 2,5 kg Tara 0,5 kg
c) Netto 3,7 kg Tara 600 g
d) Netto 11,5 kg Tara 1120 g
e) Netto 7,2 t Tara 200 kg

3

Stelle jeweils das Nettogewicht fest.

a) Brutto 625 g Tara 17 g
b) Brutto 3,8 kg Tara 0,2 kg
c) Brutto 8,5 kg Tara 350 g
d) Brutto 4 t Tara 150 kg
e) Brutto 5,2 t Tara 0,09 t

4

Stelle jeweils das Gewicht der Verpackung (Tara) fest.

a) Netto 4750 kg Brutto 4960 kg
b) Netto 3,4 kg Brutto 3650 g
c) Netto 0,7 t Brutto 780 kg
d) Netto 7,2 t Brutto 7380 kg
e) Netto 6580 kg Brutto 7,1 t

5

Stelle jeweils den fehlenden Wert fest.

	Brutto	Netto	Tara
a)	■	6,2 t	150 kg
b)	0,03 t	■	20 kg
c)	75 kg	6900 g	■
d)	0,7 kg	■	50 g

Güterverkehr in 1000 t Bruttogewicht pro Jahr (Wasserstraßen)

Wasserstraße	Güter insgesamt	auf ausländischen Schiffen
Elbe-Seiten-Kanal	4611	538
Nord-Ostsee-Kanal	2671	265
Elbe ab Hamburg bis See	9614	1398
Weser (Minden-Bremen)	4218	143
Mittellandkanal	12988	2376
Rhein-Herne-Kanal	17464	5257
Dortmund-Ems-Kanal	11278	2431
Rhein (Rheinfelden-Ndl.)	200706	116475

Die Schiffsladung ist als Bruttogewicht angegeben. Das Nettogewicht ist das Gewicht der Ladung ohne Container, Paletten oder Behälter.

1

Wie viel Tonnen Güter wurden auf der Weser befördert? Vergleiche den Gütertransport auf der Weser mit dem auf dem Dortmund-Ems-Kanal.

2

Wie viel Nettogewicht wurde auf dem Nord-Ostsee-Kanal von ausländischen Schiffen befördert, wenn etwa 7000 t Tara anzusetzen ist?

3

Auf der Elbe ab Hamburg muss 6 % der Ladung als Tara berücksichtigt werden. Berechne Tara in Tonnen.

4

Auf der Weser wird die Nettoladung mit 92 % der Bruttoladung angesetzt.
Wie viel Nettogewicht wurde befördert?

5

Auf dem Rhein-Herne-Kanal wird 7 % der Ladung als Tara angesetzt. Berechne, wie viel Nettogewicht befördert wurde.

6

Auf dem Dortmund-Ems-Kanal beläuft sich das Nettogewicht auf 91 % des beförderten Bruttogewichts. Berechne Tara.

7*

a) Wie viel Bruttogewicht wurde monatlich durch ausländische Schiffe im Durchschnitt auf dem Mittellandkanal befördert?
b) Das Nettogewicht betrug monatlich durchschnittlich 188000 t.
Berechne Tara in Tonnen.

8*

a) Berechne, wie viel Bruttogewicht im Durchschnitt jeden Monat auf der Weser befördert wurde.
Gib das Bruttogewicht in Tonnen an.
b) Das Nettogewicht betrug monatlich durchschnittlich 318500 t.
Berechne Tara in Tonnen.

Haushaltskosten

Energieverbrauch der Familie Bangert pro Jahr

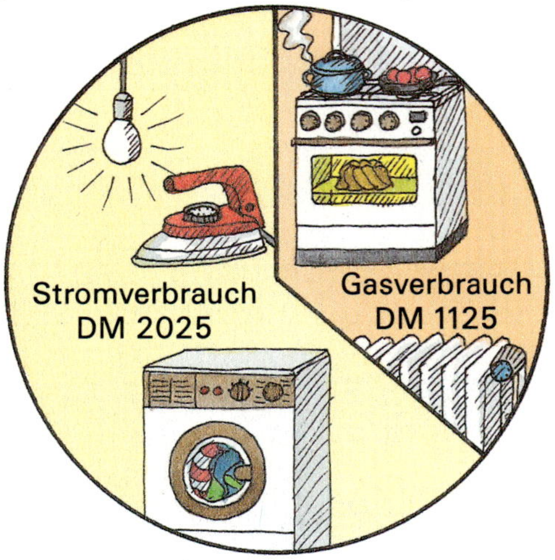

PKW-Haltung der Familie Bangert pro Monat

Freizeitkosten der Familie Bangert pro Monat

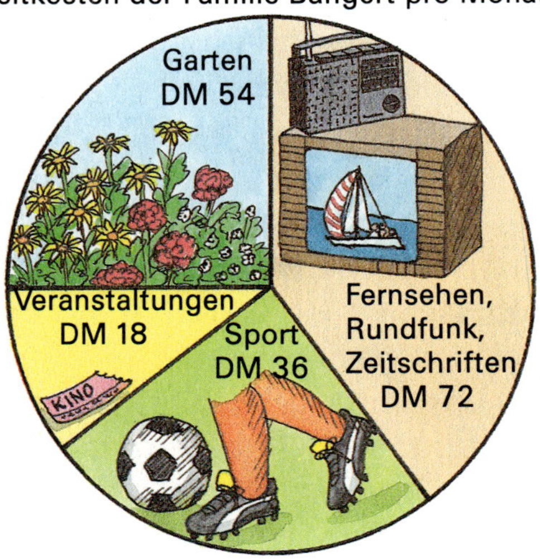

1

Berechne die Prozentanteile jeder Energieausgabe an den Gesamtausgaben.

2

Berechne die Bruchteile jeder Energieausgabe an der Gesamtausgabe. Kürze, wenn möglich.

3

Berechne die Bruchteile der einzelnen PKW-Kostenbereiche an den Gesamtkosten. Kürze, wenn möglich.

4

Berechne, mit wie viel Prozent der Gesamtkosten die einzelnen Ausgaben für einen PKW anzusetzen sind.

5

Berechne den Anteil der einzelnen Freizeitbereiche als Bruchteile an den Gesamtkosten. Kürze, wenn möglich.

6

Berechne, mit wie viel Prozent der Gesamtkosten die einzelnen Freizeitbereiche anzusetzen sind.

7*

Ermittle die fehlenden Werte des monatlichen Haushaltsplans der Familie Bangert:

Nahrung	1 270,00 DM
Energie	■ DM
PKW	■ DM
Freizeit	■ DM
Miete	■ DM
Gesamt	2 646,25 DM

Durchschnittliche Ausgaben für Nahrungs- und Genussmittel eines Vier-Personen-Haushalts pro Monat (Statistisches Jahrbuch 1991)

Art	DM	Art	DM
Fleisch	65,52	Kartoffeln, Gemüse	46,98
Wurstwaren	87,–	Brot, Backwaren	82,31
Fischwaren	8,16	Zucker, Süßwaren	54,07
Milch, Joghurt u. ä.	45,52	Getreide, Gewürze	33,74
Käse	32,90	Sonstige Nahrungsmittel	28,92
Eier	9,03	Getränke, Säfte	71,64
Butter, Fette	8,39	Alkoholische Getränke	51,18
Obsterzeugnisse	39,56	Tabakwaren	27,16

1

Berechne die Gesamtkosten der Ausgaben für Nahrungs- und Genussmittel
a) pro Monat, b) pro Jahr.

2

Wie viel Prozent der Gesamtkosten lassen sich einsparen, wenn man auf Alkohol und Tabakwaren verzichtet?

3

Wie groß ist der Anteil in Prozent der Kosten für tierische Produkte (Milch, Käse, Butter) an den Gesamtkosten?

4

Wie groß ist der Anteil in Prozent der Kosten für Fleisch-, Wurst- und Fischwaren an den Gesamtkosten?

5

Wie groß ist der prozentuale Anteil der Kosten für Obst- und Gemüseprodukte an den Gesamtkosten?

6

Wie groß ist der prozentuale Anteil der Kosten für Brot- und Backwaren an den Gesamtkosten?

7

Ein 2-Personen-Haushalt gibt im Durchschnitt 59 % des Betrages aus, der für einen 4-Personen-Haushalt benötigt wird.
Wie viel DM gibt ein 2-Personen-Haushalt für Nahrungsmittel aus?

8

Berechne die Ausgaben eines 2-Personen-Haushalts (entspricht etwa 59 % des 4-Personen-Haushalts) für:
a) Fleisch-, Wurst- und Fischwaren,
b) Obst- und Gemüseprodukte,
c) Brot- und Backwaren.

Arbeitszeit und Bruttoverdienst

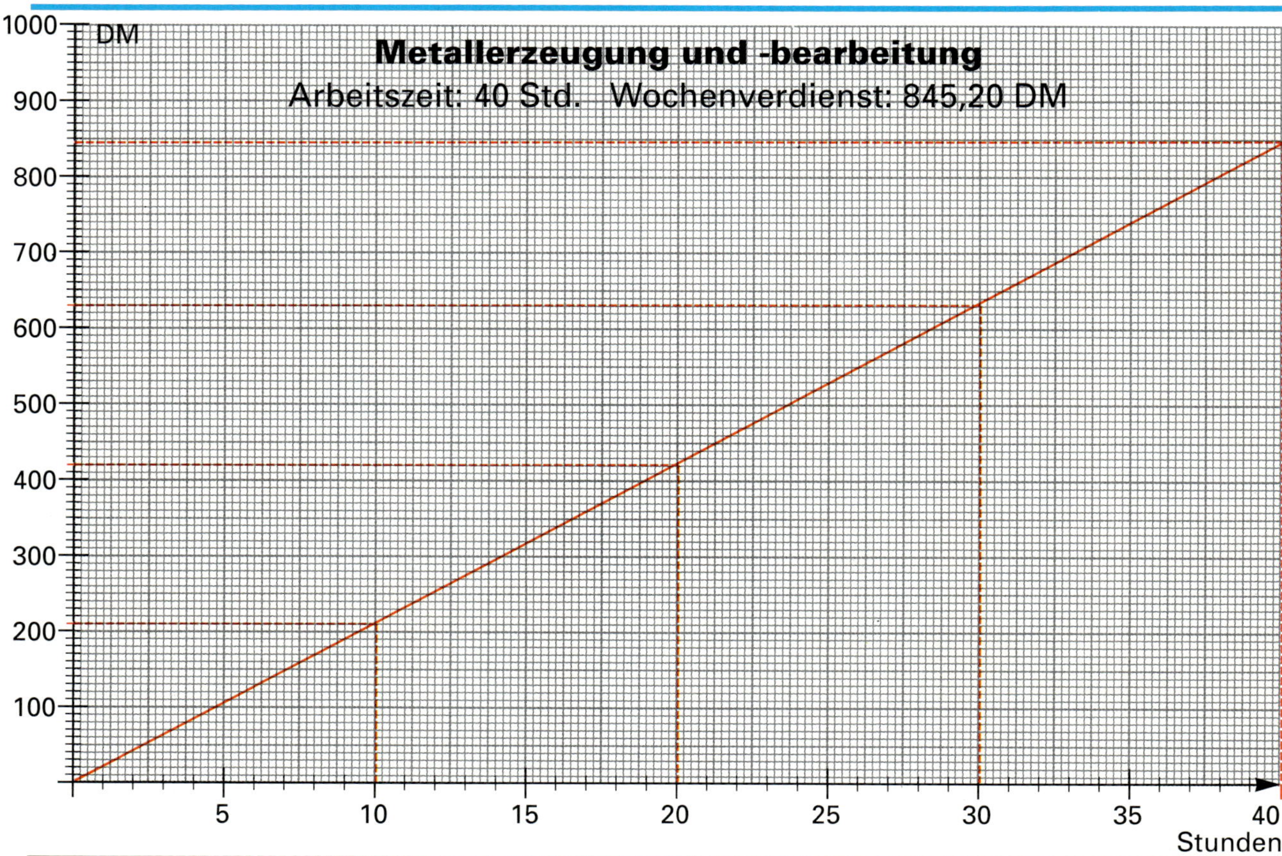

Hier gilt: Je mehr gearbeitet wird, desto mehr wird verdient.

1. Auf welcher Achse kann man die Arbeitszeit, auf welcher Achse kann man den Verdienst ablesen?

2. Schau dir das Diagramm an und lies ab, wie hoch der Wochenlohn bei einer Arbeitszeit von 30 Stunden ist.

3. Lies im Diagramm ab, wie viel DM der Wochenlohn bei einer Arbeitszeit von 37 Stunden beträgt.

4. Ein Diagramm lässt sich selten so genau ablesen. Prüfe die Angaben durch Nachrechnen.

5. In der Metallerzeugung wird 1990 im Durchschnitt 39,4 Stunden gearbeitet. Wie viel DM beträgt dann der durchschnittliche Wochenlohn? Lies im Diagramm ab und prüfe durch Nachrechnen.

6. Wie viel Stunden in der Woche muss ein Metallarbeiter durchschnittlich arbeiten, um einen Wochenverdienst von 800 DM zu erzielen? Lies im Diagramm ab und rechne nach.

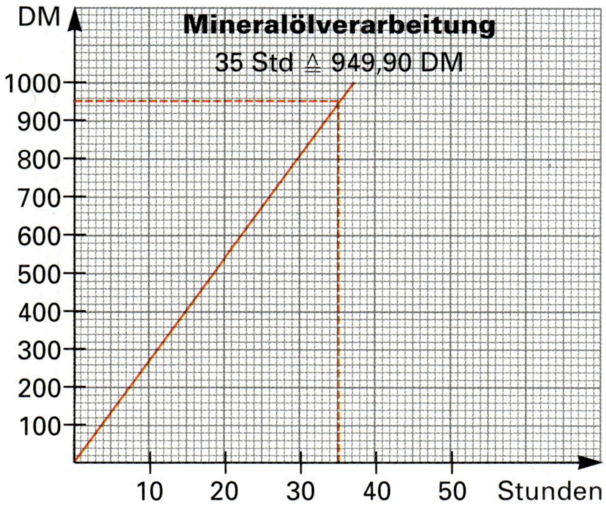

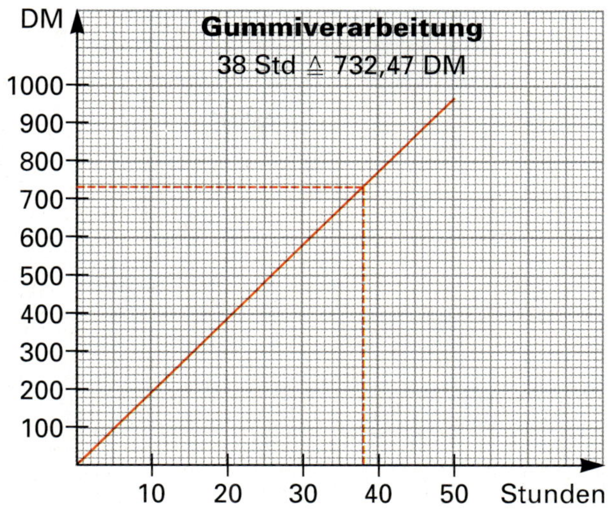

In verschiedenen Wirtschaftszweigen ist der Bruttoverdienst (Verdienst ohne Abzüge) verschieden hoch.

1

Vergleiche die Diagramme zur Mineralölverarbeitung und zur Gummiverarbeitung miteinander. In welchem Wirtschaftszweig ist der Verdienst höher?

2

Berechne den Stundenlohn, der in der Mineralölverarbeitung und in der Gummiverarbeitung verdient wird. Vergleiche die unterschiedlichen Stundenlöhne.

3

In der Mineralölverarbeitung wird durchschnittlich 39,4 Stunden in der Woche gearbeitet (Stand 1990). Berechne den Wochenverdienst.

4

Berechne den Wochenverdienst in der Gummiverarbeitung bei einer durchschnittlichen Wochenarbeitszeit von 39,2 Stunden.

Schiffsbau (Stand 1990)

Arbeitszeit	Verdienst
10 Stunden	*
20 Stunden	440,80 DM
30 Stunden	*
40 Stunden	*

5*

Übernimm die Tabelle Schiffsbau in dein Heft und berechne die fehlenden Angaben. Zeichne ein Diagramm.

6*

Ein Feinmechaniker erhält einen Stundenlohn von 19,07 DM. Erstelle eine Tabelle. Zeichne ein Diagramm.

Abfallbeseitigung und Abfallverwertung

Im Innenstadtbezirk werden einmal wöchentlich die Mülltonnen geleert. Es werden 3 Müllfahrzeuge eingesetzt. Die Entleerung ist in 5 Stunden abgeschlossen.
Im Amt für Abfallverwertung wird ausgerechnet, wie viel Zeit benötigt wird, wenn 4 Fahrzeuge eingesetzt werden. Überlege: Brauchen mehr Fahrzeuge mehr Zeit oder brauchen mehr Fahrzeuge weniger Zeit?

3 Müllfahrzeuge benötigen		*5 Stunden*
1 Müllfahrzeug benötigt	*3 · 5 Stunden =*	*15 Stunden*
4 Müllfahrzeuge benötigen	*15 Stunden : 4 =*	*3,75 Stunden*

Mit 4 Fahrzeugen ist die Entleerung in 3,75 Stunden abgeschlossen.

Abfuhrbezirk West

Anzahl Fahrzeuge	Abfuhrzeit
1	*
2	*
3	10,67 Stunden
4	8 Stunden
5	*
6	5,34 Stunden

1

Sachbearbeiter Beckmann hat für den Abfuhrbezirk West eine Tabelle aufgestellt. Zeichne die Tabelle in dein Heft und ergänze die fehlenden Angaben.

2

Im Abfuhrbezirk Nord werden für eine Abfuhrzeit von 12 Stunden 8 Fahrzeuge benötigt. Stelle eine Tabelle für 1 bis 8 Fahrzeuge auf. Runde auf zwei Stellen nach dem Komma.

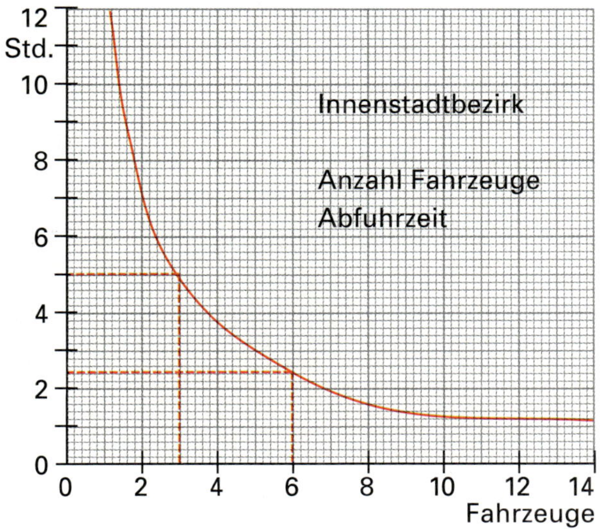

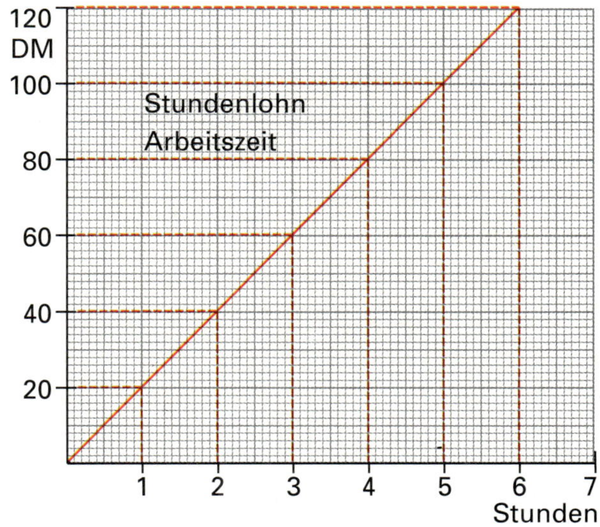

Umgekehrtes Verhältnis:
Je mehr Fahrzeuge eingesetzt werden,
desto weniger Zeit wird benötigt.

Direktes Verhältnis:
Je mehr Arbeitszeit angesetzt wird,
desto mehr wird verdient.

1

Vergleiche die Diagramme miteinander. Erläutere den Kurvenverlauf.

2

Erstelle für beide Diagramme die dazugehörige Tabelle.

Prüfe bei jeder Aufgabe: direktes oder umgekehrtes Verhältnis?

3

Vier Altglascontainer werden fünfmal monatlich geleert. Aus Kostengründen soll nur noch zweimal im Monat geleert werden. Wie viele Altglascontainer werden nun benötigt?

4

Fünf Altglascontainer können etwa 3200 kg Altglas aufnehmen. Wie viel kg Altglas kann gesammelt werden, wenn auf einem Recyclinghof 8 Container aufgestellt werden?

5*

Im Klärwerk muss wegen Reparaturarbeiten ein Vorklärbecken entleert werden. Wenn das Klärwerk die eigenen 3 Pumpen einsetzt, ist die Arbeit in 54 Stunden beendet. Die Feuerwehr hilft mit noch 6 Pumpen aus. In welcher Zeit kann nun das Vorbecken entleert werden?

6*

Die Beschaffung von 3 Pumpen kostete 10434 DM. Damit bei Reparaturarbeiten in Zukunft auf die Hilfe der Feuerwehr verzichtet werden kann, wird entschieden, noch 7 Pumpen zu kaufen.
Wie viel DM muss im städtischen Haushalt dafür bereitgestellt werden?

Güterumschlag

1

Zur Beförderung von 623 Containern werden 7 Schiffe gebraucht. Wie viele Schiffe der gleichen Größe werden beladen, wenn 979 Container zu transportieren sind?

a) Zeichne die Tabelle in dein Heft und ergänze die fehlenden Angaben.

b) Zeichne ein Diagramm.

Container	Schiffe
*	1
*	2
*	3
*	4
*	5
*	6
623	7
*	8

2

Zur Beförderung von 10600 Tonnen Braunkohle werden 5 Schiffe benötigt. Wie viel Braunkohle kann mit 9 Schiffen befördert werden?

3*

Zur Beladung eines Binnenschiffes mit Braunkohle benötigen 4 Förderbänder 6 Stunden und 30 Minuten. Ein Förderband ist ausgefallen. Wie viel Zeit wird nun für die Beladung des Schiffes benötigt?

4

Die 7 LKW einer Lübecker Spedition legen zusammen am Tag durchschnittlich 2436 km zurück. Die Spedition kauft noch einen LKW dazu. Wie viel Kilometer können nun täglich durchschnittlich gefahren werden?

5*

Zur Entladung eines LKW mit Stückgut benötigen 4 Arbeiter 60 Minuten.
Ein Arbeiter fehlt. Wie lange benötigen die anderen Arbeiter nun zur Entladung?

Containerkräne	Stunden
1	*
2	21
3	*
4	*
5	*
6	*

1*

2 Containerkräne benötigen zur Entladung eines Schiffes 21 Stunden. Wie viel Stunden werden benötigt, wenn 3 Containerkräne zur Verfügung stehen?

a) Zeichne die Tabelle in dein Heft und ergänze die fehlenden Angaben.

b) Überlege, ob beliebig viele Containerkräne eingesetzt werden können.

2*

Zum Transport einer großen Stückgutladung setzt die Eisenbahn 3 Züge mit je 36 Güterwagen ein. Aus wie vielen Wagen muss jeder Zug bestehen, wenn nur 2 Züge gebildet werden, um alle Wagen zu ziehen?

3*

Um 15 Tankwagen der Eisenbahn zu füllen, braucht man 4 Stunden und 30 Minuten. Wie lange dauert es, bis 21 Tankwagen gefüllt sind?

4

In jeder Woche fließen durch die Rohrfernleitungen in Deutschland durchschnittlich 1,5 Mio. Tonnen Rohöl. Wie viel Mio. Tonnen Rohöl werden durchschnittlich in einem Monat bewegt?

5*

Um ein Vorratslager in Emden mit Mineralöl zu füllen, benötigen 5 Pumpen 87 Stunden. Wie lange dauert es, wenn eine Pumpe mehr (eine Pumpe weniger) eingesetzt wird?

Herr Weber kauft einen PC

Welche Begriffe kennst du schon?

Ein Computer ist eine Maschine, die Daten aufnimmt, speichert, nach einem Programm verarbeitet und wieder ausgibt.

Herr Weber will noch wissen, was Daten sind. Die Verkäuferin sagt: Daten sind Zahlen oder Buchstaben. Herr Weber antwortet: Dann ist mein Taschenrechner ja auch ein Computer.

1

Überlege, ob Herr Weber Recht hat? Beantworte dazu folgende Fragen:

a) Ist der Taschenrechner eine Maschine?
b) Nimmt der Taschenrechner Daten auf?
c) Welche Daten kann man eingeben?
d) Kann der Taschenrechner die Daten speichern?
e) Kann der Taschenrechner die Daten verarbeiten?
f) Welche Programme stehen beim Taschenrechner zur Verfügung?
g) Wie kann man Programme auswählen?
h) Kann der Taschenrechner die verarbeiteten Daten wieder ausgeben?
i) Wie geschieht die Datenausgabe?

Bei jedem Computer läuft das gleiche ab.

- **E**ingabe der Daten
- **V**erarbeitung der Daten
- **A**usgabe der Daten

Ein Taschenrechner kann nur Zahlen verarbeiten. Ein PC dagegen kann Zahlen und Buchstaben verarbeiten.
Ein einfacher Taschenrechner hat nur Programme für die Grundrechenarten zur Verfügung. Einen PC kann man mit vielen anderen Programmen ausstatten.

PC - Hardware

Mit **Hardware** werden alle Geräte bezeichnet. Dazu gehören der Computer und alle Ein- und Ausgabegeräte. Mit **Software** werden die Programme bezeichnet.

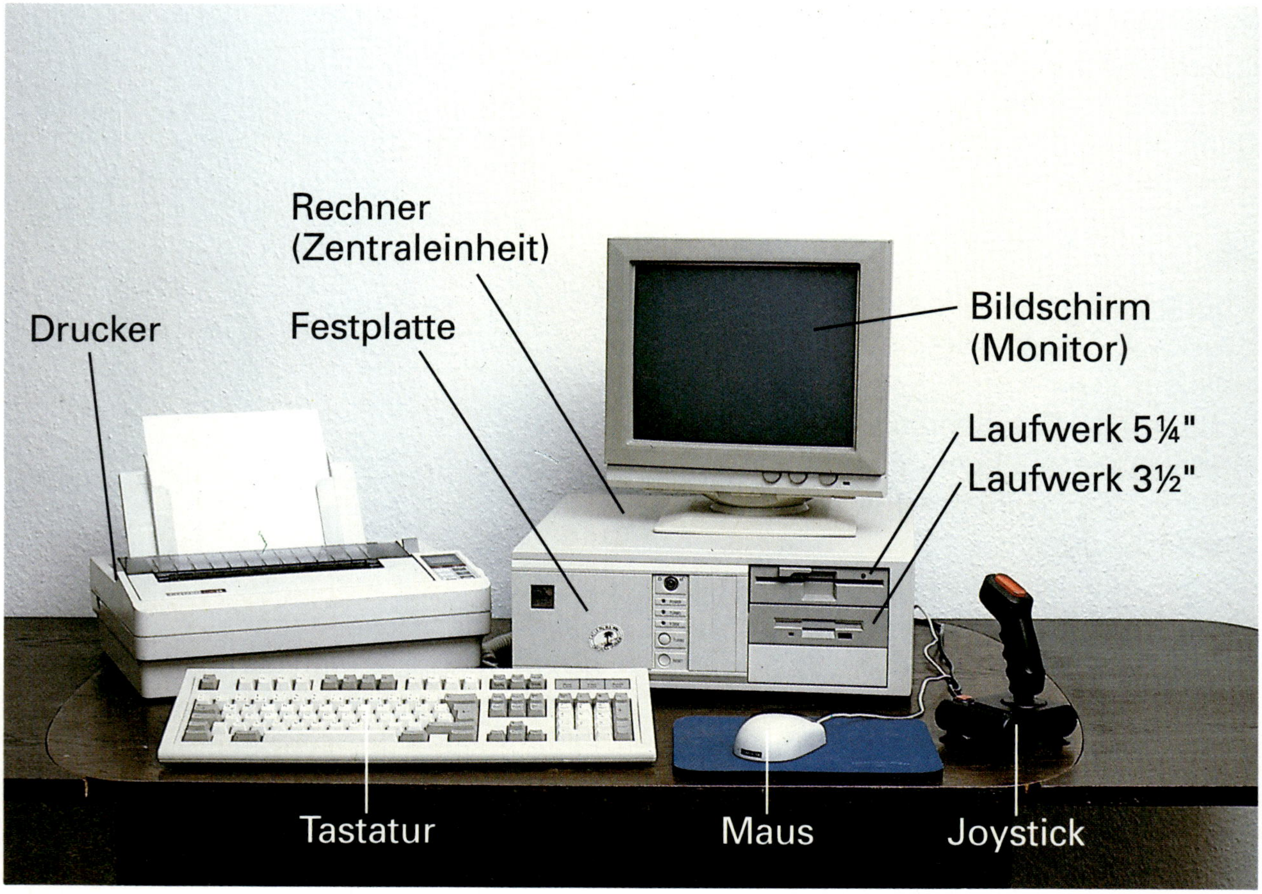

Das Wichtigste an einem Computer ist der sogenannte Rechner. Der Rechner speichert die Programme und sorgt für die Verarbeitung der Daten.
Der Rechner ist in einem Gehäuse untergebracht und daher nicht zu sehen. Alle anderen Geräte sind Eingabegeräte oder Ausgabegeräte.

Die Laufwerke
Die meisten PC haben zwei Laufwerke, ein 5.25"-Laufwerk für größere Disketten und ein 3.5"-Laufwerk für kleinere Disketten.

Das Zeichen " heißt Zoll und ist eine englische Längeneinheit. Disketten sind magnetische Scheiben, auf denen Programme und Daten gespeichert werden können. Die Diskette wird in das passende Laufwerk gesteckt. Sie kann herausgenommen und bei anderen Computern eingesetzt werden.

Die Festplatte
Die Festplatte ist fest eingebaut und funktioniert wie ein großer Speicher. Sie kann viel mehr Daten speichern als eine Diskette.

Der Bildschirm

1

Ist der Bildschirm oder Monitor ein Ein- oder Ausgabegerät?

Der Drucker

2

Ist der Drucker ein Ein- oder Ausgabegerät? Erkläre.

Der Joystick

Mit dem Joystick kann man Zeichen (Bilder, Symbole), die auf dem Bildschirm dargestellt sind, auswählen oder bewegen. Der Joystick wird mit einem Steuerknüppel und mit Tasten bedient.

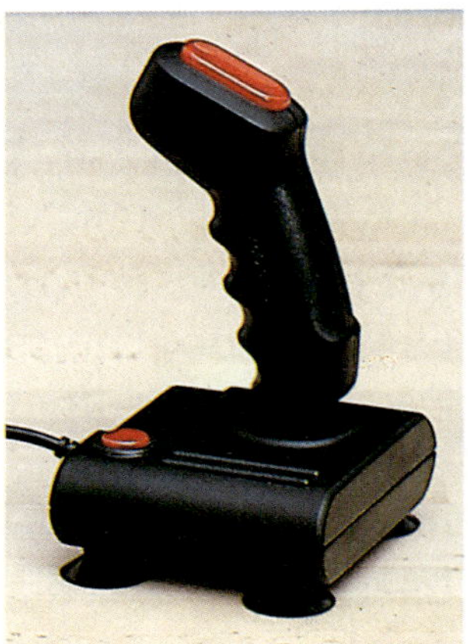

3

Ist der Joystick ein Ein- oder Ausgabegerät? Erkläre.

Die Maus
Die Maus funktioniert wie der Joystick. Man bedient jedoch keinen Steuerknüppel, sondern bewegt die Maus über die Tischplatte. Diese Bewegungen werden auf den Bildschirm übertragen. Die Maus hat wie der Joystick auch Tasten.

4

Ist die Maus ein Ein- oder Ausgabegerät? Erkläre.

PC - Bedienung

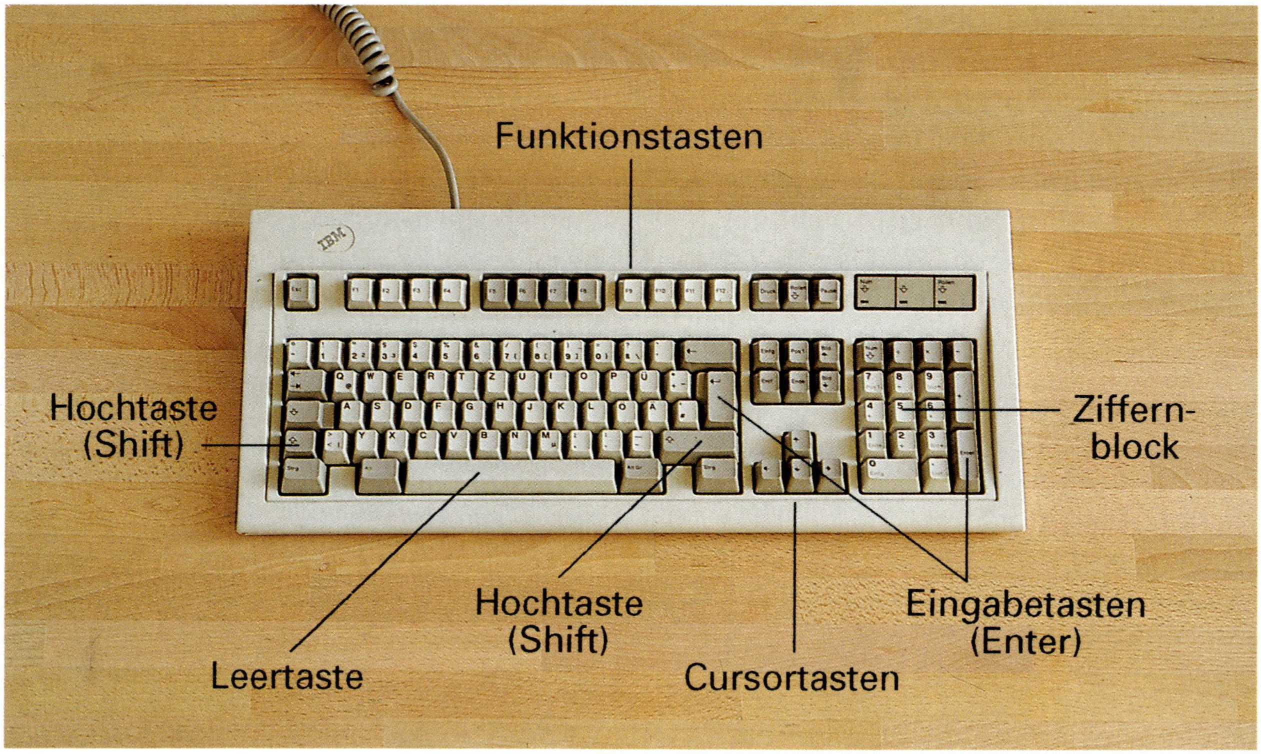

Die Tastatur ist das wichtigste Eingabegerät. Mit der Tastatur lassen sich Zahlen, Buchstaben und Sonderzeichen als Daten eingeben.
Es gibt verschiedene Tastaturen. Auf jeder Tastatur findet man Funktionstasten: Ihre Bedeutung wird durch das jeweilige Programm bestimmt.

1

Zeige auf deiner Tastatur die Funktionstasten.
In der Mitte sind Tasten für Ziffern, Buchstaben und Zeichen angeordnet.

2

Schreibe das Wort COMPUTER auf den Bildschirm.

3

Schreibe nun das Wort COMPUTER auf den Bildschirm und halte die Shift-Taste dabei gedrückt. Was stellst du fest?

4

Schreibe nun den Text
COMPUTER KÖNNEN NICHT ALLES
auf den Bildschirm. Erkläre die Funktion der Leertaste.
Dir ist sicher aufgefallen, dass auf dem Bildschirm die Buchstaben immer dort geschrieben werden, wo ein bestimmtes Zeichen blinkt. Dieses Zeichen nennt man Cursor.

5

Betätige die Cursor-Tasten und beschreibe, welche Funktion sie haben.

Erzeuge folgendes Muster auf dem Bildschirm.

1

```
      A
     A A
    A   A
   A     A
  A       A
  AAAAAAAAAAA
 A           A
A             A
```

2

```
     #  #
    # # #
   #   ##
  #  #  #
 #       #
###########
#         #
# #  #  # #
#       # #
###########
```

3

```
***     ***
***     ***
***     ***
     *
    ***

 **    **
  ******
   ****
```

4

```
9       1
98     21
987   321
9876 4321
987654321
9876 4321
987   321
98     21
9       1
```

Die Enter-Taste dient dazu, Daten an den Rechner zu übergeben. Wenn du etwas auf den Bildschirm geschrieben hast, kannst du mit der Enter-Taste diese Zeichen an den Rechner zur Verarbeitung übergeben. Wenn das Computerprogramm deine Eingabe nicht versteht, wirst du durch eine Fehlermeldung darauf aufmerksam gemacht.

5

Schreibe etwas auf den Bildschirm und drücke danach die Enter-Taste.
Was geschieht?

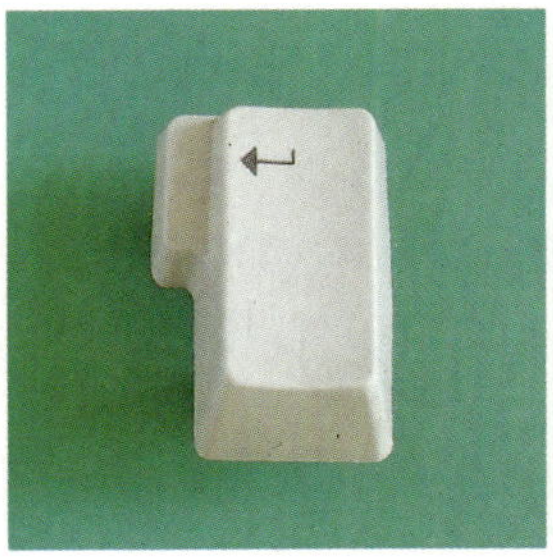

Bevor ein Zeichen verarbeitet werden kann, wird es im Rechner gespeichert. Wie viel ein Rechner speichern kann, wird durch die Maßeinheit Byte angegeben. Zum Speichern eines Zeichens wird genau 1 Byte benötigt.

1 Kilobyte	=	1024 Byte
1 Megabyte	=	1024 Kilobyte

6

Es sollen 12 Millionen Zeichen gespeichert werden. Gib an, wie viel Megabyte (MB) Speicherplatz benötigt wird.

7*

Eine Schreibmaschinenseite besteht aus ungefähr 4000 Zeichen.
Wie viele Seiten passen ungefähr auf eine Festplatte mit 80 MB?

PC-Software

Ohne Programme kann man mit einem Computer nichts anfangen.
Es gibt unterschiedliche Programme für verschiedene Aufgaben, z. B. Betriebssysteme, Textverarbeitungs- und Grafikprogramme. Wenn man Programmdisketten kauft, erhält man meistens dazu ein Handbuch.
Im Handbuch wird erklärt, wie man ein Programm benutzt.

1

Gehören Programme zur Hardware oder zur Software?

Das wichtigste Programm ist das Betriebssystem.

2

Gehört das Betriebssystem zur Hardware oder zur Software?

Da man das Betriebssystem immer wieder braucht, ist es in der Regel auf der Festplatte gespeichert.
Wenn du das Betriebssystem geladen hast, kannst du nun das Programm laden, mit dem du arbeiten willst.
Es gibt auch Computer, die ein eingebautes Betriebssystem haben. Wenn man diesen Computer einschaltet, ist das Betriebssystem sofort bereit.

3

Stelle fest, ob dein Computer ein eingebautes Betriebssystem hat oder ob ein Betriebssystem zuerst eingeladen werden muss.

4

Welche Vorteile hat ein eingebautes Betriebssystem?
Welche Vorteile hat es, wenn man Betriebssysteme einladen kann?

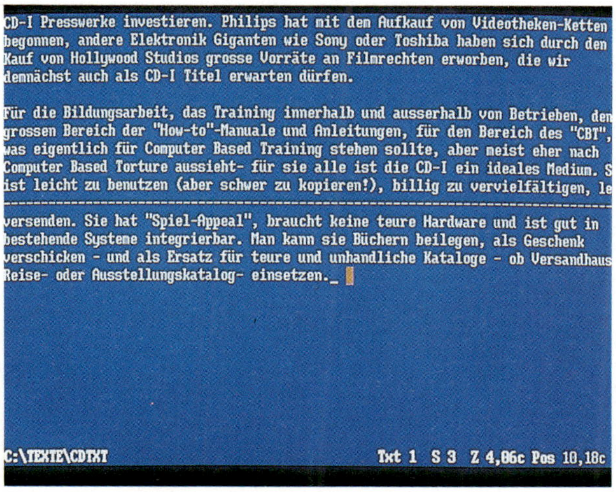

Ein Programm zur Textverarbeitung ermöglicht es, auf dem Bildschirm Texte zu entwerfen. Schreibfehler kann man leicht berichtigen. Man kann Wörter ändern, Sätze vertauschen oder löschen sowie Wörter oder Sätze nachträglich einsetzen. Wenn alles stimmt, kann man den Text mit dem Drucker ausdrucken.

1

Welche Vorteile haben Textverarbeitungsprogramme gegenüber Schreibmaschinen?

Ein Grafikprogramm ermöglicht es, mit Hilfe der Maus auf dem Bildschirm technische Zeichnungen und Bilder zu erstellen. Linien und Flächen kann man so oft ändern, wie man möchte. Dann kann man es ausdrucken lassen.

2

a) Wodurch unterscheidet sich ein Grafik- von einem Textverarbeitungsprogramm?
b) Welche Vorteile hat ein Grafikprogramm gegenüber einem Zeichenbrett?

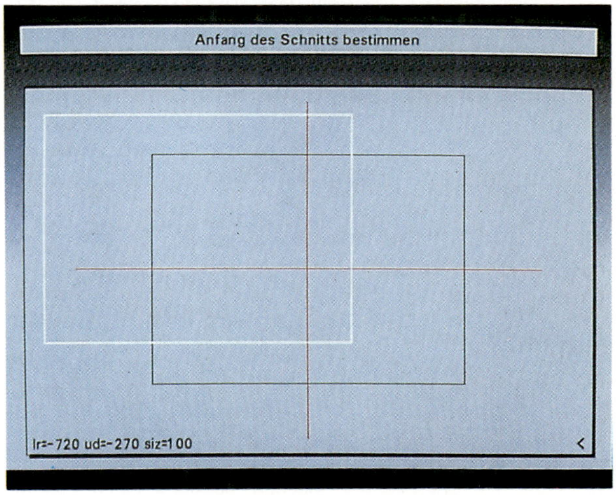

Mit einem Programm zur Verwaltung von Adressen kann man Adressen speichern, ändern, löschen und nach bestimmten Merkmalen ausgeben, z. B. alle Adressen mit der Postleitzahl 45529.

3

Welche Vorteile hat ein Adressenprogramm gegenüber einem Notizbuch? Wie viele Adressen mit je 200 Zeichen lassen sich auf einer Diskette mit 1,2 MB speichern?

Berufseingangstest

Auf den folgenden Seiten findest du Aufgaben, wie sie in einem Berufseingangstest auch vorkommen können. Bei einem solchen Test solltest du diese Punkte unbedingt beachten:

- Die Testanweisung genau befolgen.
- Zuerst die Aufgaben bearbeiten, die du lösen kannst.
  Du brauchst nicht der Reihe nach vorzugehen.
- Wenn du zu lange an einer Aufgabe rechnest, wähle lieber eine andere.
  Du gerätst sonst leicht unter Zeitdruck.

Am Ende jedes Tests kannst du anhand der Kontrollzahlen prüfen, wie viele Aufgaben du gelöst hast. Eine Zahl bleibt immer übrig.

Test 1 – Grundrechenarten

Übertrage in dein Heft und rechne.

1

7 · 3025
4025 : 5
4,72 · 6
12,9 : 3
212 · 46

9 · 6518
1525 : 25
2037,4 : 61
45,3 · 2,7
447,2 : 17,2

9752	61
33,4	805
21175	4,3
314,1	122,31
26	28,32
58662	

2

316 − 212 + 815
873 + 441 − 615
2,75 + 6,4 − 0,5
5,4 + 8,23 − 4,1
10,09 − 5,25 + 1

1026,45 − 965,07
145632 + 245367
562345 − 124
45,2 − 22,06 + 5
463,03 + 17,03 − 8

717,25	919
5,84	28,14
390999	699
8,65	9,53
472,06	61,38
562221	

3

9864 : 12
71 · 2034
12,6 : 0,2
1006 · 15
88,08 : 12

16,4 · 73
74508 : 42
56 · 9457
33 · 726
1036 : 56

63	15090
1197,2	18,5
312,5	1774
23958	7,34
144414	822
529592	

4

5712 · 3
8742 : 5
3,4 − 2,1
17,09 − 6
9315 : 15

1234 + 56
166 · 266
8684 − 345
16432 : 13
2224 · 225

1,3	500400
1264	11,09
8339	621
1290	1726
44156	1748,4
17136	

Test 2 – Brüche

Mache die Brüche gleichnamig, wenn notwendig.

$\frac{3}{8} + \frac{5}{8}$ $\frac{5}{9} - \frac{2}{9}$ $\frac{4}{5} + \frac{3}{10}$

$\frac{2}{5} + \frac{4}{15}$ $\frac{4}{3} - \frac{2}{6}$ $\frac{5}{8} - \frac{1}{2}$

$\frac{11}{10}$ $\frac{6}{6}$ $\frac{3}{9}$ $\frac{10}{15}$ $\frac{8}{8}$ $\frac{3}{6}$ $\frac{1}{8}$

Kürze, wenn möglich.

$\frac{3}{5} \cdot \frac{1}{6}$ $\frac{2}{5} \cdot \frac{5}{12}$ $\frac{2}{5} \cdot \frac{1}{2}$

$\frac{4}{7} \cdot \frac{6}{9}$ $\frac{3}{9} \cdot \frac{4}{7}$ $\frac{5}{6} \cdot \frac{3}{10}$

$\frac{4}{21}$ $\frac{1}{4}$ $\frac{1}{5}$ $\frac{1}{10}$ $\frac{1}{8}$ $\frac{8}{21}$ $\frac{1}{6}$

Test 3 – Prozentrechnung

Zu jeder Aufgabe gehören drei Kontrollzahlen. Nur eine ist richtig.

420 DM = 100 %
42 DM = ■ %

9 10 11

100 % = 500 DM
8 % = ■ DM

39 40 41

6 % = 30 DM
100 % = ■ DM

300 600 500

540 DM = 100 %
189 DM = ■ %

35 36 37

100 % = 625 DM
15 % = ■ DM

93,75 93,25 93,50

12 % = 48 DM
100 % = ■ DM

450 200 400

Test 4 – Sachrechnen

Zu jeder Aufgabe gehören drei Kontrollzahlen. Nur eine ist richtig.

Für eine Bluse braucht man $\frac{3}{4}$ m Stoff. Wie viel Stoff braucht man für 15 Blusen?

11,75 m 12,25 m 11,25 m

Ein Marmorblock von $\frac{12}{17}$ t wird gleichmäßig in 3 Teile geteilt. Wie schwer ist jeder Teil?

$\frac{4}{17}$ t $\frac{3}{17}$ t $\frac{5}{17}$ t

Bei einem Verdienst von 3100 DM werden 868 DM Steuern und Abgaben fällig. Wie hoch ist der Prozentsatz der Abzüge?

27 % 28 % 25 %

Familie Boll hat ein Monatseinkommen von 3600 DM. 25 % davon entfallen auf die Miete. Wie hoch ist die Miete?

930 DM 870 DM 900 DM

Test 5 — Flächen

Miss und rechne.

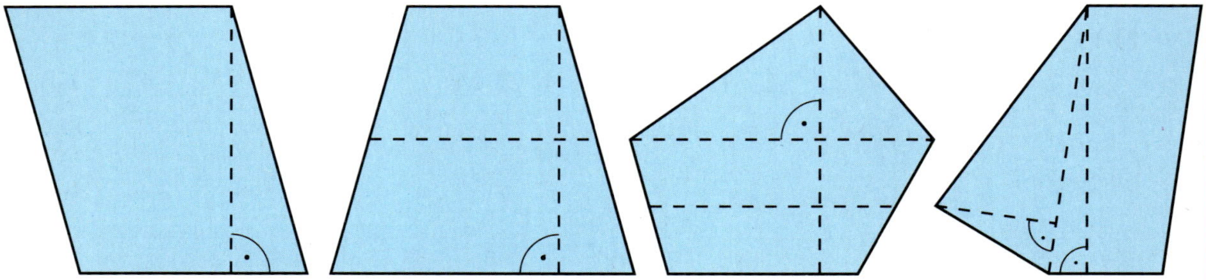

$A = ?\ cm^2$ $A = ?\ cm^2$ $A = A_{\triangle} + A_{\text{Trapez}} = ?\ cm^2$ $A = ?\ cm^2$

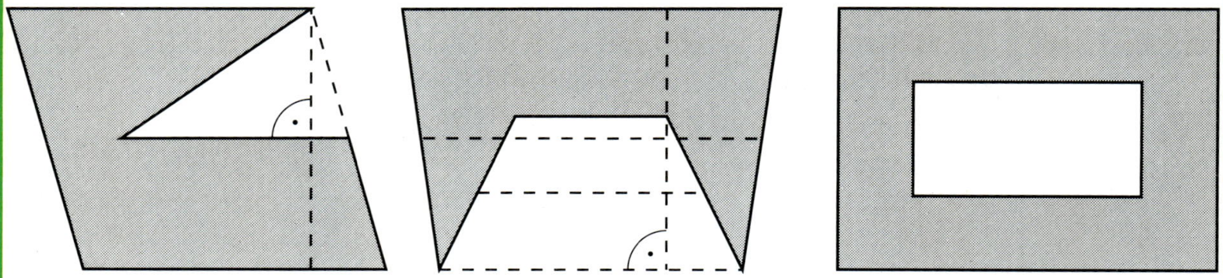

$A = A_{\text{Parallelogramm}} - A_{\triangle} = ?\ cm^2$ $A = ?\ cm^2$ $A = ?\ cm^2$

9,3	11,05	9,1	10,5	13,7	12,5	10,5	8,1

Test 6 — Körper

$V_{Tischplatte} = ?\ cm^3$

$V_{Rundsäule} = ?\ cm^3$

$V_{Bodenplatte} = ?\ cm^3$

$V_{Tisch} = ?\ cm^3$

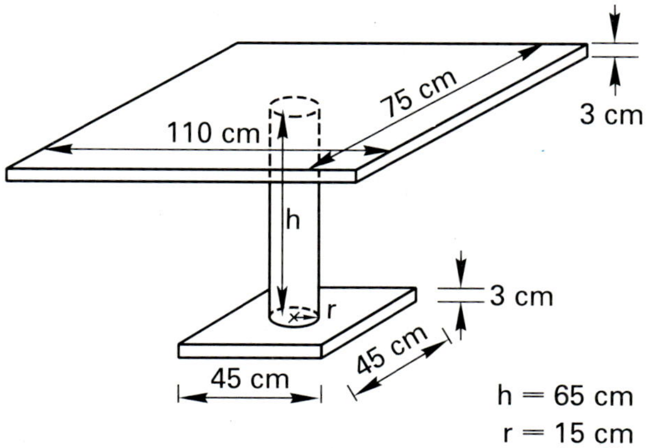

45 922,5	87 437,5	24 750	76 747,5	6 075

Test 7 – Schlussrechnen (direktes Verhältnis)

Je mehr gearbeitet wird, desto mehr wird verdient.

21 Std.	1 071 DM	11 Std.	561 DM	36 Std.	1 872 DM
24 Std.	■ DM	12 Std.	■ DM	24 Std.	■ DM
13 Std.	663 DM	44 Std.	2 244 DM	5 Std.	255 DM
14 Std.	■ DM	34 Std.	■ DM	15 Std.	■ DM

765 714 1 734 1 024 1 224 1 248 612

Test 8 – Schlussrechnen (umgekehrtes Verhältnis)

Je mehr Pumpen arbeiten, desto schneller ist das Becken gefüllt.

Pumpen	Std.
4	16
2	■
8	■
16	■

8 10 32 4

Pumpen	Std.
10	24
■	12
■	8
■	6

40 30 20 50

Pumpen	Std.
12	60
■	10
36	■
■	15

52 20 72 48

Test 9 – Sachrechnen

Zu jeder Aufgabe gehören drei Kontrollzahlen. Nur eine ist richtig.

5 kg Zementfarbe kosten 65 DM. Wie viel kg Zementfarbe bekommt man für 162,50 DM?

12,7 kg 12,3 kg 12,5 kg

Eine Telefonleitung soll von 6 Arbeitern in 4 Tagen verlegt werden. Wie viele Arbeiter sind erforderlich, um die gleiche Telefonleitung schon in drei Tagen zu verlegen?

4 8 6

Das Abdichten von Fensterrahmen mit Kunststoffmasse kostet für 12 m 114 DM. Wie viel DM kosten 18 m?

171 DM 169 DM 173 DM

An einem Staubecken muss eine undichte Stelle mit Sandsäcken gesichert werden. 12 Arbeiter benötigen hierfür 25 Minuten. Wie lange brauchen 8 Arbeiter?

38,3 min 36,7 min 37,5 min

Test 10 — Zahlenfolgen

Notiere die fehlenden Zahlen.

1	2	4	6	8	10	?	2	5	9	13	17	21	?
3	1	2	4	7	11	?	4	6	9	13	18	24	?
5	49	40	31	22	13	?	6	10	12	17	19	24	?
7	64	32	16	8	4	?	8	3	6	12	24	48	?
9	?	15	25	35	45	55	10	?	9	15	21	27	33
11	?	7	9	10	12	13	12	?	8	13	12	17	16

9 4 18 16 96 2 12 26 5 31 6 25 3

Test 11 — Zeichenfolgen

Notiere die Zahl des Zeichens, das nicht zur Reihe gehört.

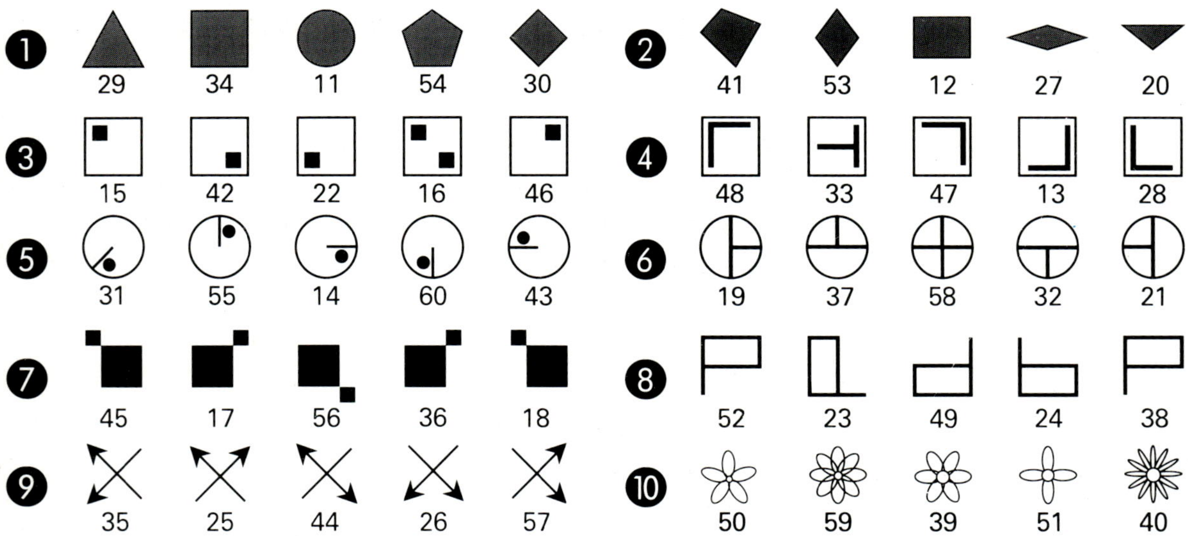

58 31 44 11 24 16 20 50 56 33 15